PLC应用项目工单实践教程
（S7-1500）

主　编　刘治满　高晓霞

副主编　杨延丽　刘　红　何　野

参　编　齐嵩宇　刘富强

主　审　张勇忠

北京理工大学出版社
BEIJING INSTITUTE OF TECHNOLOGY PRESS

图书在版编目（ＣＩＰ）数据

PLC 应用项目工单实践教程：S7-1500 / 刘治满，高晓霞主编.--北京：北京理工大学出版社，2021.9
ISBN 978-7-5763-0432-9

Ⅰ.①P…　Ⅱ.①刘…②高…　Ⅲ.①PLC 技术–教材
Ⅳ.①TM571.61

中国版本图书馆 CIP 数据核字（2021）第 200090 号

出版发行 / 北京理工大学出版社有限责任公司	
社　　址 / 北京市海淀区中关村南大街 5 号	
邮　　编 / 100081	
电　　话 / （010）68914775（总编室）	
（010）82562903（教材售后服务热线）	
（010）68944723（其他图书服务热线）	
网　　址 / http://www.bitpress.com.cn	
经　　销 / 全国各地新华书店	
印　　刷 / 河北盛世彩捷印刷有限公司	
开　　本 / 787 毫米×1092 毫米　1/16	
印　　张 / 22.75	责任编辑 / 张鑫星
字　　数 / 515 千字	文案编辑 / 张鑫星
版　　次 / 2021 年 9 月第 1 版　2021 年 9 月第 1 次印刷	责任校对 / 周瑞红
定　　价 / 95.00 元	责任印制 / 施胜娟

前言

西门子S7-1500 PLC属于大中型控制系统,结构相对复杂,学生想要入门并熟练掌握PLC的应用技术,较为困难。为了使读者能够更快、更方便地学习,本书从应用的角度出发,通过大量的实例,以完成项目为目标,采用图解的方式,结合微视频对S7-1500 PLC进行介绍。

本书采用项目驱动的方式,以西门子S7-1500 PLC和TIA博途软件为核心,全面系统地介绍S7-1500的硬件系统及硬件组态、软件系统的安装及使用、编程语言、指令、程序结构、程序设计方法和各种通信方法。本书所有的实例都进行了仿真调试,易于进行工程移植,扫描二维码即可下载全部实例的源程序,扫描文中的二维码可以观看项目的讲解视频,这对读者学习本书的知识起到辅助作用。

本书共9个模块,40个项目。全部将PLC知识技能融为一体,每个项目都按照学习目标、控制要求、硬件电路设计、项目知识储备、项目实施和项目扩展来编写。每个模块的项目都按照由浅入深,由简单到复杂,一点一点地引入新知识的方式编排。每个模块均配有活页工单,通过工单中的知识测试和技能训练,给读者更多的思考空间并巩固所学知识。

无论是PLC的初学者,还是有一定实战经验的工程师,亦或是大专院校的相关专业的师生,本书都可以提供借鉴和参考,为工程或设备的顺利完成助一臂之力。

本书由长春汽车工业高等专科学校刘治满和高晓霞任主编,杨延丽、刘红和何野任副主编,中国一汽红旗工厂正高级工程师、吉林省长白山技能名师、全国技术能手齐嵩宇,中国一汽研发总院高级技师、吉林省技术能手刘富强参与编写,长春汽车工业高等专科学校张勇忠教授主审。其中,刘治满负责模块2、模块3、模块4的编写及全书的统稿;高晓霞负责模块6、模块7的编写,并负责校稿工作;杨延丽负责模块5的编写;刘红负责模块1和模块8的编写;何野负责模块9的编写;齐嵩宇负责为全书提供企业应用素材,并参与项目内容提炼,参与编写了模块1~4的部分内容;刘富强负责教材中电路图的规范性校对并参编模块5~9的部分内容。教材配套资源由刘治满、高晓霞、杨延丽、刘红、何野共同完成。

由于编者水平有限,书中不足之处在所难免,恳切希望广大读者对本书提出宝贵意见和建议,衷心感谢!

编　者

目 录

模块 1

S7–1500 PLC 初步使用

学习目标

了解 SIMATIC S7 – 1500 PLC 的基本知识。

了解 TIA Portal 软件安装对计算机的要求。

掌握 SIMATIC S7 – 1500 PLC 的硬件安装。

掌握 TIA Portal V16 编程软件的安装。

掌握组态和程序的下载。

任务描述

SIMATIC S7 – 1500 控制系统采用的是模块化设计，包括电源模块、CPU 模块、信号模块、通信模块等，这些模块通过 U 形连接器建立模块之间的连接，模块化结构可以快速完成组装。在硬件安装前，学习 SIMATIC S7 – 1500 PLC 各类模块的基本知识。

要求掌握编程软件 TIA Portal V16 与仿真软件 PLCSIM 的安装和使用方法。完成 SIMATIC S7 – 1500 PLC 的硬件安装后，需要使用 TIA Portal V16 软件创建项目，编写程序。

知识储备

1. SIMATIC S7 – 1500 PLC

可编程逻辑控制器（Programmable Logic Controller），简称为 PLC，是一种嵌入了继电器、定时器、计数器等的特殊计算机，可以实现逻辑控制、运动控制、过程控制等功能。德国西门子（Siemens）公司开发了 S7 系列 PLC，有 S7 – 200 SMART、S7 – 1200、S7 – 300/400、S7 – 1500 等。其中，SIMATIC S7 – 1500 PLC 是西门子公司在 SIMATIC S7 – 300/400 PLC 的基础上开发的新一代增强型控制器，主要用于中高端工业自动化控制系统，适合较为复杂的应用环境。

2. SIMATIC S7 – 1500 PLC 的工作过程

PLC 的工作过程一般可分为三个主要阶段：输入采样阶段、程序执行阶段和输出刷新阶段，如图 1 – 1 所示。

（1）输入采样阶段：在输入采样阶段，PLC 以扫描的工作方式读取输入状态和数据，

1

将它们保存在输入映像区，在 PLC 的一个工作周期内，输入采样的状态和数据不会改变。如果输入信号是脉冲信号，则该脉冲信号的宽度必须大于一个扫描周期，才能保证该输入能被读取。

（2）程序执行阶段：在程序执行阶段，PLC 总是按由上到下、从左到右的顺序依次地扫描用户程序，根据获取到的数据进行运算处理，将程序执行的结果写入输出映像区保存，在整个程序未执行完毕之前不会传给输出模板，所以这个结果在程序执行阶段可能会发生改变。在一个程序中，上、下有两个相同存储地址的赋值，最下面的赋值状态将会覆盖前面的赋值状态。

（3）输出刷新阶段：当执行完用户程序后，PLC 控制器就进入输出刷新阶段。PLC 会将输出映像区的内容传送到输出模板中，再经输出电路驱动相应的外设。

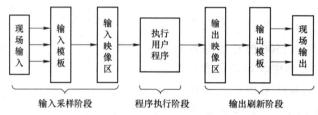

图 1-1　PLC 的工作过程

3. 使用 S7-1500 PLC

（1）硬件知识：S7-1500 PLC 包含很多硬件，它们的功能都有所区别，需要了解硬件组成及其功能，掌握硬件的选型是使用 S7-1500 PLC 的基础。

（2）软件编程：硬件设备需要软件编写的程序来控制，S7-1500 PLC 使用的是 TIA 博途全集成软件。

（3）仿真调试：在没有物理硬件时，可以通过仿真软件 PLCSIM 来模拟程序运行。

（4）网络通信：网络通信是多站点相互控制或传递数据的桥梁，通过网络通信才能将数据传递到指定的站点，常用的通信方式包括点对点（PtP）通信、PROFIBUS 通信和 PROFINET 通信。

项目 1.1　SIMATIC S7-1500 PLC 硬件系统及安装接线

一、学习目标

1. 知识目标
了解 SIMATIC S7-1500 模块的种类和功能。
了解 SIMATIC S7-1500 模块的型号和订货号。
了解 SIMATIC S7-1500 模块的基本参数。

2. 技能目标
能够正确安装 SIMATIC S7-1500 硬件并接线。

二、项目要求

安装一个典型的 SIMATIC S7-1500 硬件系统，包括导轨、电源模块、CPU 模块、数字量模块、模拟量模块。

三、硬件清单

SIMATIC S7-1500 的硬件清单如表 1-1 所示。

表 1-1　SIMATIC S7-1500 的硬件清单

名称	型号	订货号	数量
导轨	482.6 mm	6ES760-1AE80-0AA0	1
电源模块	(PM) 190W 120/230AC	6EP133-4BA00	1
CPU 模块	1516F-3PN/DP	6ES7 516-3FN01-0AB0	1
数字量输入模块	DI 32X24VDC HF	6ES7 521-1BL00-0AB0	1
数字量输出模块	DQ 32X24VDC/0.5A HF	6ES7 522-1BL01-0AB0	1
模拟量输入模块	AI 8XU/I/RTD/TC ST	6ES7 531-7KF00-0AB0	1
模拟量输出模块	AQ 4XU/I ST	6ES7 532-5HD00-0AB0	1

四、知识储备

1. SIMATIC S7-1500 PLC 概况

SIMATIC S7-1500 控制系统采用的是模块化结构设计，如图 1-2 所示，这些模块通过 U 形连接器相互连接，并固定在导轨上，本机的中央机架上最多可安装 32 个模块。

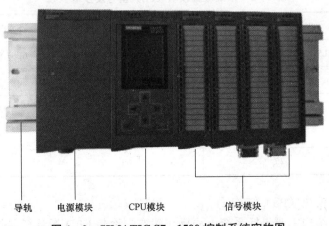

导轨　　电源模块　　CPU模块　　信号模块

图 1-2　SIMATIC S7-1500 控制系统实物图

SIMATIC S7-1500 控制系统包含了以下组件：

（1）负载电源/系统电源（可选）；

（2）CPU（标准型、紧凑型、故障安全型等）；

（3）信号模块（数字量模块、模拟量模块）；

（4）工艺模块（计数、定位等）；

（5）通信模块（PROFINET、PROFIBUS 等）。

2. SIMATIC S7-1500 电源模块

SIMATIC S7-1500 电源模块是 SIMATIC S7-1500 控制系统组成的一部分，主要用于系统供电或模块供电，分为系统电源模块（Power Supply）和负载电源模块（Power Module），在工程应用上为了方便区分，简称系统电源（PS）和负载电源（PM）。

1）系统电源模块（PS）

系统电源模块（PS）是带有诊断功能的电源模块，如图 1-3 所示，主要用于系统供电，可通过 U 形连接器安装到背板总线上为其他模块的电子元件和 LED 供电。系统电源模块（PS）具有多种型号，其技术参数也有所不同，如表 1-2 所示。

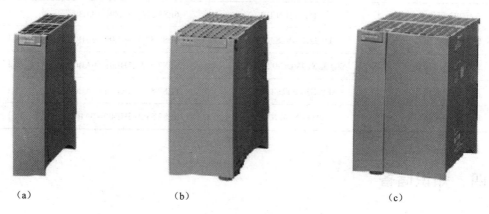

（a）　　　　　　　　　　（b）　　　　　　　　　　（c）

图 1-3　SIMATIC S7-1500 系统电源模块

（a）PS 25W 24 V DC；（b）PS 60W 24/48/60 V DC；（c）PS 60W 120/230 V AC/DC

表 1-2　系统电源模块（PS）型号及技术参数

电源型号	PS 25W 24 V DC	PS 60W 24/48/60 V DC	PS 60W 120/230 V AC/DC
订货号	6ES7 505-0KA00-0AB0	6ES7 505-0RA00-0AB0	6ES7 507-0RA00-0AB0
尺寸/mm	35×147×129	70×147×129	70×147×129
额定输入电压	24 V DC	24/48/60 V DC	120/230 V AC/DC
输入极性保护	是	是	—
背板总线功率/W	25	60	60

（1）系统电源模块（PS）结构。

系统电源模块结构主要包括系统电源操作状态的诊断 LED 指示灯、电源开关和电源连接器等部分，如图 1-4 所示。

（2）系统电源模块（PS）接线。

系统电源模块（PS）接输入电源前，需向上旋转模块前盖直至其锁定，按下电源线连接器的解锁按钮，从模块前侧拆下电源线连接器，拧松连接器前部的螺钉，松开外壳滑锁和电缆夹（如果有螺钉仍处于拧紧状态，则无法卸下连接器的外盖）。根据连接图将电线连接到连接器上。合上外盖，重新拧紧螺钉，如图 1-5 所示。

2）负载电源模块（PM）

负载电源模块（PM）主要用于负载供电，如图 1-6 所示，其输入电压为 120/230 V AC（自适应），输出电压为 24 V DC。负载电源模块（PM）通过外部接线为 CPU 模块、接口模块、I/O 模块

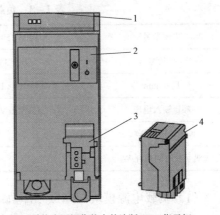

1—系统电源操作状态的诊断 LED 指示灯；
2—电源开关（拨钮开关）；
3—电源连接器插口；4—电源连接器。

图 1-4　系统电源模块结构

等部件提供 24 V DC 供电，同时也可以根据需要对传感器或执行器供电。负载电源模块（PM）具有多种型号，其技术参数也有所不同，如表 1-3 所示。

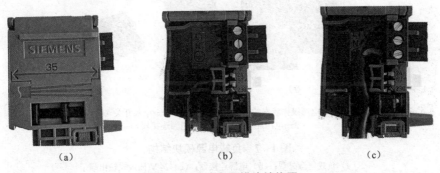

（a）　　　　　　　（b）　　　　　　　（c）

图 1-5　系统电源模块接线图

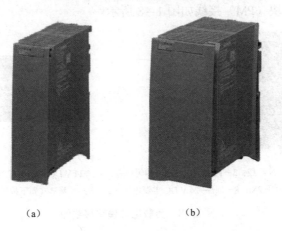

（a）　　　　　　　（b）

图 1-6　SIMATIC S7-1500 负载电源模块

（a）PM 1507 24 V/3 A；（b）PM 1507 24 V/8 A

表 1-3　负载电源（PM）型号及技术参数

电源型号	PM 1507 24 V/3 A	PM 1507 24 V/8 A
订货号	6EP1 332-4BA00	6EP1 333-4BA00
尺寸/mm	50×147×129	75×147×129
额定输入电压	120/230 V AC 自适应	120/230 V AC 自适应
额定输出电压/V	24	24
满负荷时的功耗/W	84	213

（1）负载电源模块（PM）结构如图 1-7 所示。

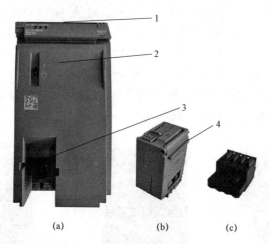

1—（PM）电源操作状态的诊断 LED 指示灯；2—电源开关（拨钮开关）；
3—电源连接器插口；4—电源连接器

图 1-7　负载电源模块结构

（a）负载电源外观；（b）电源连接器；（c）24 V 插入式输出端子

（2）负载电源模块（PM）接线如图 1-8 所示。

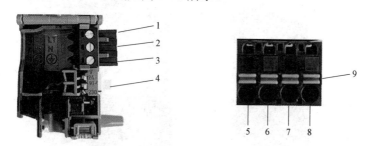

1—L1 火线；2—N 零线；3—PE 接地线；4—编码原件；5—+24 V DC 电源电压 1L+；6—电源电压 1M；
7—回路电源电压 2M；8—回路+24 V DC 电源电压 2L+；9—开簧器（向下按压后接入端子）。

图 1-8　负载电源模块接线图

3）系统电源（PS）与负载电源（PM）的区分

系统电源模块与负载电源模块都是电源模块，但在使用上却存在一定区别。表 1-4 所示为系统电源模块与负载电源模块的对比。

表1－4 系统电源模块与负载电源模块的对比

内容	系统电源模块（PS）	负载电源模块（PM）
功能不同	为背板总线提供电源	为CPU、I/O等模块供电
输出电压不同	5 V DC	24 V DC
设备连接方式不同	U形连接器	端子
固件信息不同	有固件版本号	没有固件版本号
硬件组态方式不同	组态在CPU/IM模块前或者后	只可以组态在CPU前
使用方式不同	在CPU供电功能不够为所有模块供电时，必须增加系统电源（PS）	电源模块（PM）可以被其他厂家的24 VDC电源代替

4）电源模块的供电方式选择

（1）系统电源（PS）是可选择项，如果不使用系统电源，也可以通过CPU模块自身电源给背板总线提供操作电压。具体方式是通过负载电源向CPU模块提供24 V DC电压，再由CPU模块通过背板总线向系统供电。

（2）通过系统电源（PS）给背板总线供电，在CPU模块左侧0号槽位的系统电源通过背板总线为CPU背板总线供电。

（3）通过CPU模块和系统电源（PS）给背板总线供电，负载电源（PM）向CPU模块提供24 V DC电压，CPU模块和系统电源（PS）为背板总线提供允许的电源电压。

3. SIMATIC S7－1500 CPU 模块

CPU模块又称控制器，如图1－9所示，它是SIMATIC S7－1500控制系统的核心，CPU相当于控制器的大脑，SIMATIC S7－1500控制系统通过输入模块采集外部信号，经过CPU的逻辑运算、数学运算等处理，再由输出模块传递给执行机构完成相应控制。

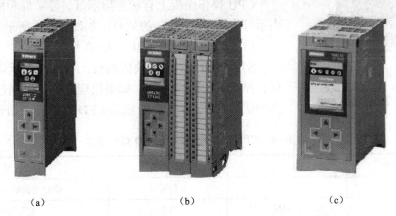

（a） （b） （c）

图1－9 SIMATIC S7－1500 负载电源模块实物图

（a）CPU1511－1PN；（b）CPU1512C－1PN；（c）CPU1516F－3PN/DP

1）CPU 的型号

SIMATIC S7－1500 PLC 的 CPU 包含从 CPU1511～CPU1518 的不同型号，不同型号的

CPU 在存储空间、运算速度、通信资源等都有区别。下面通过 CPU 型号示意图说明其符号的代表含义，如图 1-10 所示。

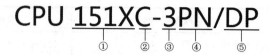

CPU 151XC-3PN/DP
①　②　③　④　⑤

图 1-10　SIMATIC S7-1500 CPU 型号示意图

① 151X 表示 CPU 的序号，编号由低到高性能逐渐增强；
② 该位表示 CPU 类型，缺省表示基本型，C 表示紧凑型，F 表示故障安全型；
③ 该位表示 CPU 所具有的通信接口个数，一般可以有 1～4 个接口；
④ 该位表示 PN 类型的通信接口，PN 表示 PROFINET 接口；
⑤ 该位表示 DP 类型的通信接口，DP 表示 PROFIBUS-DP 接口

2）CPU 的分类

（1）普通型。

普通型能够实现计算、定时、逻辑处理、通信等基本功能，如 CPU1511-1PN、CPU1513-PN、CPU1515-3PN/DP、CPU1518-4PN/DP 等。

（2）紧凑型。

CPU 模块上集成了 I/O 模块，还可以实现高速计数等功能，如 CPU1511C-1PN、CPU1512C-2PN 等。

（3）故障安全型。

故障安全型 CPU 通过了德国技术监督协会（TUV）的安全认证，在发生故障时能够确保控制系统切换到安全的模式，适用于有安全型要求极高的场合，如 CPU1515F-2PN、CPU1516F-3PN/DP 等。

3）CPU 模块的结构

CPU 操作面板上有状态指示灯、显示屏和操作按键，在指示灯上方标有 CPU 的型号，如图 1-11 所示。

（1）CPU 操作诊断状态 LED 灯。

S7-1500 CPU 模块的面板上有三个指示灯，分别为运行、停止、故障和维护，如果出现故障可以通过显示屏查看详细信息。CPU 操作诊断状态 LED 灯的含义如表 1-5 所示。

1—CPU 操作诊断状态 LED 灯；
2—显示屏；3—操作按键。

图 1-11　CPU 操作面板

表 1-5　CPU 操作诊断状态 LED 灯的含义

RUN/STOP	ERROR	MAINT	含　义
□灭	□灭	□灭	CPU 电源缺失或不足
□灭	☒闪烁	□灭	发生错误
☒黄/绿闪	□灭	□灭	启动
■黄亮	□灭	□灭	CPU 处于停机模式
■绿亮	□灭	□灭	CPU 处于运行模式

注：详细诊断状态信息可以参见使用手册。

（2）CPU 的显示屏。

SIMATIC S7-1500 CPU 标配一个显示屏，根据 PLC 类型不同有两种尺寸，分别为 1.36 in[①]和 3.4 in 显示屏。显示屏在运行过程中可以进行插拔，不会影响 PLC 运行。菜单显示界面最多支持 11 种显示语言。显示屏菜单功能如表 1-6 所示。

表 1-6　显示屏菜单功能

菜单图标	含　义	功　能
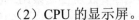	概述	PLC 中包含了项目名称、软件版本、订货号、序列号、硬件版本； 程序保护信息； 所插入的 SIMATIC 存储卡信息
	诊断	激活的报警信息； CPU 的诊断缓冲区； 监控表和强制表的读写访问； 扫描周期； CPU 存储器空间信息
	设置	以太网接口 IP 地址； CPU 日期时间； 运行和停止； 恢复出厂值，存储器复位； 访问保护； 显示屏锁定和解锁； 固件更新
	模块	机架上安装的模块状态信息； 分布式 I/O 站点安装模块状态信息
	显示屏	显示屏亮度设置； 显示屏显示语言； 显示屏序列号、硬件版本及固件版本等信息

（3）CPU 的操作按键功能。

①4 个箭头键：分别为上、下、左、右选择键，用于菜单选择与参数设置，如果按住一个箭头键 2 s 以上，将生成一个自动滚动功能，如图 1-12 所示。

②ESC 键：用于确认选择。

③OK 键：用于退出或返回上一级菜单。

4）CPU 的操作模式

SIMATIC S7-1500 CPU 有以下几种操作模式：

（1）STOP 模式。

STOP 模式下，CPU 不执行用户程序，但可以下载用

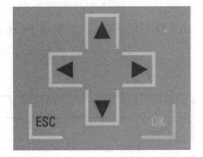

图 1-12　CPU 面板操作按键

户程序。在 STOP 模式下 CPU 将检测所有组态的模块是否可用，已经配置的模块是否满足

---

① 英寸，1 in=25.4 mm。

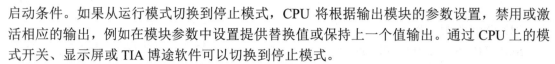

启动条件。如果从运行模式切换到停止模式，CPU 将根据输出模块的参数设置，禁用或激活相应的输出，例如在模块参数中设置提供替换值或保持上一个值输出。通过 CPU 上的模式开关、显示屏或 TIA 博途软件可以切换到停止模式。

（2）RUN 运行模式。

RUN 运行模式下，CPU 执行用户程序，更新输入、输出信号，响应中断请求，对故障信息进行处理等。可以通过 CPU 上的模式开关、显示屏或 TIA 博途软件切换到运行模式。

（3）MRES 存储器复位。

存储器复位用于对 CPU 的数据进行初始化，使 CPU 切换到"初始状态"，即工作存储器中的内容以及保持性和非保持性数据被删除，只有诊断缓冲区、时间、IP 地址被保留。

复位完成后，CPU 存储卡中保存的项目数据从装载存储器复制到工作存储器中。只有在 CPU 处于"STOP"模式下才可以进行存储器复位操作。

5）CPU 的接线

CPU 模块需要 24 V DC 供电，在通过负载电源（PM）供电时，要将负载电源（PM）的 24 V 插入式输出端子中回路电源电压 2M 和 2L+接到 CPU 电源输入 4 孔连接插头上，4 孔连接插头红色端子为 L+，蓝色端子为 M，CPU 电源连接插头端子采用压簧式，按压橙色开簧器就可以拔出导线。

4. SIMATIC S7-1500 信号模块（SM）

信号模块 SM（Signal Module）是 PLC 过程输入和控制输出的通道，可以通过所连接的传感器、行程开关、按钮等装置检测当前状态，经过 CPU 运算处理后发出响应信号。信号模块主要有数字量输入模块（DI）、数字量输出模块（DQ）、数字量输入/输出模块（DI/DQ）、模拟量输入模块（AI）、模拟量输出模块（AQ）、模拟量输入/输出模块（AI/AQ）。D 表示数字量，A 表示模拟量，I 表示输入型，Q 表示输出型。

1）信号模块性能

信号模块可以分为 DI 模块、DQ 模块、AI 模块、AQ 模块等，相同种类的模块具有不同的特性，有基本型（Basic）、标准型（Standard）、高性能型（High Feature）和高速型（High Speed），在模块型号末尾处以 BA、ST、HF 和 HS 标注。例如，DI 16×24VDC BA 和 DI 16×24VDC ST，它们都是 16 通道数字量输入模块，DI 16×24VDC ST 具备高速计数功能，而 DI 16×24VDC BA 却没有。信号模块性能如表 1-7 所示。

表 1-7　信号模块性能

类型	功能	DI	DQ	AI	AQ
基本型 BA（Basic）	功能简单 不需要参数化 没有诊断	●	●	—	—
标准型 ST（Standard）	需要对模块进行参数化 模块具有诊断功能 可以连接多种类型传感器	—	●	●	●

续表

类型	功能	DI	DQ	AI	AQ
高性能型 HF（High Feature）	功能复杂 可以对通道进行参数化 支持通道诊断	●	●	●	●
高速型 HS（High Speed）	用于高速处理的应用 输入延时时间短 转换时间短	—	—	●	●

注：●代表模块具有的产品类型，如 DI 模块有 BA 基本型和 HF 高性能型两种。

2）模块宽度分类

SIMATIC S7-1500 的信号模块分为 25 mm 宽模块和 35 mm 宽模块。25 mm 宽模块自带连接器，用螺纹连接或弹簧压接的接线方式。35 mm 宽模块的前连接器统一为 40 针，采用螺纹连接或弹簧压接的接线方式，但在购买 35 mm 宽模块时，前连接器需要单独订货。信号模块及前连接器如图 1-13 所示。

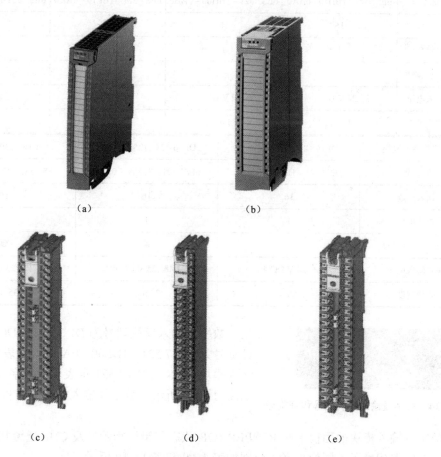

（a）　　　　　　　　　　　（b）

（c）　　　　　　　（d）　　　　　　　（e）

图 1-13 信号模块及前连接器

（a）25 mm 宽模块；（b）35 mm 宽模块；（c）35 mm 螺钉式前连接器；
（d）25 mm 推入式前连接器；（e）35 mm 推入式前连接器

3）数字量模块

数字量信号是指具有两种状态的信号量，常用的数字量是电路的接通和断开，一般用"1"和"0"来表示，所以数字量也叫作开关量。数字量信号按照信号传递的方向，分为输入信号和输出信号，输入信号通常来自过程检测信号，如传感器、行程开关等，而输出信号则是控制负载设备通断。

（1）数字量输入模块。

数字量输入模块的作用是将现场传送过来的外部数字信号电平转换成 PLC 内部信号电平，提供给 CPU 进行逻辑运算，是数字信号采集的硬件设备。对于现场输入元件仅需要提供开关触点即可，输入信号进入模块后，一般都会经过光电隔离和滤波，然后送到缓存区等待 CPU 采样。采样时，信号经过背板总线进入到输入映像区。

表 1–8 所示为数字量输入模块类型和参数。

表 1–8　数字量输入模块类型和参数

数字量输入模块	DI 16×24VDC BA	DI 16×24VDC HF	DI 32×24VDC BA	DI 32×24VDC HF
订货号	6ES7 521–1BH10–0AA0	6ES7 521–1BH00–0AB0	6ES7 521–1BL10–0AA0	6ES7 521–1BL00–0AB0
输入点数	16	16	32	32
电势组数	1	1	2	2
通道间电气隔离	—	—	●	●
额定输入电压	24 V DC	24 V DC	24 V DC	24 V DC
模块宽度	25 mm	35 mm	25 mm	35 mm

数字量输入模块	DI 16×24VDC SRC BA	DI 16×24...125VUC HF	DI 16×230VAC BA
订货号	6ES7 521–1BH50–0AA0	6ES7 521–7EH00–0AB0	6ES7 521–1FH00–0AA0
输入点数	16	16	16
电势组数	1	1	4
通道间电气隔离	—	●	●
额定输入电压	24 V DC	24/48/125 V DC/AV	120/230 V AC
模块宽度	25 mm	35 mm	35 mm

图 1–14　数字量输入模块型号和订货号

数字量输入模块型号为 DI 32×24VDC HF，它的订货号为 6ES7 521–1BL00–0AB0，DI 表示为数字量输入模块，6ES7 521 的 521 也表示为数字量输入模块，如图 1–14 所示。数字量输入模块的结构如图 1–15 所示。

数字量输入模块的面板上有 RUN/ERROR 状态和错误指示灯及 CHn 通道状态指示灯，指示灯的状态代表了不同的含义，分别如表 1–9 和表 1–10 所示。

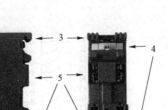
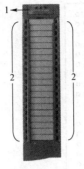

1—RUN/ERROR 状态和错误指示灯；　　2—CHn 通道状态指示灯；

3—向导轨上安装的卡槽；　　　　　　4—屏蔽端子；

5—模块背板连接器插口；　　　　　　6—向导轨上安装的固定螺钉。

图 1-15　数字量输入模块的结构

表 1-9　RUN/ERROR 状态和错误指示灯

LED		含义
RUN	ERROR	
□灭	□灭	背板总线上电压缺失或过低
¤闪烁	□灭	模块正在启动
■亮	□灭	模块准备就绪
¤闪烁	¤闪烁	硬件缺陷

表 1-10　CHn 通道状态指示灯

LED CHn	含义
□灭	0=没有输入信号接通
■亮	1=有输入信号接通

　　数字量输入模块根据电流的输入方向分为漏型数字量输入模块和源型数字量输入模块，接线前要认真阅读使用手册的接线方法。

　　① DI 16×24VDC BA 数字量输入模块接线。

　　输入回路电流从模块外部的信号端流进去，从模块内部输入电路的公共点 M 流出来，这种属于漏型数字量输入模块。如我们使用按钮作为输入信号时，按钮的一端需要接入 24 V DC，另一端接到输入模块的信号端（CH0～CH7 通道或其他通道），输入模块的 M 端需要接到电源的 0 V，当开关闭合时形成回路，模块内部的指示灯亮起，经过光电隔离和滤波，送到缓存区等待 CPU 采样。对于 PNP 型集电极开路输出的传感器应接到漏型输入的数字量输入模块，如图 1-16 所示。

　　② DI 16×24VDC SRC BA 数字量输入模块接线。

　　输入回路电流从模块内部输入电路的 L+端流进去，从模块外部的信号端流出来，这种属于源型数字量输入模块。如我们使用按钮作为输入信号时，按钮的一端需要接入 0 V DC，另一端接到输入模块的信号端（CH0～CH7 通道或其他通道），输入模块的 L+端需要接到

13

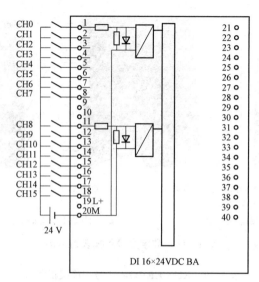

图 1-16　DI 16×24VDC BA 数字量输入模块外部接线及内部电路示意图

电源的 +24 V，当开关闭合时形成回路，模块内部的指示灯亮起，经过光电隔离和滤波，送到缓存区等待 CPU 采样。对于 NPN 型集电极开路输出的传感器应接到源型输入的数字量输入模块，如图 1-17 所示。

③ DI 16×24VDC HF 数字量输入模块外部接线。

不同的数字量输入模块的接线方法是不同的，如 DI 16×24VDC HF 数字量输入模块在使用时，模块的 L+ 端需要接到 +24 V，M 端需要接到 0 V，模块信号端接线方法与漏型数字量输入模块接线方法相同，如图 1-18 所示。数字量输入模块除了直流输入以外，还有一些模块使用的是交流输入，接线方法都有区别，在使用前要认真阅读使用手册的接线方法，以免造成硬件损坏。

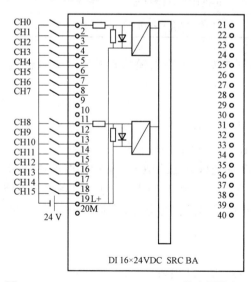

图 1-17　DI 16×24VDC SRC BA 数字量输入模块外部接线及内部电路示意图

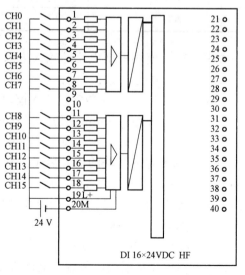

图 1-18　DI 16×24VDC HF 数字量输入模块外部接线及内部电路示意图

（2）数字量输出模块。

数字量输出模块的作用是将 PLC 内部信号电平转换成外部控制需要的信号电平，可用于驱动小型负载，如指示灯、报警器、电磁阀、接触器等。输出模块的功率放大元件有驱动直流负载的大功率晶体管和场效应晶体管，也有驱动交流的双向晶闸管和固态继电器，还有驱动交/直流小型负载的小型继电器。

表 1-11 所示为数字量输出模块类型和参数。

表 1-11　数字量输出模块类型和参数

数字量输入模块	DQ 8×24VDC/2A HF	DQ 16×24VDC/0.5A BA	DQ 16×24VDC/0.5A ST	DQ 16×24VDC/0.5AHF
订货号	6ES7 522-1BF00-0AB0	6ES7 522-1BH10-0AA0	6ES7 522-1BH00-0AB0	6ES7 522-1BH01-0AB0
输入点数	8	16	16	16
电势组数	2	2	2	2
通道间电气隔离	—	—	—	—
输出类型	晶体管	晶体管	晶体管	晶体管
额定输入电压	24 V DC	24 V DC	24 V DC	24 V DC
额定输出电流	2 A	0.5 A	0.5 A	0.5 A
模块宽度	35 mm	25 mm	35 mm	35 mm

数字量输入模块	DQ 16×24_48VUC/125VDC/0.5A ST		DQ 8×AC230V/5A ST	DQ 8×AC230V/2A ST
订货号	6ES7 522-5EH00-0AB0		6ES7 522-1BF00-0AB0	6ES7 522-1BF00-0AB0
输入点数	16		8	8
电势组数	16		8	8
通道间电气隔离	●		●	●
输出类型	晶体管		继电器	晶闸管
额定入电压	24 V DC~125 V DC 24 V UC~48 V UC		120/230 V AC	120/230 V AC
额定输出电流	0.5 A		5 A	2 A
模块宽度	35 mm		35 mm	35 mm

数字量输出模块型号为 DQ 32×24VDC/0.5 A HF，它的订货号为 6ES7 522-1BL01-0AB0，DQ 表示为数字量输出模块，6ES7 522 的 522 也表示为数字量输出模块，如图 1-19 所示。数字量输出模块的结构、UN/ERROR 状态和错误指示灯、CHn 通道状态指示灯参见数字量输入模块。

图 1-19　数字量输出模块型号和订货号

数字量输出模块按开关器件的种类不同，可分为晶体管输出、晶闸管输出和继电器触点输出方式。晶体管输出方式属于直流输出模块，只能带直流负载；晶闸管输出方式属于交流输出模块；继电器输出方式属于交直流两用输出模块。不同输出形式接线方法也有所区别，下面以 DQ 8×24VDC/2A HF 和 DQ 16×24VDC/0.5A BA 为例，介绍晶体管输出方式接线。

① DQ 8×24VDC/2A HF 数字量输出模块接线。

使用数字量输出模块，首先要确定模块的型号以及输出组数，以 DQ 8×24VDC/2A HF 为例，9 号端子 1L+需要接入 24 V DC，10 号端子 1 M 需要接到电源的 0 V，9 号端子和 10 号端子为 CH0～CH3 通道供电，19 号端子 2L+需要接入 24 V DC，20 号端子 2M 需要接到电源的 0 V，9 号端子和 10 号端子为 CH4～CH7 通道供电，负载一端接输出模块端子，另一端接同源 0 V，如图 1-20 所示。

DQ 8×24VDC/2A HF 模块有脉宽调试功能，如果将通道 0 或 4 设置为脉宽调制模式，则需要在输出的 CH0 和 CH4 处连接一个外部二极管（阻断电压 U_R＞60 V，允许通过电流＞1.5 A），如图 1-21 所示。

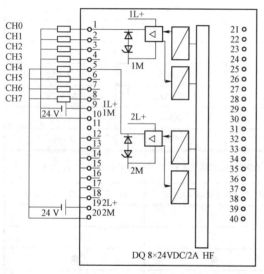

图 1-20　DQ 8×24VDC/2A HF 模块外部接线及内部电路示意图

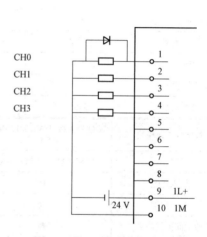

图 1-21　DQ 8×24VDC/2A HF 模块调制模式接线

② DQ 16×24VDC/0.5A BA 数字量输出模块接线。

若数字量输出模块是 DQ 16×24VDC/0.5A BA，9 号端子 1L+需要接入 24 V DC，10 号端子 1 M 需要接到电源的 0 V，9 号端子和 10 号端子为 CH0～CH7 通道供电，19 号端子 2L+需要接入 24 V DC，20 号端子 2M 需要接到电源的 0 V，9 号端子和 10 号端子为 CH8～CH15 通道供电，负载一端接输出模块端子，另一端接同源 0 V，如图 1-22 所示。

4）模拟量模块

在实际生产过程中，除了数字量以外，还常常有连续变化的温度、压力、流量等物理量需要 PLC 来测量和控制，PLC 通常无法直接识别这些物理量，所以就需要通过模拟量输入信号采集信息量，将温度、压力、流量等物理量转换为电压或电流的信号传递给 CPU，经过运算后，再由模拟量输出模块产生电压或电流信号控制输出，这些变化的电压信号或电流信号就是模拟量。

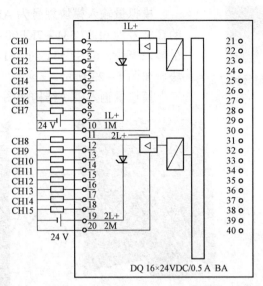

图 1-22　DQ 16×24VDC/0.5A BA 数字量输出模块外部接线及内部电路示意图

（1）模拟量输入模块。

模拟量输入模块 A/D（模/数）转换器将现场传送过来的模拟量信号转换成数字信号提供给 CPU 进行数学运算，可以测量电压、电流、电阻、热电偶等。S7-1500 标准型模拟量输入模块为多功能测量模块，具有多种量程选择，不需要量程卡，只需要改变硬件配置和外部接线。

表 1-12 所示为模拟量输入模块类型和参数。

表 1-12　模拟量输入模块类型和参数

数字量输入模块	AI 4×U/I/RTD/TC ST	AI 8×U/I/RTD/TC ST	AI 8×U/R/RTD/TC HF
订货号	6ES7 531-7QD00-0AB0	6ES7 531-7KF00-0AB0	6ES7 531-7PF00-0AB0
输入数量	4AI	8AI	9AI
精度	16 位（包括符号）	16 位（包括符号）	16 位（包括符号）
测量类型	电压、电流、电阻、热敏电阻、热电偶	电压、电流、电阻、热敏电阻、热电偶	电压、电阻、热敏电阻、热电偶
模块宽度	25 mm	35 mm	35 mm

数字量输入模块	AI 8×U/I HF	AI 8×U/I HS
订货号	6ES7 531-7NF00-0AB0	6ES7 531-7NF10-0AB0
输入数量	8AI	8AI
精度	16 位（包括符号）	16 位（包括符号）
测量类型	电压、电流	电压、电流
模块宽度	35 mm	35 mm

图 1-23　数字量输入模块型号和订货号

模拟量输入模块型号为 AI 8×U/I/RTD/TC ST，它的订货号为 6ES7 531-7KF00-0AB0，AI 表示为模拟量输入模块，6ES7 531 的 531 也表示为模拟量输入模块，如图 1-23 所示。

模拟量输入模块结构如图 1-24 所示。

1—RUN/ERROR 状态和错误指示灯；　　2—CHn 通道状态指示灯；
3—向导轨上安装的卡槽；　　　　　　4—屏蔽端子；
5—模块背板连接器插口；　　　　　　6—向导轨上安装的固定螺钉；
7—屏蔽端子。

图 1-24　模拟量量输入模块结构

模拟量输入模块的面板上有 RUN/ERROR 状态和错误指示灯、CHn 通道状态指示灯，指示灯的状态代表了不同的含义，如表 1-13 和表 1-14 所示。

表 1-13　RUN/ERROR 状态和错误指示灯

LED		含义
RUN	ERROR	
□灭	□灭	背板总线上电压缺失或过低
▨闪烁	□灭	模块正在启动
■亮	□灭	模块准备就绪
▨闪烁	▨闪烁	硬件缺陷

表 1-14　CHn 通道状态指示灯

LED CHn	含义
□灭	通道禁用
■绿灯亮	通道已组态并组态正确
■红灯亮	通道已组态，但存在错误

模拟量输入模块测量类型包括电压、电流、电阻、热敏电阻、热电偶，不同测量类型和不同模块的接线方法存在一定差异。下面以 AI 8×U/I/RTD/TC ST 模拟量输入模块的测量电压接线和测量电流接线方式进行讲解。

在使用 AI 8×U/I/RTD/TC ST 模拟量输入模块测量电压输入时，需要在软件中设置对应通道的测量类型和测量范围，在模拟量输入模块的 41 端子上接 24 V 电源 L+端，44 端子上接 24 V 电源 M 端，为模拟量输入模块提供工作电压，根据测量通道对应的端子接入测量电压，如 CH0 通道对应 U0+接 3 号端子，U0−接 4 号端子，注意测量电压的通道不能接入电流输入，如图 1−25 所示。

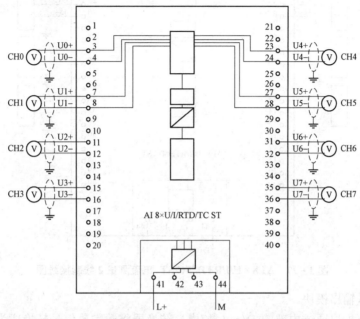

图 1−25　AI 8×U/I/RTD/TC ST 电压测量接线图

在使用 AI 8×U/I/RTD/TC ST 模拟量输入模块测量电流输入时，要区分 4 线制变送器和 2 线制变送器，无论是 4 线制还是 2 线制测量方式，与模块连接线都是 2 根，区别在于模块是否供电。当接入 4 线制变送器时，如图 1−26 所示；当接入 2 线制变送器时，如图 1−27 所示。

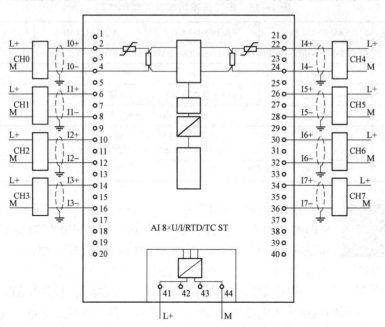

图 1−26　AI 8×U/I/RTD/TC ST 电流测量 4 线制接线图

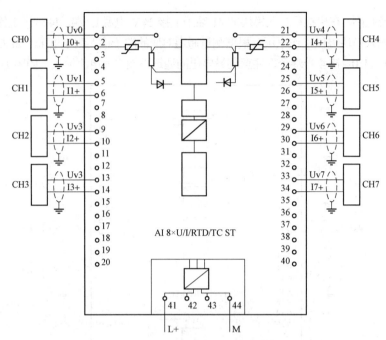

图 1－27　AI 8×U/I/RTD/TC ST 电流测量 2 线制接线图

（2）模拟量输出模块。

模拟量输出模块通过内部的 D/A（数/模）转换器将数字量信号转换成为模拟量信号控制现场设备，可以输出电压和电流信号。模拟量输出模块只有电压和电流信号，改变硬件配置和外部接线实现功能。

模拟量输出模块类型和参数如表 1－15 所示。

表 1－15　模拟量输出模块类型和参数

数字量输入模块	AQ 2×U/I ST	AQ 4×U/I ST	AQ 4×U/I HF	AQ 8×U/I HS
订货号	6ES7 532－5NB00－0AB0	6ES7 532－5HD00－0AB0	6ES7 532－5ND00－0AB0	6ES7 532－5HF00－0AB0
输入数量	2AQ	4AQ	4AQ	8AQ
分辨率	16 位（包括符号）	16 位（包括符号）	16 位（包括符号）	16 位（包括符号）
输出类型	电压、电流			
输出方式	电压：1～5 V　0～（10±10）V 电流：0～20 mA　4～（20±20）mA			
模块宽度	25 mm	35 mm	35 mm	35 mm

图 1－28　模拟量输出
模块型号和订货号

模拟量输出模块型号为 AQ 4×U/I ST，它的订货号为 6ES7 532－5HD00－0AB0，AQ 表示为模拟量输出模块，6ES7 532 的 532 也表示为模拟量输出模块，如图 1－28 所示。模拟量输出模块的结构、UN/ERROR 状态和错误指示灯、CHn 通道状态指示灯参见模拟量输入模块。

模拟量输出模块可以输出电压和电流，下面以 AQ 4×U/I ST 模拟量输出模块的电压输出接线和电流输出接线方式进行讲解。在使用 AQ 4×U/I ST 模拟量输出进行电压输出时，需要在软件中设置对应通道的输出类型和输出范围，在模拟量输出模块的 41 端子上接 24 V 电源 L+端，44 端子上接 24 V 电源 M 端，为模拟量输出模块提供工作电压。选择电压输出时，可选电压输出 1～5 V、0～10 V、±10 V，接线要区分 2 线制连接和 4 线制连接，选取对应通道，如 CH0 和 CH1 为 2 线制连接方式，CH2 和 CH3 为 4 线制连接方式，接线方法如图 1–29 所示。

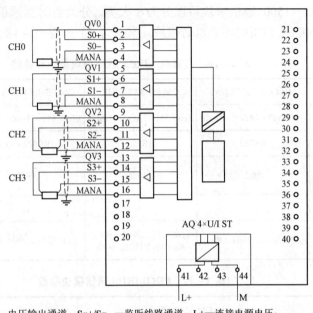

QV*n*—电压输出通道；S*n*+/S*n*——监听线路通道；L+—连接电源电压；
M—接地连接；MANA—模拟电路的参考电位。

图 1–29 AQ 4×U/I ST 电压输出 2 线制和 4 线制接线图

选择电流输出时，可选电流输出 0～20 mA、4～20 mA、±20 mA，接线与选取使用的通道对应，电流输出接线方式只有一种，如图 1–30 所示。

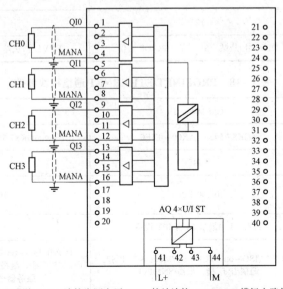

QI*n*—电流输出通道；L+—连接电源电压；M—接地连接；MANA—模拟电路的参考电位。

图 1–30 AQ 4×U/I ST 电流输出接线图

5）SIMATIC S7-1500 通信模块

通信模块提供与网络之间的物理连接，负责建立网络连接并通过网络进行数据通信，可以提供 CPU 和用户程序所需的必要的通信服务，还可以减轻 CPU 的通信任务负荷。SIMATIC S7-1500 系统可以通过通信模块使多个独立的站点组成网络并建立信息传送渠道。SIMATIC S7-1500 通信模块可以分为 3 大类，分为点对点通信模块、PROFIBUS 通信模块和 PROFINET/ETHERNET 通信模块，如表 1-16～表 1-18 所示。

表 1-16　点对点（PtP）通信模块类型和参数

通信模块	CM PtP RS232 BA	CM PtP RS232 HF	CM PtP RS422/485 BA	CM PtP RS422/485 HF
订货号	6ES7 540-1AD00-0AA0	6ES7 541-1AD00-0AB0	6ES7 540-1BA00-0AA0	6ES7 541-1BA00-0AB0
接口类型	RS232	RS232	RS422/485	RS422/485
最大传输速度/ （kbit·s^{-1}）	19.2	115.2	19.2	115.2
最大报文长度/KB	1	4	1	4
支持协议	自由端口、3964（R）	自由端口、3964（R）、Modbus RTU 主/从站	自由端口、3964（R）	自由端口、3964（R）、Modbus RTU 主/从站

表 1-17　PROFIBUS 通信模块参数

通信模块	CM 1542-5	CP 1542-5
订货号	6GKS7 542-5DX00-0XE0	6GKS7 542-5FX00-0XE0
接口类型	RS485	RS485
数据传输速率/ （bit·s^{-1}）	300～19 200	300～19 200
可连接 DP 从站	125	32
通信协议	DPV1 主/从站、S7 通信、PG/OP 通信	DPV1 主/从站、S7 通信、PG/OP 通信

表 1-18　PROFINET/ETHERNET 通信模块参数

通信模块	CM 1542-1	CM 1543-1
订货号	6GKS7 542-1AX00-0XE0	6GKS7 543-1AX00-0XE0
接口类型	RJ45	RJ45
数据传输速率/ （Mbit·s^{-1}）	10/100/1 000	10/100/1 000
可连接 PN 设备数	128，其中最多 64 台 IRT 设备	—
通信协议	TCP/IP/ISO-on-TCP/UDP/Modbus TCP/S7 通信/IP 广播、组播/SNMPv1	TCP/IP/ISO-on-TCP/UDP/Modbus TCP/S7 通信/IP 广播、组播/SNMPv1/DHCP/TFP 客户端服务器/E-Mail/IPv4/IPv6

6）SIMATIC S7-1500 工艺模块

工艺模块的作用实现一些 CPU 自身不具备的功能，如对各种传感器进行快速计数、位置检测和测量等，支持定位增量式编码器和 SSI 绝对值编码器，其功能如表 1-19 所示。

表 1-19　计数模块和位置检测模块参数

工艺模块	TM Count 2×24V	TM PosInput 2
订货号	6ES7 550-1AA0-0AB0	6ES7 551-1AB0-0AB0
支持编码器	增量编码器，24 V 非对称，有/没有方向信号的脉冲编码器，上升沿或下降沿脉冲编码器	RS-422 增量型编码器（5 V 差分信号），有/没有方向信号的脉冲编码器，上升沿或下降沿脉冲编码器，绝对值编码器（SSI）
最大计数频率	200 kHz，800 kHz（4 倍频）	1 MHz，4 MHz（4 倍频）
集成 DI	每个计数通道有 3 个 DI，用于启动、停止、捕获、同步等功能	每个计数通道有 2 个 DI，用于启动、停止、捕获、同步等功能
集成 DQ	2 个 DQ 点用于比较器和极限值	
测量功能	频率、周期、速度	

五、项目实施

（1）对照部件清单检查部件是否齐备，部件包括电源模块、CPU 模块、数字量模块、模拟量模块。

（2）在导轨上安装电源模块。将负载电源（PM）钩挂在导轨上，向后旋动，使负载电源（PM）背面与导轨固定面贴合，拧紧负载电源（PM）固定螺钉，如图 1-31 所示。

扫码观看项目演示完成过程

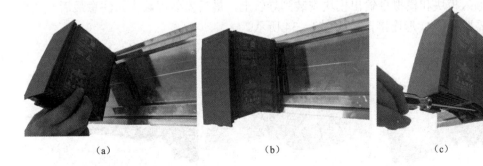

（a）　　　　　　　　（b）　　　　　　　　（c）

图 1-31　电源模块安装

（3）安装 CPU 模块。将 U 形连接器安装在 CPU 背面的左侧插口（正面观察是 CPU 右侧），然后将 CPU 钩挂在导轨上，向后旋动，使 CPU 背面与导轨固定面贴合，拧紧 CPU 固定螺钉，如图 1-32 所示。

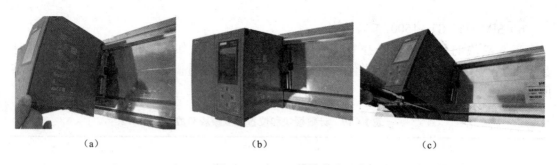

图 1-32　CPU 模块安装

（4）安装数字量模块。捏住数字量输入模块盖板下沿向上打开，将前连接器插入到模块的滑槽内，前连接器向模块方向转动，用力下压顶端直至安装到模块内。将 U 形连接器安装在数字量输入模块背面的左侧插口（正面观察是右侧），然后将数字量输入模块钩挂在导轨上，贴近 CPU 模块，向后旋动，使数字量输入模块正面左侧的插口安装到 CPU 正面右侧的连接器上，数字量输入模块背面与导轨固定面贴合，拧紧数字量输入模块固定螺钉，同样方法安装数字量输出模块，如图 1-33 所示。

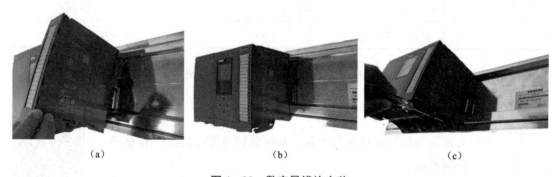

图 1-33　数字量模块安装

（5）安装模拟量模块。将电源元件插入前连接器下端的槽内，然后将屏蔽支架从前连接器的两侧穿入推送到底。参考数字量输出模块的安装方式，将前连接器安装到模块里，并将模拟量输入模块和模拟量输出模块安装到导轨上，最后安装屏蔽夹。注意最后一个模块右侧不再需要安装 U 形连接器，如图 1-34 所示。

图 1-34　模拟量模块安装

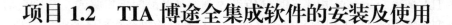

项目 1.2   TIA 博途全集成软件的安装及使用

一、学习目标

1. 知识目标

了解 TIA Portal 软件的组成和用途。

了解 TIA Portal V16 STEP 7 的安装要求。

了解 TIA Portal 软件同平台兼容性。

2. 技能目标

掌握 TIA Portal V16 编程软件的安装。

掌握编程软件组态、程序的上传和下载。

二、项目要求

安装 TIA Portal V16 STEP 7 软件，上传组态和程序。

三、材料清单

计算机、TIA Portal V16 STEP 7 光盘或安装包。

四、知识储备

1. TIA 博途全集成软件概况

TIA（Totally Integrated Automation）Poral 是全集成自动化软件的简称，它是西门子公司发布的一款全新的编程软件，使用 TIA 博途全集成软件不仅可以对 PLC 进行硬件和网络组态、软件编程，还可以进行上位机态和驱动组态等，大大提高了项目管理的一致性和集成性，TIA 博途全集成软件为实现全集成自动化提供了平台。TIA 博途全集成软件包含了 TIA 博途 STEP 7、TIA 博途 WINCC、TIA 博途 Startdrive 和 TIA 博途 SCOUT。

（1）TIA 博途 STEP 7 包含 2 个版本，基本版（STEP 7 Basic）可用于 S7-1200 控制器的组态和编程，自带 WINCC Basic；专业版（STEP 7 Professional）可用于 S7-300/400、S7-1200、S7-1500 控制器的组态和编程，需要在此基础上安装 WINCC Professional，才可以实现自动化系统的完整组态设计。

（2）TIA 博途 WINCC 包含 4 个版本，基本版（Basic）用于精简系列面板的组态；精致版（Comfort）用于所有面板组态（包括精简、精致和移动面板）；高级版（Advanced）用于所有面板的组态或运行 TIA 博途 WINCC Runtime 高级版的 PC；专业版（Professional）用于所有面板的组态和运行 TIA 博途 WINCC Runtime 高级版或 SCADA 系统 TIA 博途

WINCC Runtime 专业版的 PC。

（3）TIA 博途 Startdrive 用于 SINAMICS 系列驱动产品配置和调试。

（4）TIA 博途 SCOUT 用于 SIMOTION 运动控制器的组态和程序编辑。

2. TIA 博途全集成软件安装要求

TIA Portal 软件安装时，对计算机的硬件配置和操作系统有一定要求。TIA 博途 STEP 7 V16 版本支持 Windows 7 操作系统、Windows 10 操作系统、Windows Server 操作系统，安装 TIA 博途 STEP 7 V16 版本的计算机，计算机硬件推荐配置如表 1-20 所示，计算机操作系统需求如表 1-21 所示。

表 1-20　计算机硬件推荐配置

处理器	Core i5-6440EQ 最高 3.4 GHz 或者相当
内存	16 GB 或者更多（对于大型项目为 32 GB）
硬盘	SSD，配备至少 50 GB 的存储空间
图形分辨率	最小 1 920×1 080
显示器	15.6 英寸宽屏显示（1 920×1 080）

表 1-21　计算机操作系统需求

Windows 7 操作系统（64 位）	Windows 7 家庭版
	Windows 7 专业版
	Windows 7 企业版
	Windows 7 旗舰版
Windows 10 操作系统（64 位）	Windows 10 家庭版
	Windows 10 专业版
	Windows 10 企业版
Windows Server（64 位）	Windows Server Standard 20H2
	Windows Server 2016 Standard
	Windows Server 2012 R2 Standard

3. 同平台软件兼容性

可以和 STEP 7（TIA Portal）V16 同时安装的其他版本的 STEP 7 软件：

（1）STEP 7（TIA Portal）V11～V15.1。

（2）STEP 7 V5.6 SP1～V5.6 SP2。

（3）STEP 7 Professional 2017 SR1～2017 SR2。

（4）STEP 7 Micro/WIN V4.0 SP9。

注：仅 TIA Portal V13 SP1 以后的项目才能升级到 TIA Portal V16。

五、项目实施

1. 软件安装

（1）启动安装软件。将 TIA Portal 软件安装包介质插入驱动器后，安装程序便会立即启

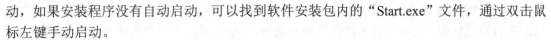

动，如果安装程序没有自动启动，可以找到软件安装包内的"Start.exe"文件，通过双击鼠标左键手动启动。

（2）选择安装语言。程序启动以后，会进入"安装语言"界面，在"安装语言"对话框中选择安装语言为中文，可以选择阅读安装注意事项和产品信息，单击"下一步 N"进入"产品语言"界面，"英语 E"是基本产品语言不可以取消，在"产品语言"界面中选择中文，完成选择后鼠标左键单击"下一步（N）"。

（3）选择安装内容。在此界面选择安装的产品配置和安装路径，可以通过鼠标左键单击"最小""典型""用户自定义"改变所需安装的产品配置，这里我们选择了"典型"配置安装。如果需要更改安装的目标目录，可以单击"浏览（R）"选择安装位置，安装路径不能超过 89 个字符，如新建文件夹建议使用英文名称，完成选择后鼠标左键单击"下一步（N）"。

（4）接受许可证条款。进入此界面"许可证条款"栏目下，"Siemens AG 授权协议（EULA）"和"确认安全说明"的前面是红色×号，勾选最下方的协议条款和确认安全信息，红色×号变为蓝色√号，完成后鼠标左键单击"下一步（N）"。

（5）接受安全和权限设置。勾选"我接受此计算机上的安全和权限设置（A）"，完成后鼠标左键单击"下一步（N）"。

（6）信息概览安装。此界面显示产品配置、安装语言和安装路径，确认无误后鼠标左键单击"下一步（N）"，程序开始安装，此过程我们只需要等待。

（7）程序安装完成。如果安装过程中未找到许可秘钥，可以将其传送到 PC 中；如果跳过许可秘钥传送，可以通过 Automation License Manager 进行注册。程序安装完成后，会提示"设置已成功完成"，并让我们选择是否立刻重启计算机，选择"重新启动（R）"。

如果需要继续安装 WINCC 及 PLCSIM 仿真软件等，可以选择对应软件安装包内的 Start.exe 文件，软件安装过程与 TIA Portal V16 STEP 7 Professional 基本一致。

2. 操作界面

TIA Portal 软件的开始界面有两种视图，一种是面向任务的 Portal 视图，另一种是包含项目各组件的项目视图。用鼠标双击桌面上"TIA Portal V16"图标，软件打开后的界面如图 1-35 所示。默认打开的界面为 Portal 视图，主要分为左、中、右三个区域：

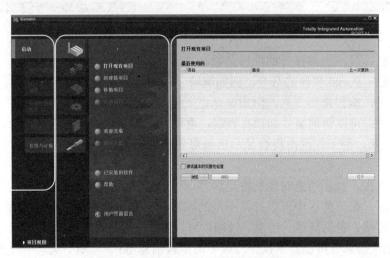

图 1-35　TIA Portal 软件的开始界面

（1）左侧区为 Portal 的任务区：包括启动、设备与网络、PLC 编程、可视化以及在线诊断等自动化任务，为各个任务区提供基本功能，Portal 视图所提供的任务选项与所安装的产品有关。

（2）中间区为 Portal 的操作区：包括打开现有项目、创建新项目、移植项目等，提供了在所选 Portal 任务中可使用的操作。例如，选择"启动"选项后，可以进行"打开现有项目""创建新项目""移植项目"等操作，面板的内容与所选的操作相匹配。

（3）右侧区为 Portal 的选择窗口区：可以打开或删除已创建保存的项目，通过"浏览"选项可以查看当前打开项目的路径。

在 Portal 视图中，还可以通过单击左下角的"项目视图"按钮，将 Portal 视图切换至项目视图。

（4）项目视图的最上方主要包括菜单栏、工具条，最下方是任务条，左侧区域主要包括项目树、详细视图，中间区域主要包括工作区、属性、信息、诊断，右侧区域包括任务卡、库和插件等，如图 1-36 所示。

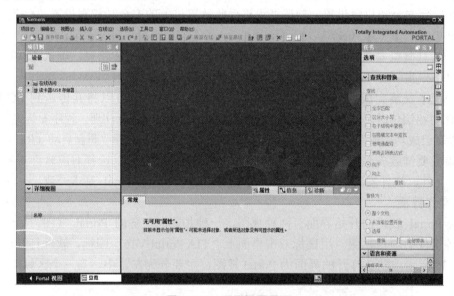

图 1-36　项目视图界面

① 标题栏：显示当前打开的项目名称。

② 菜单栏：Portal 软件的命令，例如编辑、视图、插入等。

③ 工具条：编程常用工具，例如编译、上传/下载程序等。

④ 项目树：可以访问组件和项目数据，也可以在项目树中执行任务，如果在项目树下选择了某个对象，则工作区内将会显示出该对象的编辑器，监视窗口显示有关所选对象的相关信息。

⑤ 详细视图：显示所选对象的特定内容。

⑥ 工作区：在工作区中可以打开不同的编辑器，并对项目数据进行处理。

⑦ 巡视窗格：包括属性、信息、诊断，可以显示工作区中已选对象或执行操作的附加信息卡。例如"信息"可以显示操作过程中的报警信息等；"诊断"选项卡提供了系统诊断

事件和已配置的报警事件。

⑧ 任务卡：显示可以操作的功能，可用的任务卡取决于所编辑的对象。例如创建项目后，可以拖曳硬件到工作区中，创建程序后可以拖曳指令到程序段。

在项目视图中，可以通过单击左下角的"Portal 视图"按钮，将项目视图切换至 Portal 视图。

3. 创建项目和组态

（1）找到桌面名称为"TIA Portal V16"的 TIA 博途软件，从 Portal 视图切换至项目视图，单击"菜单栏"中的"项目"，然后单击"新建"，创建一个新的项目。

扫码观看项目演示
完成过程

（2）创建新项目时会弹出"创建新项目"对话框，其中包含了项目名称、保存路径、作者和注释等内容，将"项目名称"修改为 S7-1500 项目以便我们下次打开时能够通过项目名称快速找到，选择并修改其他信息，完成后单击"创建"。

（3）在左侧"项目树"中找到"添加新设备"，鼠标左键双击后弹出"添加新设备"对话框，单击▶箭头，▶箭头变为▼箭头，可以打开下级的扩展，选择与硬件对应的 CPU 型号，同型号 CPU 可能会有不用的订货号和版本号，所以还需要核对订货号和版本号信息，选好后用鼠标左键双击 CPU 的订货号插入 CPU。

（4）插入 CPU 后，"设备视图"中会显示导轨_0 和安装的 CPU，"任务卡"中出现"硬件目录"。"目录"中包括负载电源（PM）、系统电源（PS）、CPU、数字量输入模块（DI）、数字量输出模块（DQ）等，我们选择插入一个数字量输入模块。单击 DI 扩展，可以选择型号，示例选用了型号 DI 32×24VDC HF，点开型号可以选择订货号，这里只有一个订货号 6SE7521-1BL00-0AB0，我们可以双击订货号或鼠标左键单击订货号按住，然后拖曳到槽位中。

（5）以同样方式插入数字量输出模块，型号为 DQ 32×24VDC/0.5A ST，订货号为 6ES7 522-1BL01-0AB0；模拟量输入模块 AI 8×U/I/RTD/TC ST，订货号为 6ES7 531-7KF00-0AB0；模拟量输出模块 AQ 4XU/I ST，订货号为 6ES7 532-5HD00-0AB0。

（6）组态完成以后，单击工具条中的 ▦ 编译按钮，系统对当前硬件配置进行编译，编译完成后提示错误和警告信息。如没有错误，组态正确，如有错误，需要检查错误并更正。

4. 创建程序

（1）硬件完成组态后，在左侧区域的项目树中找到"程序块"，每个系统都会自带一个 Main［OB1］，我们可以在 Main［OB1］中编程。也可以选择"添加新块"，程序块包含了组织块 OB、函数块 FB、函数 FC、数据块 DB，选择一个需要添加的新块类型后，再选择新块的编程语言，编程语言包括了梯形图（LAD）、功能块（FBD）、语句表（STL）、结构化控制语言（SCL）和顺序功能图（GRAPH），其中函数块 FB 支持顺序功能图（GRAPH）编程，手动或自动设置新添块的编号。

扫码观看项目演示
完成过程

（2）编程之前先添加变量表，项目树→PLC 变量→默认变量表（也可以添加新变量表），在变量表中第一行输入变量名称 Start，选择数据类型 Bool，地址%I0.0，第二行输入变量名称 Stop，选择数据类型 Bool，地址%I0.1，第三行输入变量名称 Motor，选择数据类型 Bool，地址%IQ0.2。数据类型可以单击▤图标进行更改，地址单击下三角箭头更改操作数标识符、地址和位号。

（3）在 Main［OB1］中建立一个程序段，鼠标左键双击点开 Main［OB1］，中间工作区变为编程界面，右侧区域任务卡增加了"指令"，"指令"中包含选项、收藏夹、基本指令、扩展指令等。

（4）我们可以打开基本指令，选择逻辑运算指令，然后单击程序段的横线，再双击常开触点，这时程序段中就增添了一个常开触点，也可以使用鼠标选中常开触点，按住左键将常开触点拖曳到程序段中，在程序段中按照之前的方法，将常闭触点和赋值依次拖到程序段的横线上，在指令上方的＜？？？＞处输入地址，常开触点为 I0.0，常闭触点为 I0.1，赋值为 Q0.2。其中"Start"是符号（未使用变量表则为"Tag1"），%I0.1 是绝对值，可以通过工作区菜单栏"绝对/符号操作数"选择显示方式。单击程序段 1 的左侧竖线，选择右侧基本指令中的常规指令，选择打开分支，拖入一个常开触点，单击箭头，使用"嵌套闭合"指令，修改＜？？？＞地址为 Q0.2，启－保－停梯形图程序编写完成，如图 1－37 所示。

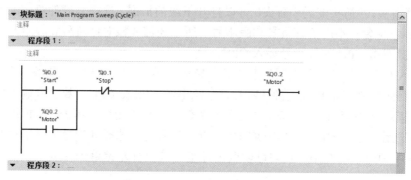

图 1－37　启－保－停梯形图程序

（5）程序编写完成后，需要在"项目视图"中的工具条里，选择编译程序，检查程序编写的有无错误。编译信息在监视窗口的"信息"中显示，如图 1－38 所示。

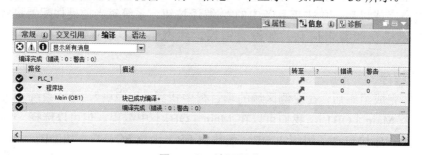

图 1－38　编译程序

5. 仿真软件调试

点开工具条上的▣图标，打开仿真软件。PG/PC 接口类型选为 PN/IE，接口/子网连接可以选择指定插槽，也可以选择尝试所有接口，单击"开始搜索"，找到我们的仿真 CPU 后选中 PLC1，单击"下载"，如图 1－39 所示。

扫码观看项目演示
完成过程

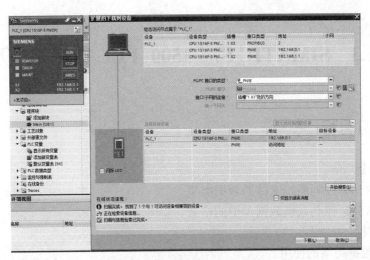

图 1-39　打开仿真建立连接

单击"装载",将下载结果中的"无动作"修改为"启动模块",单击"完成",如图 1-40 所示。

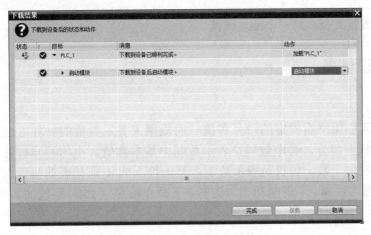

图 1-40　启动运行仿真 CPU

回到工作区单击 图标,对程序进行监视,如图 1-41 所示。

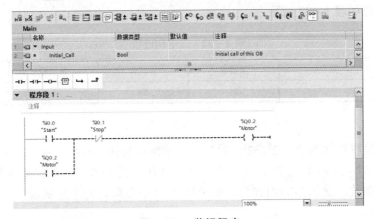

图 1-41　监视程序

项目 1.3　SIMATIC S7-1500 PLC 数据类型及使用

一、学习目标

1. 知识目标

掌握 S7-1500 控制系统支持的数据类型。

掌握 S7-1500 控制系统数据类型的格式。

2. 技能目标

掌握基本数据类型的使用。

二、项目要求

使用基本数据类型，给一个地址赋值。

三、知识储备

1. 数制

数制，是人们用一组固定的符号和统一的规则来表示数值的一种方法。数制包含数码、基数、位权三部分，其中数码是表示数制中基本数值大小的不同符号，基数是表示数制所使用数码的个数，位权是表示数制中某一位上的 1 所代表的数值大小。数制有很多种，常用的有二进制、十进制和十六进制，下面介绍 S7-1500 系统的数制和使用方法。

1）二进制（Binary）

数码：0、1。

基数：2。

进位规则：逢二进一。

二进制进位如表 1-22 所示。

表 1-22　二进制进位

...	第五位	第四位	第三位	第二位	第一位
...	2^4	2^3	2^2	2^1	2^0

位权：

从右到左位权依次为 2^0、2^1、2^2、2^3、…，举例：$2\#1011=1 \times 2^3+0 \times 2^2+1 \times 2^1+1 \times 2^0=11$（十进制）。在 S7-1500 系列 PLC 编程中，如要使用二进制数据，需在数据前加 2# 声明，此数据为二进制数，例如 2#11011011，如未添加 2# 则会默认为十进制数。

2）十进制（Decimal）

数码：0、1、2、3、4、5、6、7、8、9。

基数：10。

进位规则：逢十进一。

十进制进位如表 1-23 所示。

表 1-23 十进制进位

...	第五位	第四位	第三位	第二位	第一位
...	10^4	10^3	10^2	10^1	10^0

位权：

从右到左位权依次为 10^0、10^1、10^2、10^3、$\cdots$，举例：$4321=4 \times 10^3+3 \times 10^2+2 \times 10^1+1 \times 10^0$。在 S7-1500 系列 PLC 编程中，如要使用十进制数据，不需要数据声明，正常书写即可。

3）十六进制（Hexadecimal）

数码：0、1、2、3、4、5、6、7、8、9、A、B、C、D、E、F。

基数：16。

进位规则：逢十六进一。

十六进制进位如表 1-24 所示。

表 1-24 十六进制进位

...	第五位	第四位	第三位	第二位	第一位
...	16^4	16^3	16^2	16^1	16^0

位权：

从右到左位权依次为 16^0、16^1、16^2、16^3、$\cdots$，举例：$16\#7F = 7 \times 16^1+15 \times 16^0=127$（十进制）。在 S7-1500 系列 PLC 编程中，如要使用十六进制数据，需在数据前加 16# 声明，此数据为十六进制数，例如 16#6F7D，如未添加 16# 则会默认为十进制数。

2. 数据类型

不同的数据类型具有不同的数据元素大小和不同的表达格式。用户在编写程序时，变量格式必须与指令数据类型一致，数据才能被正确识别。S7-1500 PLC 的数据类型主要分为基本数据类型、复合数据类型、PLC 数据类型、参数类型、系统数据类型和硬件数据类型。

1）基本数据类型

每一个基本数据类型都具备不同的数据长度、取值范围和表达格式等属性。基本数据类型包括了位数据类型、数学数据类型、字符数据类型、定时器数据类型以及日期和时间数据类型。

（1）位数据类型。

位数据类型主要有布尔型（Bool）、字节型（Byte）、字型（Word）、双字型（DWord）和长字型（LWord）。布尔型常使用 TRUE/FALSE 表示状态，其他使用 B#、W#、DW#、LW#

声明数据类型。

① 布尔型（Bool）。

布尔型数据只有 1 位，用于表示存储器位地址的状态是 0（FALSE）或是 1（TRUE），可以赋 TRUE 或 FALSE 两个值，但不能直接赋常数值。例如：I 存储区的 I0.0，监控表中默认值为 TRUE 则表示 I0.0 为接通状态，若为 FALSE 则表示 I0.0 为断开状态。其取值范围如表 1−25 所示。

表 1−25　布尔型数据类型取值范围

数据类型	位数/bit	取值范围	示例
布尔（Bool）	1	TRUE/FALSE	TRUE

② 字节型（Byte）。

1 个字节型数据由 8 位组成，以存储区+数据类型+地址的方式来表示字节型的地址，例如：IB0，I 代表 I 存储区，B 代表字节型（Byte），0 是存储地址，它是由 I0.0～I0.7 的 8 个位地址组成，最低位在左侧，向右依次变大。其取值范围如表 1−26 所示。

表 1−26　字节型数据类型取值范围

数据类型	位数/bit	取值范围	示例
字节（Byte）	8	B#16#0～B#16#FF	B#16#20

③ 字型（Word）、双字型（DWord）、长字（LWord）。

1 个字（Word）是 2 个字节的长度，包含 16 位，可以表达 16 位的状态；1 个双字（DWord）是 4 个字节的长度，包含 32 位，可以表达 32 位的状态；1 个长字（LWord）是 8 个字节的长度，包含 64 位，可以表达 64 位的状态，它们也可以表示一个数值。其取值范围如表 1−27 所示。

表 1−27　字型、双字型、长字数据类型取值范围

数据类型	位数/bit	取值范围	示例
字（Word）	16	W#16#0～W#16#FFFF	W#16#30
双字（DWord）	32	DW#16#0～DW#16#FFFF_FFFF	DW#16#4F
长字（LWord）	64	LW#16#0～LW#16#FFFF_FFFF_FFFF_FFFF	LW#16#E5

（2）数学数据类型。

数学数据类型主要有整数类型和浮点数类型，常用于算数运算。

整数类型分为无符号整数类型和有符号数据类型。无符号数据类型包括无符号短整数型（USInt）、无符号整数型（UInt）、无符号双整数型（UDInt）、无符号长整数型（ULInt），数据长度为 8 位、16 位、32 位和 64 位，每一位均为有效数值；有符号数据类型包括有符号短整数型（SInt）、有符号整数型（Int）、有符号双整数型（DInt）、有符号长整数型（LInt），数据长度为 8 位、16 位、32 位和 64 位，最高位为符号位，其他位为数值位。

浮点数类型分为浮点型（Real）和长浮点型（LReal），浮点型（Real）数据长度 32 位，长浮点型（LReal）数据长度 64 位，最高位均为符号位，接下来 8 位为指数位，其他位为尾数位。其取值范围如表 1-28 所示。

表 1-28　数学数据类型取值范围

数据类型	位数/bit	取值范围
无符号短整数型（USInt）	8	0～255
无符号整数型（UInt）	16	0～65 535
无符号双整数型（UDInt）	32	0～4 294 967 295
无符号长整数型（ULInt）	64	0～18 446 744 073 709 551 615
有符号短整数型（SInt）	8	−128～127
有符号整数型（Int）	16	−32 768～32 767
有符号双整数型（DInt）	32	−2 147 483 648～2 147 483 647
有符号长整数型（LInt）	64	−922 337 203 684 775 808～922 337 203 684 775 807
浮点型（Real）	32	$-3.402\,823 \times 10^{38} \sim -1.175\,495 \times 10^{-38}$ ±0 $+1.175\,495 \times 10^{-38} \sim +3.402\,823 \times 10^{38}$
长浮点型（LReal）	64	$-1.797\,693\,134\,862\,315\,8 \times 10^{308} \sim -2.220\,738\,585\,072\,014 \times 10^{-308}$ ±0 $+2.220\,738\,585\,072\,014 \times 10^{-308} \sim +1.797\,693\,134\,862\,315\,8 \times 10^{308}$

（3）字符数据类型。

字符数据类型（Char）数据长度为 8 位，以 ASCLL 码格式存储单个字符，常用的 ASCLL 码包括英文字母 A～Z，数字 0～9 以及一些标点符号。常量表示时使用单引号，例如：ASCLL 码 100 0001 对应常量字符 A，表示为 'A' 或 Char# 'A'。

宽字符数据类型（WChar）数据长度为 16 位，以 Unicode 格式存储扩展字符集中的单个字符，只涉及 Unicode 编码表中的一部分。常量表示时使用 WChar# 作为前缀。其取值范围如表 1-29 所示。

表 1-29　字符数据类型取值范围

数据类型	位数/bit	取值范围	示例
字符数据类型（Char）	8	ASCLL 字符集	'A'、Char# 'A'
宽字符数据类型（WChar）	16	$0000～$D7FF	WChar# 'B'、WChar# '0042'

（4）定时器数据类型。

定时器数据类型主要包括 S5 时间（S5Time）、时间（Time）和长时间（LTime）数据类型。

S5 时间（S5Time）为 16 位 S5Time 数据类型，占用 2 个字节，可以通过选择不同的时基改变定时器的定时长度，以 BCD 码的格式存储最大值为 999，格式为 S5T#Xh_Xm_Xs_Xms，例如：S5T#1h_2m_5s_1ms。

时间（Time）为 32 位 IEC 定时器类型，采用 IEC 标准的时间格式，占用 4 个字节，以毫秒（ms）为单位，格式为 T#Xd_Xh_Xm_Xs_Xms，例如：T#2d_3h_4m_2s_200 ms。

长时间（LTime）为 64 位 IEC 定时器类型，占用 8 个字节，以纳秒（ns）为单位，格式为 LT#Xd_Xh_Xm_Xs_Xms_Xus_Xns，例如：LT#2d_3h_4m_2s_200ms_300us_400ns。定时器数据类型取值范围如表 1-30 所示。

表 1-30　定时器数据类型取值范围

数据类型	位数/bit	取值范围
S5 时间（S5Time）	16	S5T#0ms～S5T#2h_46m_30s_0ms
时间（Time）	32	T#-24d_20h_31m_23s_648ms～T#+24d_20h_31m_23s_647ms
长时间（LTime）	64	T#-106781d_23h_471m_16s_854ms_775us_808ns～LT#+106781d_23h_471m_16s_854ms_775us_807ns

（5）日期和时间数据类型。

① 日期。

日期（Date）数据类型采用 IEC 标准的日期格式，存储日期信息占用 2 个字节，变量格式为有符号整数，变量内容以距离 1990 年 1 月 1 日的天数以整数格式进行表示。常数格式在日期前加 D#，例如：D#2021-1-1 表示日期为 2021 年 1 月 1 日，变量内容为 W#16#2c3b。

② 日时间。

日时间（Time_Of_Day）数据类型存储时间信息占用 1 个双字，变量格式为无符号整数，以每天 0：00 为起始的 ms 数。常数格式在日期前加 TOD#，例如：TOD#23：59：59：999 表示为 23 时 59 分 59 秒 999 毫秒，变量内容为 DW#16#05265B7。

③ 日期时间。

日期时间（Date_And_Time）数据类型存储日期和时间信息，占用 1 个双字，以 BCD 格式存储。常数格式在日期前加 DT#，例如：DT#2021-1-1-12：00：00.00。其取值范围如表 1-31 所示。

表 1-31　时间和日期数据类型取值范围

数据类型	位数/bit	取值范围
日期（Date）	16	D#1990-01-01～D#2168-12-31
日时间（Time_Of_Day）	32	TOD#00：00：00：000～TOD#23：59：59：999
日期时间（Date_And_Time）	64	DT#1990-01-01-00：00：00：000～DT#2089-12-31-23：59：59：999

2）复合数据类型

复合数据类型的数据由基本数据类型的数据组合而成。S7-1500 中包括了字符串 String、数组 Array、结构 Struct 等复合数据类型。

（1）字符串 String。

字符串 String 数据类型是在一个字符串中存储多个字符，最大长度 256 个字节，前两个字节存储字符串长度信息，最多包括 254 个字符。字符串中可以使用 ASCLL 码。常量字符使用单引号表示。

（2）数组 Array。

数组 Array 数据类型表示一个由固定数目的同一种数据类型的元素组成的数据结构。使用前数组需要先声明数组的元素数量和数据类型，下限值必须小于或者等于上限值，数组维度可以从 1 维～6 维。例如：Array［1..5］of Int，定义包括 5 个 Int 数据类型的一维数组，Array［1..2，3..4］of Real，定义了一个包括 4 个 Real 数据类型的二维数组，如图 1–42 和图 1–43 所示。

	名称	数据类型	起始值	保持	可从 HMI/...	从 H...	在 HMI ...	设定值
1	▼ Static							
2	▼ 数学运算	Array[1..5] of Int		☐	☑	☑	☑	☑
3	数学运算[1]	Int	0		☑	☑	☑	☑
4	数学运算[2]	Int	0		☑	☑	☑	☑
5	数学运算[3]	Int	0		☑	☑	☑	☑
6	数学运算[4]	Int	0		☑	☑	☑	☑
7	数学运算[5]	Int	0		☑	☑	☑	☑

图 1–42　一维数组

	名称	数据类型	起始值	保持	可从 HMI/...	从 H...	在 HMI ...	设定值
1	▼ Static							
2	▼ Static1	Array[1..2, 3..4] of Real		☐	☑	☑	☑	☐
3	Static1[1,3]	Real	0.0		☑	☑	☑	
4	Static1[1,4]	Real	0.0		☑	☑	☑	
5	Static1[2,3]	Real	0.0		☑	☑	☑	
6	Static1[2,4]	Real	0.0		☑	☑	☑	

图 1–43　二维数组

（3）结构 Struct。

结构 Struct 数据类型表示由固定数目的多种数据类型的元素组成的数据结构。S7–1500 系列 CPU 最多可以创建 65 534 个结构，其中每个结构最多可以包括 252 个元素，如图 1–44 所示。

	名称	数据类型	起始值	保持	可从 HMI/...	从 H...	在 HMI ...	设定值
1	▼ Static			☐	☐	☐	☐	☐
2	▼ 电机	Struct		☐	☑	☑	☑	☐
3	运行状态	Bool	false	☐	☑	☑	☑	☐
4	报警	Word	16#0	☐	☑	☑	☑	☐
5	电机实际转速	Real	0.0	☐	☑	☑	☑	☐

图 1–44　结构 Struct 数据类型

四、项目实施

（1）创建一个新项目，添加 CPU 控制器。

（2）打开程序块 Main[OB1]，插入常开触点 M100.0，找到基本指令中的移动操作，选择 MOVE 移动值，插入到程序段中。在 MOVE 移动值的"IN"端输入数值 16#10，注意数据类型格式，"OUT"端设定存储地址，编好程序

扫码观看项目演示
完成过程

后进行编译。

（3）打开仿真器，下载程序，仿真 CPU 运行后启用监视。

（4）单击"全部监视"，存储地址 MB0 为 16#00，修改 M100.0 为 1，可以看见存储地址 MB0 的当前值变为 16#10，赋值成功，可以通过下三角箭头选择显示格式。

五、项目扩展

修改存储地址，使用字型数据类型进行赋值。

模块 2

S7–1500 PLC 位指令应用

项目 2.1　三相异步电动机的点动运行——位逻辑输入/输出控制指令

一、学习目标

1. 知识目标

掌握 LAD 梯形图中的常开/常闭触点指令及线圈指令的使用。

2. 技能目标

能利用所学指令编程实现电动机的控制。

熟悉 TIA Portal 软件操作和编程调试。

掌握 PLC 的外部接线。

扫码观看项目
功能演示

二、控制要求

按下点动按钮，电动机运转；松开点动按钮，电动机停止。

三、硬件电路设计

点动控制三相异步电动机需要的元器件有：按钮 SB，交流接触器 KM，中间继电器 KA 和热继电器 FR 等（断路器 QF、熔断器 FU 与 PLC 的输入/输出无关），硬件电路如图 2-1 所示，1511C PLC 集成输出为晶体管源型，不能直接驱动接触器线圈，需要使用直流 24 V 中间继电器转换。输入输出端口分配如表 2-1 所示。

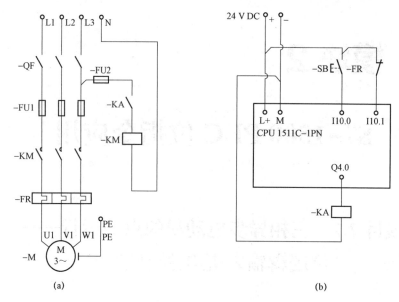

(a)　　　　　　　　　　　　　(b)

图 2–1　硬件电路

（a）主电路；（b）控制电路

表 2–1　输入输出端口分配

输入端口			输出端口		
输入点	输入器件	功能	输出点	输出器件	功能
I10.0	SB	点动按钮	Q4.0	KA	通过接触器 KM 控制电动机
I10.1	FR	过载保护			

四、项目知识储备

1. LAD 触点

在位逻辑中触点读取位的状态。如图 2–2 所示，LAD 的触点指令有常开和常闭两种，分配位参数"In"数据类型为"Bool"，可使用的存储器类型有 I、Q、M、D、L、T、C 或常量。

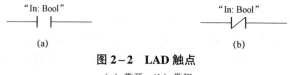

(a)　　　　　　　　　　　　　(b)

图 2–2　LAD 触点

（a）常开；（b）常闭

如图 2–2（a）所示，┤├ 是常开触点符号，常开触点的通断取决于相关位的状态。当指定的位为"1"时，常开触点接通；当指定的位为"0"时，常开触点保持原来的状态（断开）。

如图 2–2（b）所示，┤/├ 是常闭触点符号，常闭触点的通断取决于相关位的状态。当指定的位为"1"时，常闭触点断开；当指定的位为"0"时，常开触点保持原来的状态（接通）。

2. 取反 RLO 触点

"RLO"是逻辑运算结果的简称，使用"取反 RLO"指令，可对逻辑运算结果（RLO）的信号状态进行取反。如图 2-3 所示，中间有"NOT"的触点为取反 RLO 触点，如果该指令输入的信号状态为"0"，则输出的信号状态为"1"。如果该指令输入的信号状态为"1"，则指令输出的信号状态为"0"。

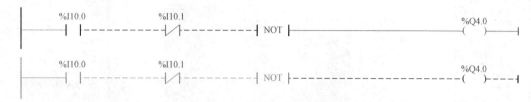

图 2-3　RLO 取反触点

3. LAD 输出线圈

在位逻辑中线圈将状态写入位中。如图 2-4 所示，LAD 的线圈指令有赋值和赋值取反两种，分配位参数"Out"数据类型为"Bool"，可使用的存储器类型有 I、Q、M、D、L。

图 2-4　LAD 线圈

（a）赋值；（b）赋值取反

如图 2-4（a）所示，——( )——是线圈赋值符号，如果线圈的输入是"1"，则指定位的线圈为"1"；如果线圈的输入为"0"，则指定位的线圈为"0"。

如图 2-4（b）所示，——(/)——是线圈赋值取反符号，如果线圈的输入是"1"，则指定位的线圈为"0"；如果线圈的输入为"0"，则指定位的线圈为"1"。

4. 应用举例

如图 2-5 所示，程序段中，当 I0.0 为"1"、I0.1 为"0"时，即 I0.0 的常开触点接通，I0.1 的常闭触点接通时，则线圈 Q0.0 的输入为"1"。

图 2-5　常开触点、常闭触点和线圈的应用示例

五、项目实施

1. PLC 硬件组态

打开 TIA Portal 软件，打开项目视图，单击 新建项目按钮，新建一个项目，并命名为"点动控制"。双击"添加新设备"，添加 PLC 为 CPU 1511C-1PN，订货号为 6ES7 511-1CK01-0AB0，版本号 2.8 应与实际的 PLC 一致。如图

扫码观看项目演示
完成过程

41

2-6 所示，单击常规→DI16/DQ16［X11］→I/O 地址，可以看到输入起始地址 10、结束地址 11，输出起始地址 4、结束地址 5，均是以字节为单位，即数字量输入（I）地址范围为 I10.0～I11.7，数字量输出（Q）地址范围为 Q4.0～Q5.7。

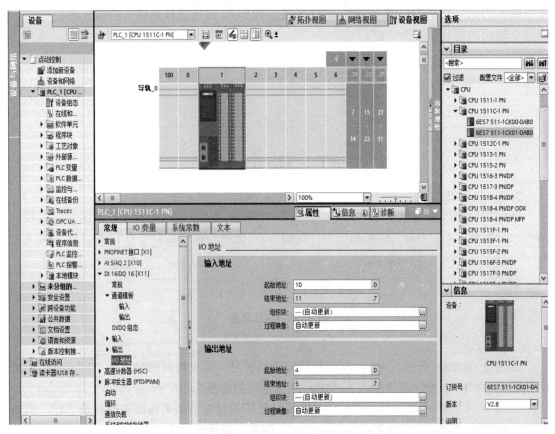

图 2-6　PLC 硬件组态

2. 编写程序

先单击 PLC 变量，进行 PLC 变量的定义，如图 2-7 所示。

		名称	数据类型	地址	保持	从 H...	从 H...	在 H...	监控
1	DI	SB	Bool	%I10.0	☐	☑	☑	☑	
2	DI	FR	Bool	%I10.1	☐	☑	☑	☑	
3	DI	KA	Bool	%Q4.0	☐	☑	☑	☑	

图 2-7　PLC 变量定义

单击项目树中的程序块，打开 Main（OB1），进入程序编辑器，编写如图 2-8 所示程序。编写完成在编辑菜单栏下找到编译对编辑好的程序进行编译，编译完成无误后如图 2-9 所示，然后单击保存项目。

图 2-8　LAD 点动控制程序

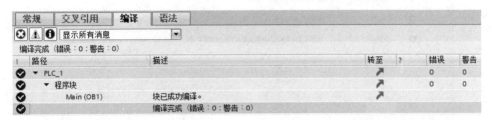

图 2-9　程序编译结果

3. 仿真运行

单击 "▣" 打开 S7-PLCSIM 和下载视图，如图 2-10 和图 2-11 所示，图 2-10 所示为 S7-PLCSIM 仿真器的精简视图，在中单击 "▣" 可以切换到 S7-PLCSIM 仿真器的项目视图。在图 2-11 中单击 "下载"，然后进行下载预览如图 2-12 所示，单击 "装载"。下载完成后在下载结果图 2-13 中选择 "启动模块"，使 PLC 进入运行模式，然后单击 "完成"，至此完成 PLC 的仿真下载。

图 2-10　S7-PLCSIM 精简视图

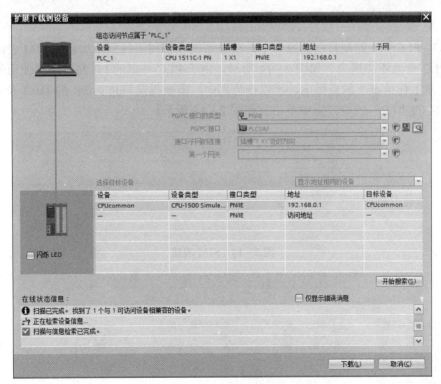

图 2-11　扩展下载到设备

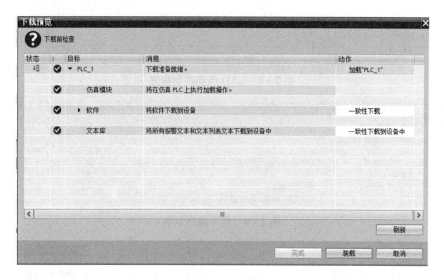

图 2-12 下载预览

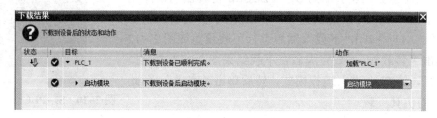

图 2-13 下载结果

在 S7-PLCSIM 的项目视图窗口中，在左面的项目树下找到添加新的 SIM 表格，将要监控的 PLC 变量添加进去，如图 2-14 所示。由于 PLC 外部的 FR 热继电器使用的是常闭触点，正常工作情况下触点得电，所以在仿真中，需要提前将仿真 FR 的 I10.1 位置为 1，在图 2-14 的"FR"的位方框中单击，如图 2-15 所示。

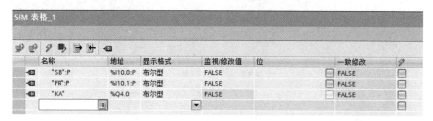

图 2-14 SIM 表格

图 2-15 改变量值的 SIM 表

在 TIA Portal 窗口中单击 进行程序的监控。如图 2−16 所示，可以看到程序被监控。在 S7−PLCSIM 的项目视图窗口中，单击 SIM 表格中的"SB"后面的方框，模拟按钮的按下和松开改变 SB（I10.0）的值，可以在程序监控画面和 S7−PLCSIM 变量表中，看到输出 KA（Q4.0）随着 SB（10.0）的变化而变化。程序监控画面中 KA（Q4.0）编程绿色实线和变量表中"KA"后面的方框显示" "表示电动机运行，反则停止。

图 2−16　监控程序

4. 联机调试

（1）断电情况下按照图 2−1 所示电路原理图接线。

（2）接通电源，下载程序。

（3）监控程序运行，操作 SB 按钮，观察 PLC 及电动机运行状态，分析是否满足控制要求。

六、项目扩展

在程序中尝试使用┤/├常闭触点指令、RLO 取反指令、──( )──线圈取反指令等不同指令进行组合实现控制任务，并对图 2−1 的电路图进行相应的修改。

项目 2.2　三相异步电动机的自锁控制——触点逻辑控制

一、学习目标

1. 知识目标

掌握 LAD 梯形图中的触点"与""或"等逻辑控制的使用。

2. 技能目标

能利用所学指令编程实现电动机的自锁控制。

熟悉 TIA Portal 软件操作和编程调试。

掌握 PLC 的外部接线。

扫码观看项目

功能演示

二、控制要求

按下启动按钮，电动机运转；按下停止按钮或发生电动机过载故障时，电动机停止。

三、硬件电路设计

电动机连续运行控制需要的元器件有：启动按钮 SB1，停止按钮 SB2，交流接触器 KM，中间继电器 KA 和热继电器 FR 等（断路器 QF，熔断器 FU1、FU2 与 PLC 的输入/输出无关），硬件电路如图 2-17 所示，1511C PLC 集成输出为晶体管源型，不能直接驱动接触器线圈，需要使用直流 24 V 中间继电器转换。输入输出端口分配如表 2-2 所示。

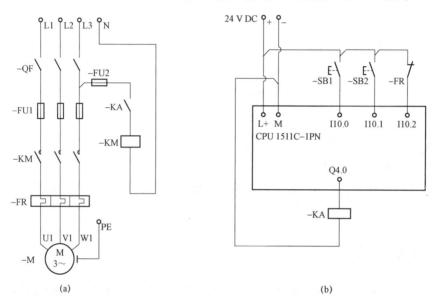

图 2-17　硬件电路

（a）主电路；（b）控制电路

表 2-2　输入输出端口分配

输入端口			输出端口		
输入点	输入器件	功能	输出点	输出器件	功能
I10.0	SB1	启动按钮	Q4.0	KA	通过接触器 KM 控制电动机
I10.1	SB2	停止按钮			
I10.2	FR	过载保护			

四、项目知识储备

在 LAD 梯形图的编程使用中，需要对触点指令进行组合使用，常用的组合逻辑有"与""或""异或""同或"等，通过不同的组合逻辑实现相应的控制。

1. 触点串联与操作

在梯形图中多个触点可以进行串联连接，逻辑运算结果为所有触点进行相与后的逻辑结果。如图 2-18 所示，LAD 梯形图中，I10.0 和 I10.1 进行相与操作，只有当 I10.0 和 I10.1 均为 1 时，与操作的结果为 1，Q4.0 输出为 1。

图 2-18　LAD 触点相与

2. 触点并联或操作

在梯形图中多个触点可以进行并联连接，逻辑运算结果为所有触点进行相或后的逻辑结果。如图 2-19 所示，LAD 梯形图中，I10.0 和 I10.1 进行相或操作，当 I10.0 和 I10.1 任意一个为 1 时，或操作的结果为 1，Q4.0 输出为 1；当 I10.0 和 I10.1 均为 0 时，Q4.0 输出为 0。

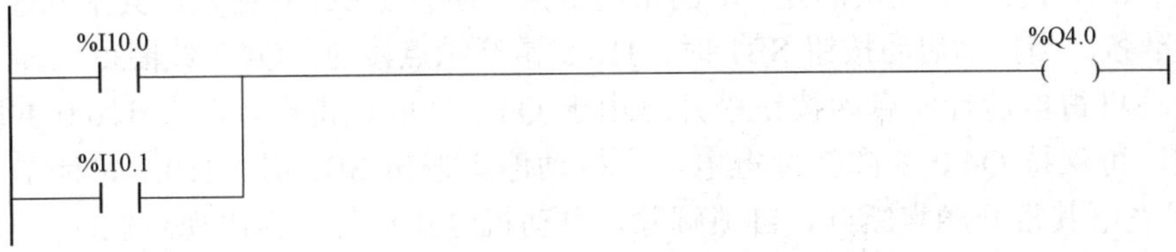

图 2-19　LAD 触点相或

3. 异或

在图 2-20 所示的 LAD 梯形图中，I10.0 的常开触点和 I10.1 常闭触点进行与操作，I10.0 常闭的触点和 I10.1 常开触点进行与操作，得到逻辑运算结果再相或，只有当 I10.0 和 I10.1 不同时，Q4.0 输出为 1。

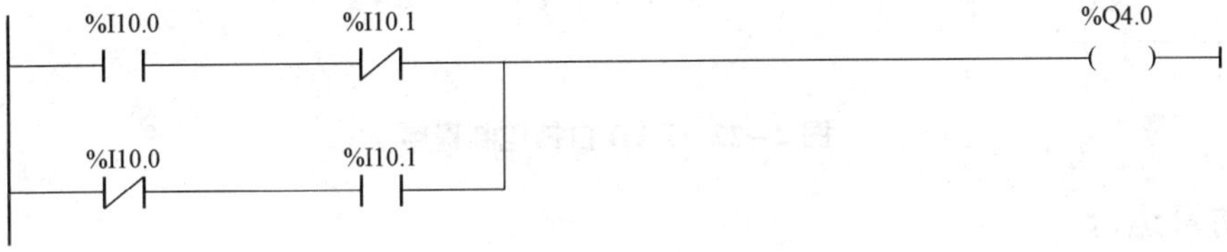

图 2-20　LAD 触点异或

4. 同或

如图 2-21 所示，LAD 梯形图中，I10.0 的常开触点和 I10.1 常开触点进行与操作，I10.0 常闭的触点和 I10.1 常闭触点进行与操作，得到逻辑运算结果再相或，只有当 I10.0 和 I10.1 相同时，Q4.0 输出为 1。

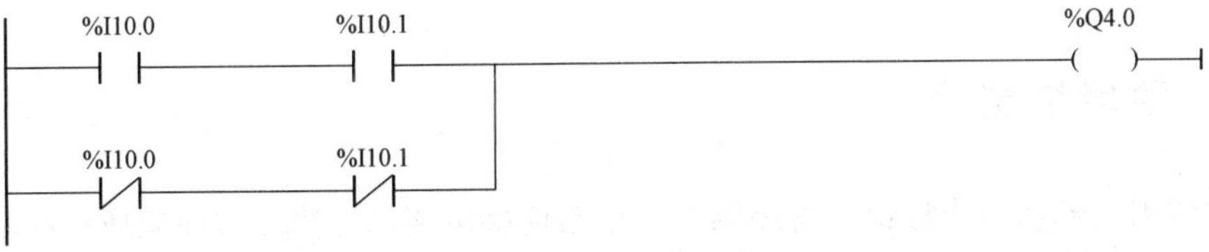

图 2-21　LAD 触点同或

47

五、项目实施

1. PLC 硬件组态

打开 TIA Portal 软件，打开项目视图，单击"▫"新建项目按钮，新建一个项目，并命名为"自锁控制"。双击"添加新设备"，添加 PLC 为 CPU 1511C–1PN，订货号为 6ES7 511–1CK01–0AB0，版本号 2.8 应与实际的 PLC 一致。在 PLC 的属性中根据需要进行 I/O 地址的设置。

扫码观看项目演示
完成过程

2. 编写程序

打开 Main（OB1），进入程序编辑器，编写如图 2–22 所示程序。编写完成，在编辑菜单栏下找到编译，对编辑好的程序进行编译，编译完成无误后，单击保存项目。

上电后，由于 I10.2 连接的是 FR 的常闭触点，所以 I10.2 有输入，其常开触点接通，为启动做准备。当按动启动按钮 SB1 时，I10.0 常开触点接通，Q4.0 线圈得电即 KA 线圈通电，电动机得电运行，启动按钮松开时由于 Q4.0 线圈已得电，其与 I10.0 并联的常开触点接通，可保持 Q4.0 线圈持续得电。当按动停止按钮 SB2 时，I10.1 常闭触点断开，Q4.0 线圈失电其常开触点断开，自锁解除，电动机停止运行。当出现过载时，FR 常闭触点断开，I10.2 没有输入，原来接通的 I10.2 常开触点断开，Q4.0 线圈失电，自锁解除，电动机停止运行。

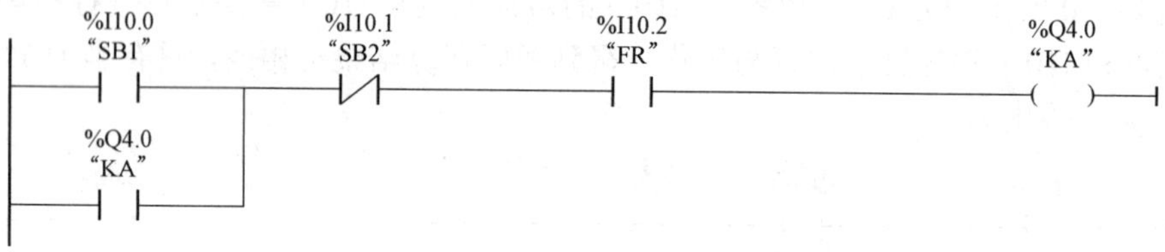

图 2–22　LAD 自锁控制程序

3. 仿真运行

（1）打开 S7–PLCSIM 并下载程序。

（2）监控程序运行。

4. 联机调试

（1）断电情况下按照图 2–17 所示电路原理图接线。

（2）接通电源，下载程序。

（3）监控程序运行，操作 SB1 和 SB2 按钮，观察 PLC 及电动机运行状态，分析是否满足控制要求。

六、项目扩展

分别使用启动和停止按钮的常闭触点，重新连接电路，并修改程序完成控制功能。

项目 2.3　三相异步电动机的连续运行——置位/复位指令

一、学习目标

1. 知识目标

掌握 LAD 梯形图中的置位/复位指令的使用。

2. 技能目标

能利用所学指令编程实现电动机的连续运行控制。

熟悉 TIA Portal 软件操作和编程调试。

掌握 PLC 的外部接线。

扫码观看项目
功能演示

二、控制要求

按下启动按钮，电动机运转；按下停止按钮，电动机停止。

三、硬件电路设计

电动机连续运行控制需要的元器件有：启动按钮 SB1，停止按钮 SB2，交流接触器 KM，中间继电器 KA 和热继电器 FR 等（断路器 QF，熔断器 FU1、FU2 与 PLC 的输入/输出无关），硬件电路如图 2-23 所示，1511C PLC 集成输出为晶体管源型，不能直接驱动接触器线圈，需要使用直流 24 V 中间继电器转换。输入输出端口分配如表 2-3 所示。

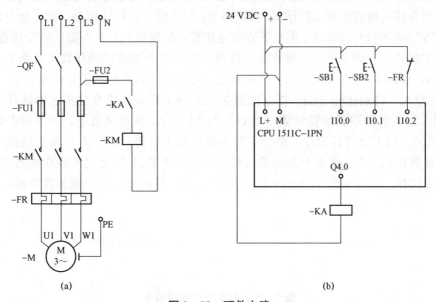

图 2-23　硬件电路

（a）主电路；（b）控制电路

表 2-3 输入输出端口分配

输入端口			输出端口		
输入点	输入器件	功能	输出点	输出器件	功能
I10.0	SB1	启动按钮	Q4.0	KA	通过接触器 KM 控制电动机
I10.1	SB2	停止按钮			
I10.2	FR	过载保护			

四、项目知识储备

1. 置位/复位指令

置位/复位指令如图 2-24 所示。使用"置位输出"指令将指定操作数的信号状态置位为"1"（变为 1 状态并保持）。使用"复位输出"指令将指定操作数的信号状态复位为"0"（变为 0 状态并保持）。仅当线圈输入的逻辑运算结果（RLO）为"1"时，才执行置位/复位指令，可使用的存储器类型有 I、Q、M、D、L、T、C。

（a）   （b）

图 2-24 LAD 置位/复位指令

（a）置位；（b）复位

2. 置位/复位位域指令

"置位位域"（Set bit field）指令如图 2-25（a）所示，将指定的地址开始的多个位进行置位。当指令输入端的逻辑运算结果（RLO）为"1"时，执行该指令。如果指令输入端的 RLO 为"0"，则不执行该指令。指令下方的操作数占位符 <？？？> 指定的操作数为常数，指定要置位的位数；指令上方的操作数占位符 <？？.？> 指定的操作数可以是 I、Q、M、DB 或 IDB，Bool 类型的 Array [..] 中的元素，是指定要置位位域的首位地址。

"复位位域"（Reset bit field）指令如图 2-25（b）所示，将复位指定地址开始的多个位。当指令输入端的逻辑运算结果（RLO）为"1"时，执行该指令。如果指令输入端的 RLO 为"0"，则不执行该指令。指令下方的操作数占位符 <？？？> 指定的操作数为常数，指定要置位的位数；指令上方的操作数占位符 <？？.？> 指定的操作数可以是 I、Q、M、DB 或 IDB，Bool 类型的 Array [..] 中的元素，指定要复位位域的首位地址。

（a）   （b）

图 2-25 置位/复位位域指令

（a）置位位域；（b）复位位域

3. 置位/复位触发器与复位/置位触发器

SR 是"置位/复位触发器"指令，如表 2-4 所示，根据输入 S 和 R1 的信号状态，置位或复位指令上方操作数＜?? . ? ＞。如果输入 S 的信号状态为"1"且输入 R1 的信号状态为"0"，则将指定的操作数置位为"1"。如果输入 S 的信号状态为"0"且输入 R1 的信号状态为"1"，则将指定的操作数复位为"0"。

SR 是复位优先触发器，输入 R1 的优先级高于输入 S。输入 S 和 R1 的信号状态都为"1"时，指定操作数的信号状态将复位为"0"。操作数的当前信号状态被传送到输出 Q，并可在此进行查询。

表 2-4　SR 触发器、RS 触发器

LAD	参数	声明	说明	数据类型	存储区
SR —S　Q— … —R1	S, S1	Input	使能置位		I、Q、M、D、L、常数
	R1, R	Input	使能复位		I、Q、M、D、L、T、C、常量
RS —R　Q— … —S1	操作数＜?? .? ＞	InOut	待置位或复位的操作数	Bool	I、Q、M、D、L
	Q	Output	操作数的信号状态		I、Q、M、D、L

使用 RS"复位/置位触发器"指令，如表 2-4 所示，根据输入 R 和 S1 的信号状态，复位或置位指令上方操作数＜?? . ? ＞。如果输入 R 的信号状态为"1"，且输入 S1 的信号状态为"0"，则指定的操作数将复位为"0"。如果输入 R 的信号状态为"0"且输入 S1 的信号状态为"1"，则将指定的操作数置位为"1"。

RS 是置位优先触发器，输入 S1 的优先级高于输入 R。当输入 R 和 S1 的信号状态均为"1"时，将指定操作数的信号状态置位为"1"。操作数的当前信号状态被传送到输出 Q，并可在此进行查询。

SR 和 RS 触发器在各种输入情况下的输出位变化如表 2-5 所示。

表 2-5　SR 和 RS 触发器的输出位变化

SR 触发器（复位优先）			RS 触发器（置位优先）		
输入 S	输入 R1	输出 Q	输入 S1	输入 R	输出 Q
0	0	原状态	0	0	原状态
0	1	0	0	1	0
1	0	1	1	0	1
1	1	0	1	1	1

五、项目实施

1. PLC 硬件组态

打开 TIA Portal 软件，打开项目视图，单击 新建项目按钮，新建一个项目，并命名为"连续运行"。双击"添加新设备"，添加 PLC 为 CPU 1511C-1PN，订货号为 6ES7 511-1CK01-0AB0，版本号 2.8 应与实际的 PLC 一致。

扫码观看项目演示
完成过程

2. 编写程序

进入程序编辑器，编写如图 2-26 所示程序。上电后，由于热继电器 FR 常闭触点闭合 I10.2 有输入，I10.2 常闭触点断开，为启动做准备；当按动启动按钮 SB1，I10.0 常开触点接通，Q4.0 置位为"1"并保持，电动机启动连续运行；当按下停止按钮 SB2，I10.1 常开触点接通，或者出现过载 I10.2 常闭触点接通，Q4.0 复位为"0"，电动机停止运行。

```
%I10.0                                              %Q4.0
 "SB1"                                               "KA"
 ─┤├──────────────────────────────────────────────( S )─

%I10.1                                              %Q4.0
 "SB2"                                               "KA"
 ─┤├──────┬───────────────────────────────────────( R )─
          │
%I10.2    │
 "FR"     │
 ─┤/├─────┘
```

图 2-26 LAD 连续运行控制程序

3. 仿真运行

（1）打开 S7-PLCSIM 并下载程序。

（2）监控程序运行。

4. 联机调试

（1）断电情况下按照图 2-23 所示电路原理图接线。

（2）接通电源，下载程序。

（3）监控程序运行，操作 SB1 和 SB2 按钮，观察 PLC 及电动机运行状态，分析是否满足控制要求。

六、项目扩展

（1）使用置位/复位触发器编程。

（2）置位/复位位域指令实现多电动机控制。

项目 2.4　三相异步电动机的正反转控制——互锁控制

一、学习目标

1. 知识目标

掌握 LAD 梯形图中指令互锁控制的使用。

2. 技能目标

能利用所学指令编程实现电动机的正反转运行控制。

熟悉 TIA Portal 软件操作和编程调试。

掌握 PLC 的外部接线。

二、控制要求

电动机在停止状态下，按下并松开正转按钮或反转按钮，电动机正转或反转运转。

当电动机在运转情况下，需要电动机正反转运转切换，为减少正反转换向瞬间电流对电动机的冲击，需要适当延长切换过程。当电动机在正转状态下，按下反转启动按钮，先停止正转，延迟松开反转按钮，电动机反转运转；当电动机在反转状态下，按下正转启动按钮，先停止反转，延迟松开正转按钮，电动机正转运转；也可以先按停止按钮，延缓片刻后再切换电动机运转方向。

扫码观看项目
功能演示

当按下停止按钮或者电动机发生过载时电动机停止运转。

三、硬件电路设计

电动机正反转控制需要的元器件有：正转按钮 SB1，反转按钮 SB2，停止按钮 SB3，交流接触器 KM1、KM2，中间继电器 KA1、KA2，热继电器 FR 等（断路器 QF，熔断器 FU1、FU2 与 PLC 的输入/输出无关），硬件电路如图 2–27 所示，1511C PLC 集成输出为晶体管源型，不能直接驱动接触器线圈，需要使用直流 24 V 中间继电器转换。将主电路中三相电源线中任意两相对调即可实现电动机的反转，图中是通过接触器 KM2 的主触点实现 L1 和 L3 相的对调。为防止正反转接触器同时通电造成三相电源短路，正反转接触器采用硬件互锁控制。输入输出端口分配如表 2–6 所示。

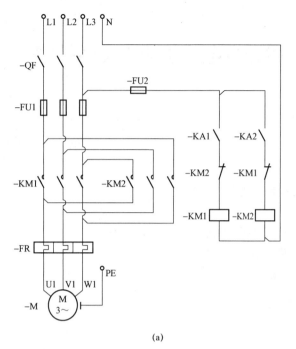

(a)

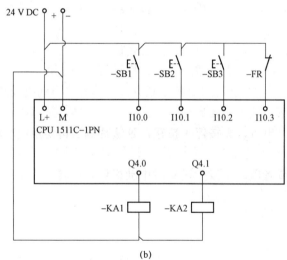

(b)

图 2-27 硬件电路

（a）主电路；（b）控制电路

表 2-6 输入输出端口分配

输入端口			输出端口		
输入点	输入器件	功能	输出点	输出器件	功能
I10.0	SB1	正转按钮	Q4.0	KA1	通过接触器 KM1 控制电动机正转
I10.1	SB2	反转按钮	Q4.1	KA2	通过接触器 KM2 控制电动机反转
I10.2	SB3	停止按钮			
I10.3	FR	过载保护			

四、项目知识储备

1. 扫描操作数的信号上升沿指令—|P|—和扫描操作数的信号下降沿指令—|N|—

指令如图 2-28 所示，检测操作数的信号变化情况，比较指令操作数 1 的当前信号状态与上一次扫描的信号状态，上一次扫描的信号状态保存在边沿存储位即操作数 2 中，边沿存储器位的地址在程序中最多只能使用一次，否则，会覆盖该位存储器，将影响到边沿检测，从而导致结果不再唯一。

如果检测到操作数 1 信号从"0"变为"1"，则说明出现了一个上升沿，反之则说明出现了一个下降沿。

扫描操作数的信号上升沿指令—|P|—执行时，检测到操作数 1 信号上升沿，指令的状态逻辑运算结果（RLO）将在一个扫描周期内保持置位为"1"。在其他任何情况下，RLO 均为"0"。

扫描操作数的信号下降沿指令—|N|—执行时，检测到操作数 1 信号下降沿，指令的状态逻辑运算结果（RLO）将在一个扫描周期内保持置位为"1"。在其他任何情况下，RLO 均为"0"。

图 2-28　扫描操作数的信号指令

（a）上升沿检测；（b）下降沿检测

2. 信号上升沿置位操作数指令—(P)—和信号下降沿置位操作数指令—(N)—

指令如图 2-29 所示，扫描指令前面的逻辑运算结果（RLO）变化情况，将当前 RLO 与保存在边沿存储位即操作数 2 中上次查询的 RLO 进行比较。边沿存储器位的地址在程序中最多只能使用一次，否则，会覆盖该位存储器。该步骤将影响到边沿检测，从而导致结果不再唯一。

如果检测到 RLO 从"0"变为"1"，则说明出现了一个信号上升沿，反之则说明出现了一个下降沿。信号上升沿置位操作数指令—(P)—执行时，检测到信号上升沿，操作数 1 的信号状态将在一个扫描周期内保持置位为"1"。在其他任何情况下，操作数的信号状态均为"0"。信号下降沿置位操作数指令—(N)—执行时，检测到信号下降沿，操作数 1 的信号状态将在一个扫描周期内保持置位为"1"。在其他任何情况下，操作数的信号状态均为"0"。这两条指令不会影响逻辑运算结果 RLO，其左端的逻辑运算结果被立即送给右端，指令可以放在程序段的中间或最右面。

图 2-29　信号边沿检测指令

（a）上升沿置位；（b）下降沿置位

五、项目实施

1. PLC 硬件组态

打开 TIA Portal 软件，打开项目视图，单击"▣"新建项目按钮，新建一个项目，并命名为"电动机正反转控制"。双击"添加新设备"，添加 PLC 为 CPU 1511C−1PN，订货号为 6ES7 511−1CK01−0AB0，版本号 2.8 应与实际的 PLC 一致。

扫码观看项目演示
完成过程

2. 编写程序

进入程序编辑器，编写如图 2−30 所示程序。上电后，由于热继电器 FR 常闭触点闭合 I10.3 有输入，I10.3 常闭触点断开，为启动做准备。

在电动机停止状态下，当按下按钮 SB1，I10.0 出现上升沿 RLO 输出为 0，Q4.0 线圈不得电，电动机不会启动，程序段 2 中 I10.0 常闭触点断开，Q4.1 不会得电形成互锁；当松开按钮 SB1 时，I10.0 出现下降沿，RLO 输出为 1，Q4.0 线圈通电并自锁，电动机正转连续运转，在程序段 2 中 Q4.0 常闭触点断开，Q4.1 不会得电形成互锁；电动机反转亦然。

在电动机正转状态下，当按下按钮 SB2，程序段 1 中的 I10.1 常闭触点断开，电动机正转停止，程序段 2 中 I10.1 出现上升沿 RLO 输出为 0，Q4.1 线圈不得电，电动机不会启动反转；当松开按钮 SB2 时，I10.1 出现下降沿，RLO 输出为 1，Q4.1 线圈通电并自锁，电动机反转连续运转，电动机正转切换反转完成；电动机反转切换正转亦然。

当按下停止按钮 SB3，I10.2 常闭触点断开，或者出现过载 I10.3 常开触点断开，Q4.0、Q4.1 线圈失电，解除自锁电动机停止运行。

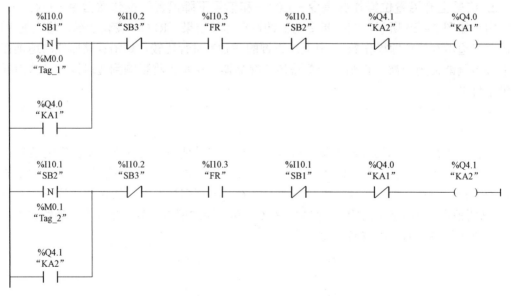

图 2−30　互锁控制程序

3. 仿真运行

（1）打开 S7−PLCSIM 并下载程序。

（2）监控程序运行。

4. 联机调试

（1）断电情况下按照图 2-27 所示电路原理图接线。

（2）接通电源，下载程序。

（3）监控程序运行，操作 SB1、SB2 和 SB3 按钮，观察 PLC 及电动机运行状态，分析是否满足控制要求。

六、项目扩展

（1）使用置位复位指令编程实现互锁控制。

（2）使用信号边沿检测指令实现互锁控制。

项目 2.5　工作台自动往返控制——边沿检测指令

一、学习目标

1. 知识目标

掌握 LAD 梯形图中边沿检查指令的使用。

2. 技能目标

能利用所学指令编程实现自动往返控制。

熟悉 TIA Portal 软件操作和编程调试。

掌握 PLC 的外部接线。

扫码观看项目
功能演示

二、控制要求

图 2-31 所示为工作台自动往返运动示意图。有些生产机械要求将工作台（或运动部件）在一定（预先设定好）的行程内自动往返运动，并且限定于一个可靠的安全工作范围之内，以便实现对工件的连续加工，提高生产效率。这就需要电气控制线路能对电动机实现自动换接正反转控制。为了使电动机的正反转控制与工作台的左右运动相配合，在控制线路中设置了四个位置开关 SQ1、SQ2、SQ3 和 SQ4，并把它们安装在工作台需要限位的地方。其中 SQ1、SQ2 被用来自动换接电动机的正反转控制电路，以实现工作台的自动往返行程控制，SQ3、SQ4 被用来作为终端保护，以防止在 SQ1、SQ2 失灵的情况下工作台越过极限位置而造成人身危险及设备损坏。在工作台两端的 T 形槽中装有两块挡铁，挡铁 1 用于与 SQ1、SQ3 相碰撞以检测左位置信号，挡铁 2 用于与 SQ2、SQ4 相碰撞以检测右位置信号。当工作台运动到所限定位置时，挡铁碰撞对应的行程开关，使其触点动作，自动换接电动机正反转控制电路，通过位置开关的机械机构动作使工作台自动往返运动。工作台的行程范围可通过移动挡铁位置来调节，拉开两块挡铁之间的距离，行程就长，反之则短。

按下左行按钮 SB1，工作台向左运行挡铁撞到行程开关 SQ1 后，电动机自动换向，工作台右行，工作台向右运行挡铁撞到行程开关 SQ2 后，工作台自动换向，如此循环。按下右行按钮 SB2，工作过程类似。按下 SB3 停止按钮，或电动机过载，或工作台挡铁撞到限位的行程开关 SQ3、SQ4 工作台立即停止。

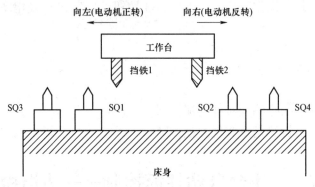

图 2-31　工作台自动往返运动示意图

三、硬件电路设计

由行程开关控制的工作台自动往返控制线路如图 2-32 所示，用到的元器件有左行按钮 SB1，右行按钮 SB2，停止按钮 SB3，四个行程开关 SQ1、SQ2、SQ3 和 SQ4，交流接触

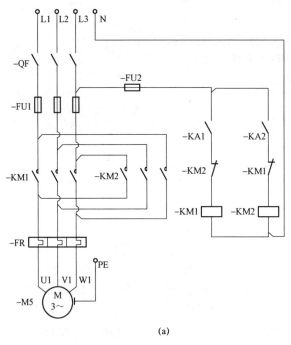

(a)

图 2-32　硬件电路

（a）主电路

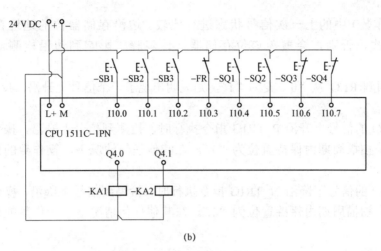

(b)

图 2-32　硬件电路（续）

（b）控制电路

器 KM1、KM2，中间继电器 KA1、KA2，热继电器 FR 等（断路器 QF，熔断器 FU1、FU2 与 PLC 的输入/输出无关），1511C PLC 集成输出为晶体管源型，不能直接驱动接触器线圈，需要使用直流 24 V 中间继电器转换。输入设备有热继电器辅助触点 FR、停止按钮 SB3、左极限位置开关 SQ3、右极限位置开关 SQ4、左行程限位开关 SQ1、右行程限位开关 SQ2 以及正转启动按钮 SB1 和反转启动按钮 SB2；输出设备有正转交流接触器线圈 KM1 和反转交流接触器线圈 KM2。根据以上输入/输出设备列出用 PLC 控制该系统所需的 I/O 地址分配，如表 2-7 所示。

表 2-7　输入输出端口分配

输入端口			输出端口		
输入点	输入器件	功能	输出点	输出器件	功能
I10.0	SB1	正转按钮	Q4.0	KA1	通过接触器 KM1 控制电动机正转
I10.1	SB2	反转按钮	Q4.1	KA2	通过接触器 KM2 控制电动机反转
I10.2	SB3	停止按钮			
I10.3	FR	过载保护			
I10.4	SQ1	左行程开关			
I10.5	SQ2	右行程开关			
I10.6	SQ3	左极限开关			
I10.7	SQ4	右极限开关			

四、项目知识储备

1. 扫描 RLO 的信号上升沿指令 P_TRIG 和扫描 RLO 的信号下降沿指令 N_TRIG

指令如图 2-33 所示，扫描 CLK 输入端的 RLO 信号状态与保持在边沿存储位（即

59

指令下方操作数）中的上一次信号状态进行比较。边沿存储器位的地址在程序中最多只能使用一次，否则，会覆盖该位存储器。该步骤将影响到边沿检测，从而导致结果不再唯一。

如果检测到 RLO 从"0"变为"1"，则说明出现了一个信号上升沿，反之则说明出现了一个下降沿。

扫描 RLO 的信号上升沿 P_TRIG 指令执行时，检测到信号上升沿，操作数 1 的信号状态将在一个扫描周期内保持置位为"1"。在其他任何情况下，操作数的信号状态均为"0"。

扫描 RLO 的信号下降沿 N_TRIG 指令执行时，检测到信号下降沿，操作数 1 的信号状态将在一个扫描周期内保持置位为"1"。在其他任何情况下，操作数的信号状态均为"0"。

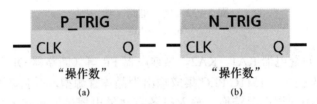

图 2-33 扫描操作数的信号指令

（a）上升沿检测；（b）下降沿检测

2. 检查信号上升沿指令 R_TRIG 和检查信号下降沿指令 F_TRIG

指令如图 2-34 所示，指令需要指定背景数据块。EN 使能输入为 1 时执行指令，ENO 使能输出，CLK 要检测的信号输入，Q 检测的结果。

"检测信号上升沿"指令，比较输入 CLK 的当前信号状态与保存在指定背景数据块（边沿存储位）的上一次扫描的信号状态进行比较。如果检测到上升沿，输出 Q 的信号状态将在一个扫描周期内保持置位为"1"。在其他任何情况下，该指令输出的信号状态均为"0"。

"检测信号下降沿"指令，比较输入 CLK 的当前信号状态与保存在指定背景数据块的（边沿存储位）上一次扫描的信号状态进行比较。如果检测到下降沿，输出 Q 的信号状态将在一个扫描周期内保持置位为"1"。在其他任何情况下，该指令输出的信号状态均为"0"。

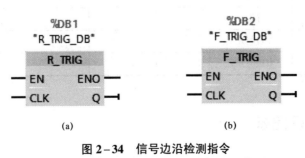

图 2-34 信号边沿检测指令

（a）上升沿置位；（b）下降沿置位

五、项目实施

1. PLC 硬件组态

打开 TIA Portal 软件，打开项目视图，单击 新建项目按钮，新建一个项目，并命名为"自动往返"。双击"添加新设备"，添加 PLC 为 CPU 1511C-1PN，订货号为 6ES7 511-1CK01-0AB0，版本号 2.8 应与实际的 PLC 一致。

2. 编写程序

进入程序编辑器，编写如图 2-35 所示程序。上电后，由于热继电器 FR 常闭触点闭合 I10.3 有输入，I10.3 常闭触点断开，行程开关 SQ3、SQ4 常闭触点闭合，I10.6、I10.7 有输入，其常闭触点断开为启动做准备。

在工作台停止状态下，当按下并松开左行按钮 SB1，Q4.0 置位为 1，工作台左行；当工作台撞到行程开关 SQ1，Q4.0 复位为 0、Q4.1 置位为 1，工作台右行；当工作台右行撞到行程开关 SQ2，Q4.1 复位为 0、Q4.0 置位为 1，工作台左行，如此反复。工作台右行启动及换向亦如此。

当工作台撞到行程开关 SQ3 或 SQ4，复位 Q4.0、Q4.1 为 0，工作台停止；按下停止按钮或电动机过载，工作台停止。

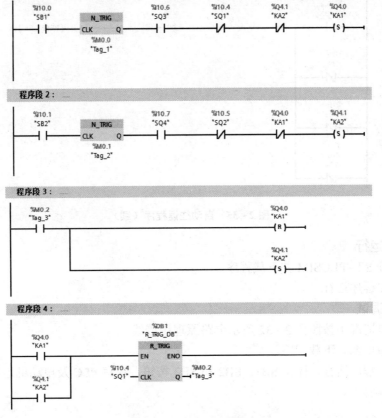

图 2-35 自动往返程序

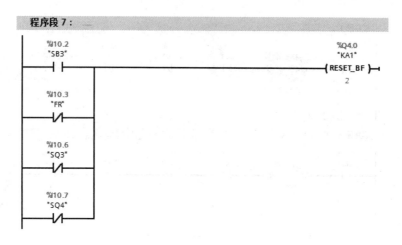

图 2-35　自动往返程序（续）

3. 仿真运行

（1）打开 S7-PLCSIM 并下载程序。

（2）监控程序运行。

4. 联机调试

（1）断电情况下按照图 2-32 所示电路原理图接线。

（2）接通电源，下载程序。

（3）监控程序运行，操作 SB1、SB2 和 SB3 按钮，观察 PLC 及电动机运行状态，分析是否满足控制要求。

六、项目扩展

（1）使用线圈指令编程实现自动往返控制。

（2）简化程序，编程实现自动往返控制。

模块 3

S7–1500 PLC 定时器/计数器指令应用

项目 3.1 指示灯点亮后自动延时关闭控制——SIMATIC 脉冲定时器 S_PULSE

一、学习目标

1. 知识目标

掌握 SIMATIC 脉冲定时器。

2. 技能目标

能利用所学指令编程实现指示灯延时关闭控制。

熟悉 TIA Portal 软件操作和编程调试。

掌握 PLC 的外部接线。

扫码观看项目
功能演示

二、控制要求

按下启动按钮，指示灯点亮，延时 10 s 后自动关闭，在此期间按下停止按钮指示灯立即熄灭。

三、硬件电路设计

硬件电路如图 3–1 所示，当 PLC 的输出端为高电平时点亮相对应的指示灯，按钮 SB1/SB2 按下时 PLC 的输入端为高电平。输入输出端口分配如表 3–1 所示。

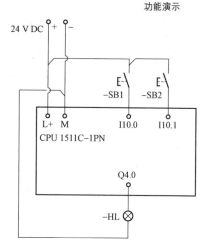

图 3–1 硬件电路

表 3–1 输入输出端口分配

输入端口			输出端口		
输入点	输入器件	功能	输出点	输出器件	功能
I10.0	SB1	启动按钮	Q4.0	HL	指示灯
I10.1	SB2	停止按钮			

四、项目知识储备

1. 定时器

在 PLC 程序设计中使用定时器相当于在继电器控制线路中使用时间继电器。S7-1500 PLC 既可以用 SIMATIC 定时器，也可以用符合 IEC 标准的定时器。其中 SIMATIC 定时器种类有脉冲定时器（SP）、扩展脉冲定时器（SE）、接通延时定时器（SD）、保持性接通延时定时器（SS）和断电延时定时器（SF）。具体可以用的定时器的数量取决于不同型号的 CPU。

S7-1500 PLC 提供一个时钟存储器字节，每一位以不同的周期/频率执行 0～1 的变化，如图 3-2 所示，在 CPU 的属性找到"系统和时钟存储器"然后单击"启用时钟存储器字节"，并设置 MB 的字节地址，如设置为 MB20，则 M20.0～M20.7 将按照不同的周期/频率变化，如表 3-2 所示。定时器通过定时时钟更新定时器字。当 CPU 运行时，定时器以时间基准指定的时间间隔为单位，将设定的时间值递减一个单位，直至时间值等于"0"。定时器字的格式如图 3-3 所示，其中第 12 位和第 13 位是定时器的时间基准代码，其含义如表 3-3 所示。定时器的时间值以 3 位 BCD 码的格式存放，位于 0～11 位，范围为 0～999。第 14 位和第 15 位不用。

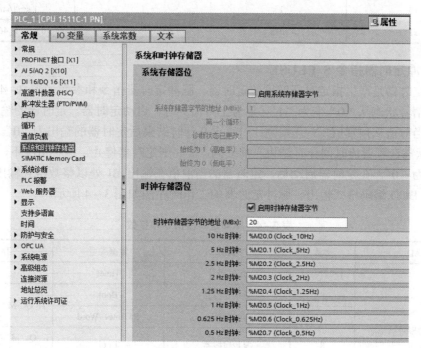

图 3-2　激活时钟存储器

表 3-2　时钟存储器各位的周期/频率

位	7	6	5	4	3	2	1	0
周期/s	2	1.6	1	0.8	0.5	0.4	0.2	0.1
频率/Hz	0.5	0.625	1	1.25	2	2.5	5	10

图 3-3 定时器字的格式

定时时间的表达方式有两种：

十六进制格式：W#16#wxyz，其中 w 是时间基准代码，xyz 是 BCD 码的时间值。例如时间 123 s 表述为 16#2123 s；反过来时间表述为 W#16#1123，所代表的时间值是 0.1*123=12.3(s)。

S5 时间格式：S5 T#aH_bM_cS_dMS，其中 a、b、c、d 分别表示小时、分钟、秒钟和毫秒。例如 S5T#1H_2M_3S 表示 1 小时 2 分 3 秒，用这种表达方式时基自动选择。

表 3-3 时基与定时范围

时基代码	时基	分辨率/s	定时范围
00	10 ms	0.01	10 ms～9 s_990 ms
01	100 ms	0.1	100 ms～1 m39 s_900 ms
10	1 s	1	1 s～16 m_39 s
11	10 s	10	10 s～2 h_46 ms_30 s

2. 脉冲定时器指令 S_PLUSE

脉冲定时器是产生指定时间宽度的定时器。脉冲定时器指令和参数如表 3-4 所示。当输入 S 的信号状态从 "0" 变为 "1"（信号上升沿）时，启动定时器，定时器的输出为 "1"，定时器的当前值从预置值 TV 开始倒计时直至 0 计时结束后定时器的输出为 "0"。如果输入 S 的信号状态在预置值时间计时结束之前变为 "0"，则定时器停止。这种情况下，输出 Q 的信号状态为 "0"。在定时器启动后，定时器的当前值在输出 BI 处以整数格式输出，在输出 BCD 处以 BCD 编码格式输出。脉冲定时器的工作时序图如图 3-4 所示。

表 3-4 脉冲定时器指令和参数

LAD	参数	说明	数据类型	存储区
<???> S_PULSE S Q TV BI R BCD	T<???>	定时器号	Timer	T
	S	启动定时器	Bool	I、Q、M、D、L、常数
	TV	定时时间	S5Time，Word	
	R	复位定时器	Bool	I、Q、M、T、C、D、L、P、常数
	Q	定时器的状态	Bool	I、Q、M、D、L
	BI	当前时间（整数）	Word	I、Q、M、D、L、P
	BCD	当前时间（BCD 码）		
"操作数2" —(SP)— "操作数1"	操作数 1	定时时间	S5Time、Word	I、Q、M、D、L、常数
	操作数 2	定时器号	Timer	T

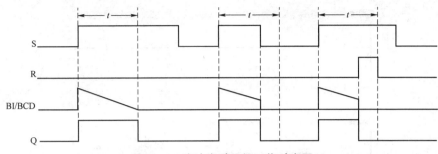

图 3-4　脉冲定时器的工作时序图

如果定时器正在计时且输入端 R 出现信号上升沿时，则当前时间值和时间基准也将设置为 0。如果定时器未在计时，则输入 R 的信号状态变化不会有任何作用。

3. —(SP) 启动脉冲定时器指令

—(SP) 指令前面的逻辑运算结果（RLO）相当于方框指令中的启动信号 S。

在操作数占位符＜操作数 1＞指定倒计时的时间，在指令上方的＜操作数 2＞中指定要使用的定时器号。如要复位定时器可以使用—(R)—复位指令，在指令上方的操作数中指定要复位的定时器编号。可以使用 ┤├ 常开触点或 ┤/├ 常闭触点指令上方的操作数指定要查询的定时器编号，查询定时器的状态。

—(SP) 启动脉冲定时器指令需要前导逻辑运算进行边沿评估，且只能放在程序段的右侧。

五、项目实施

1. PLC 硬件组态

打开 TIA Portal 软件，打开项目视图，单击"🖳"新建项目按钮，新建一个项目，并命名为"指示灯点亮后自动延时关闭控制"。双击"添加新设备"，添加 PLC 为 CPU 1511C-1PN，订货号为 6ES7 511-1CK01-0AB0，版本号2.8 应与实际的 PLC 一致。

扫码观看项目演示
完成过程

2. 编写程序

单击指令框→基本指令→定时器操作→原有，可见原有文件夹有 SIMTIAC 定时器指令，包括方框指令和线圈指令，如图 3-5 所示。找到 S_PULSE 指令可双击或拖曳添加到程序当中。

编写如图 3-6 所示程序。程序段 1 中，按下启动按钮SB1，标志位 M2.0 输出为"1"并自锁；程序段 2 中，M2.0常开触点接通脉冲定时器启动，从预置的 10 s 开始倒计时，同时定时器输出为"1"，Q4.0 输出为"1"，指示灯点亮，10 s 之后定时结束定时器输出为"0"，指示灯熄灭。按下SB2 按钮，程序段 1 中 M2.0 为 0，程序段 2 中定时器的启动 S 为 0，复位 R 为 1，定时器复位，指示灯熄灭。

3. 仿真运行

（1）打开 S7-PLCSIM 并下载程序。

图 3-5　定时器操作

67

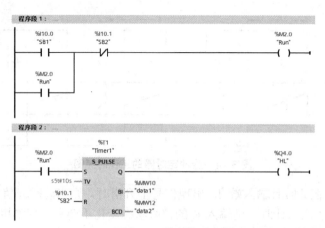

图 3-6 控制程序

（2）监控程序运行，观察 BI 和 BCD 的输出 MW10 和 MW12 中的数据变化。

4. 联机调试

（1）断电情况下按照图 3-1 所示电路原理图接线。

（2）接通电源，下载程序。

（3）监控程序运行，监控 PLC 变量及程序，观察指示灯运行状态，分析是否满足控制要求。

六、项目扩展

（1）使用—（SP）指令重新编写、调试程序。

（2）以十六进制数据格式给定时器赋预置值。

（3）使用扩展脉冲定时器，重新编写调试程序。

1. 扩展脉冲定时器指令 S_PEXT

扩展脉冲定时器和脉冲定时器相似，但具有保持功能。扩展脉冲定时器指令和参数如表 3-5 所示。当输入 S 的信号状态从"0"变为"1"（信号上升沿）时，启动扩展脉冲定时器的输出为"1"，定时器的当前值从预置值 TV 开始倒计时直至 0 计时结束后定时器的输出为"0"。在此期间即使输入 S 的信号状态变为"0"，定时器仍然处于工作状态，直至定时器计时结束。只要定时器正在计时，输出 Q 的信号状态便为"1"。定时器计时结束后，输出 Q 将复位为"0"。如果定时器计时期间输入 S 的信号状态重新从"0"变为"1"，定时器将以输入 TV 中设定的时间重新启动计时。在定时器启动后，定时器的当前值在输出 BI 处以整数格式输出，在输出 BCD 处以 BCD 编码格式输出。扩展脉冲定时器的工作时序图如图 3-7 所示。

表 3-5 扩展脉冲定时器指令和参数

LAD	参数	说明	数据类型	存储区
<???> S_PEXT S　　Q TV　　BI R　　BCD	T<???>	定时器号	Timer	T
	S	启动定时器	Bool	I、Q、M、D、L、常数
	TV	定时时间	S5Time，Word	
	R	复位定时器	Bool	I、Q、M、T、C、D、L、P 或常数

续表

LAD	参数	说明	数据类型	存储区
<???> S_PEXT S　　Q TV　　BI R　　BCD	Q	定时器的状态	Bool	I、Q、M、D、L
	BI	当前时间（整数）	Word	I、Q、M、D、L、P
	BCD	当前时间（BCD 码）		
"操作数2" —(SE)— "操作数1"	操作数 1	定时时间	S5Time、Word	I、Q、M、D、L、常数
	操作数 2	定时器号	Timer	T

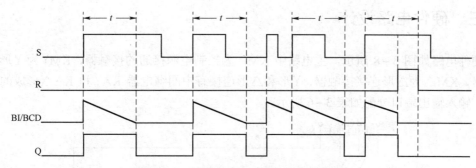

图 3-7　扩展脉冲定时器的工作时序图

如果定时器正在计时且输入端 R 出现信号上升沿时，则当前时间值和时间基准也将设置为 0。如果定时器未在计时，则输入 R 的信号状态变化不会有任何作用。

2. —（SE）扩展脉冲定时器指令

—（SE）指令前面的逻辑运算结果（RLO）相当于方框指令中的启动信号 S。

在操作数占位符＜操作数 1＞指定倒计时的时间，在指令上方的＜操作数 2＞中指定要使用的定时器号。如要复位定时器可以使用—（R）—复位指令，在指令上方的操作数中指定要复位的定时器编号。可以使用—| |—常开触点或—|/|—常闭触点指令上方的操作数指定要查询的定时器编号，查询定时器的状态。

—（SE）扩展脉冲定时器指令需要前导逻辑运算进行边沿评估，且只能放在程序段的右侧。

项目 3.2　三相异步电动机 Y-△降压启动控制——SIMATIC 接通延时定时器 S_ODT

一、学习目标

1. 知识目标

掌握 SIMATIC 接通延时定时器。

2. 技能目标

能利用所学指令编程实现电动机 Y−△降压启动控制。

熟悉 TIA Portal 软件操作和编程调试。

掌握 PLC 的外部接线。

二、控制要求

按动启动按钮，电动机 M 主电路 Y 形接法启动，延时 5 s 以后，Y 主触点断开，△主触点接通，电动机△形接法运行。按停止按钮或电动机过载，电动机停止。

三、硬件电路设计

硬件电路如图 3−8 所示，主电路中 KMP 为控制电源接通的接触器，KMY 为 Y 形连接接触器，KM△为△形连接接触器，Y 形和△形连接有中间继电器 KAY 和 KA△形成的硬件互锁。输入输出端口分配如表 3−6 所示。

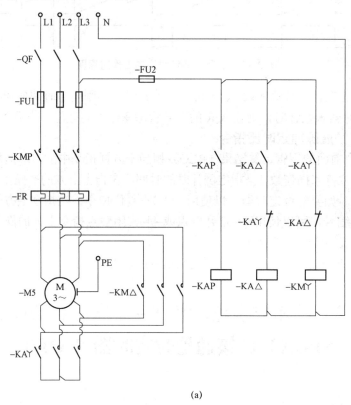

(a)

图 3−8 硬件电路

（a）主电路

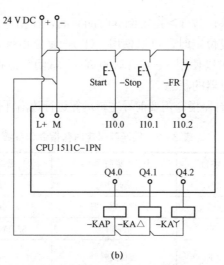

(b)

图 3-8　硬件电路（续）

（b）控制电路

表 3-6　输入输出端口分配

输入端口			输出端口		
输入点	输入器件	功能	输出点	输出器件	功能
I10.0	Start	启动按钮	Q4.0	KAP	电动机电源
I10.1	Stop	停止按钮	Q4.1	KA△	电动机△形连接
I10.2	FR	过载保护	Q4.2	KAY	电动机 Y 形连接

四、项目知识储备

1. 接通延时定时器指令 S_ODT

接通延时定时器相当于继电器控制系统中的通电延时时间继电器。接通延时定时器指令和参数如表 3-7 所示。当输入 S 的信号状态从"0"变为"1"（信号上升沿）并保持时，启动接通延时定时器，定时器的当前值从预置值 TV 开始倒计时直至 0 后计时结束。如果定时器正常计时结束且输入 S 的信号状态仍为"1"，则输出 Q 的信号状态为"1"。如果定时器运行期间输入 S 的信号状态从"1"变为"0"，定时器将停止。

在定时器启动后，定时器的当前值在输出 BI 处以整数格式输出，在输出 BCD 处以 BCD 编码格式输出。接通延时定时器的工作时序图如图 3-9 所示。

如果定时器正在计时且输入端 R 出现信号上升沿时，则当前时间值和时间基准也将设置为 0。这种情况下，输出 Q 的信号状态为"0"。如果输入 R 的信号状态为"1"，即使定时器未计时且输入 S 信号有上升沿，定时器处于复位状态。

2. 一（SD）接通延时定时器指令

一（SD）指令前面的逻辑运算结果（RLO）相当于方框指令中的启动信号 S。

71

在操作数占位符＜操作数 1＞指定倒计时的时间，在指令上方的＜操作数 2＞中指定要使用的定时器号。如要复位定时器可以使用—（R）—复位指令，在指令上方的操作数中指定要复位的定时器编号。可以使用┤├常开触点或┤/├常闭触点指令上方的操作数指定要查询的定时器编号，查询定时器的状态。

—（SD）接通延时定时器指令需要前导逻辑运算进行边沿评估，且只能放在程序段的右侧。

表 3-7　接通延时定时器指令和参数

LAD	参数	说明	数据类型	存储区
	T＜???＞	定时号号	Timer	T
	S	启动定时器	Bool	I、Q、M、D、L、常数
	TV	定时时间	S5Time，Word	
	R	复位定时器	Bool	I、Q、M、T、C、D、L、P 或常数
	Q	定时器的状态	Bool	I、Q、M、D、L
	BI	当前时间（整数）	Word	I、Q、M、D、L、P
	BCD	当前时间（BCD 码）		
	操作数 1	定时时间	S5Time、Word	I、Q、M、D、L、常数
	操作数 2	定时器号	Timer	T

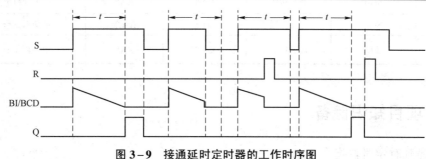

图 3-9　接通延时定时器的工作时序图

五、项目实施

1. PLC 硬件组态

打开 TIA Portal 软件，打开项目视图，单击"▣"新建项目按钮，新建一个项目，并命名为"三相异步电动机 Y-△降压启动控制"。双击"添加新设备"，添加 PLC 为 CPU 1511C-1PN，订货号为 6ES7 511-1CK01-0AB0，版本号 2.8 应与实际的 PLC 一致。

扫码观看项目演示
完成过程

2. 编写程序

编写如图 3-10 所示程序。程序段 1 中，按下启动按钮 Start，Q4.0 得电接触器 KMP 得电，主电路接通，Q4.2 得电电动机 Y 形接法接通。程序段 2，M3.0 得电后启动接通延时定时器；程序段 3，定时器 T1 定时结束之后 T1 的常开触点接通，Q4.2 复位，Q4.1 置位得电，电动机由 Y

形连接变为△连接；程序段 4，按下停止按钮 Stop 或发生电动机过载时复位 Q4.0～Q4.2，三个接触器均断开；程序段 5 和 6，确保在程序中 Y 形连接和△连接不会同时发生。

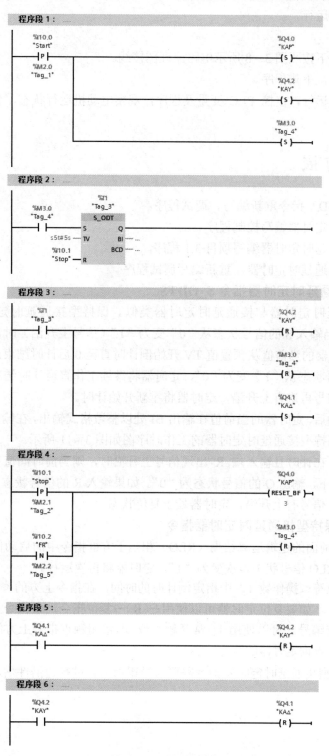

图 3-10　控制程序

3. 仿真运行

（1）打开 S7-PLCSIM 并下载程序。

（2）监控程序运行。

4. 联机调试

（1）断电情况下按照图 3-8 所示电路原理图接线。

（2）接通电源，下载程序。

（3）监控程序运行，监控 PLC 变量及程序，观察电动机运行状态，分析是否满足控制要求。

六、项目扩展

（1）使用—（SD）指令重新编写、调试程序。

（2）使用脉冲定时器编写控制程序。

（3）使用接通延时定时器编写项目 3.1 程序。

（4）保持型接通延时定时器，重新编写调试程序。

1. 保持型接通延时定时器指令 S_ODTS

保持型接通延时定时器与接通延时定时器类似。保持型接通延时定时器指令和参数如表 3-8 所示。当输入 S 的信号状态从 "0" 变为 "1"（信号上升沿）时，启动保持型接通延时定时器，定时器的当前值从预置值 TV 开始倒计时直至 0 后计时结束。如果定时器运行期间输入 S 的信号状态从 "1" 变为 "0"，定时器将继续工作直至计时结束。如果定时器运行期间输入 S 的信号再次有上升沿，定时器将重新开始计时。

在定时器启动后，定时器的当前值在输出 BI 处以整数格式输出，在输出 BCD 处以 BCD 编码格式输出。保持型接通延时定时器的工作时序图如图 3-11 所示。

如果定时器正在计时且输入端 R 出现信号上升沿时，则当前时间值和时间基准也将设置为 0。这种情况下，输出 Q 的信号状态为 "0"。如果输入 R 的信号状态为 "1"，即使定时器未计时且输入 S 信号有上升沿，定时器处于复位状态。

2. —（SS）保持型接通延时定时器指令

—（SS）指令前面的逻辑运算结果（RLO）相当于方框指令中的启动信号 S。

只要前面的 RLO 信号状态再次变为 "1"，定时器将再次运行。

在操作数占位符＜操作数 1＞中指定倒计时的时间，在指令上方的＜操作数 2＞中指定要使用的定时器号。如要复位定时器可以使用—（R）—复位指令，在指令上方的操作数中指定要复位的定时器编号。可以使用┤├常开触点或┤/├常闭触点指令上方的操作数指定要查询的定时器编号，查询定时器的状态。

—（SS）保持型接通延时定时器指令需要前导逻辑运算进行边沿评估，且只能放在程序段的右侧。

表 3-8　保持型接通延时定时器指令和参数

LAD	参数	说明	数据类型	存储区
<???>　S_ODTS　S　Q　TV　BI　R　BCD	T<???>	定时器号	Timer	T
	S	启动定时器	Bool	I、Q、M、D、L、常数
	TV	定时时间	S5Time，Word	I、Q、M、D、L、常数
	R	复位定时器	Bool	I、Q、M、T、C、D、L、P 或常数
	Q	定时器的状态	Bool	I、Q、M、D、L
	BI	当前时间（整数）	Word	I、Q、M、D、L、P
	BCD	当前时间（BCD 码）	Word	I、Q、M、D、L、P
"操作数2"　(ss)　"操作数1"	操作数 1	定时时间	S5Time、Word	I、Q、M、D、L、常数
	操作数 2	定时器号	Timer	T

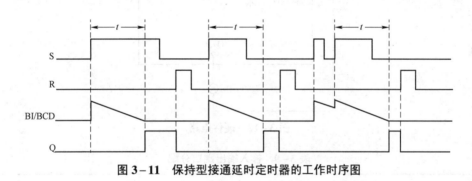

图 3-11　保持型接通延时定时器的工作时序图

项目 3.3　指示灯关闭延时控制—— SIMATIC 断电延时定时器 S_OFFDT

一、学习目标

1. 知识目标

掌握 SIMATIC 断电延时定时器。

2. 技能目标

能利用所学指令编程实现指示灯关闭延时控制。

熟悉 TIA Portal 软件操作和编程调试。

掌握 PLC 的外部接线。

扫码观看项目
功能演示

二、控制要求

按下启动按钮，指示灯 HL 点亮，按下停止按钮，延时 10 s 后指示灯 HL 熄灭。

三、硬件电路设计

硬件电路如图 3-12 所示，输入输出端口分配如表 3-9 所示。

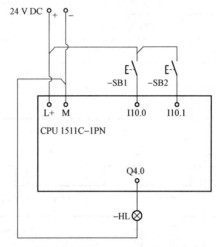

图 3-12　硬件电路

表 3-9　输入输出端口分配

输入端口			输出端口		
输入点	输入器件	功能	输出点	输出器件	功能
I10.0	SB1	启动按钮	Q4.0	HL	指示灯
I10.1	SB2	停止按钮			

四、项目知识储备

1. 断电延时定时器指令 S_OFFDT

断电延时定时器方框指令和参数如表 3-10 所示。当输入 S 的信号状态从 "1" 变为 "0"（信号下降沿）时，启动断电延时定时器，定时器的当前值从预置值 TV 开始倒计时直至 0 后计时结束。定时器在计时或输入 S 信号状态为 "1" 时，输出 Q 的信号状态就为 "1"。定时器计时结束且输入 S 的信号状态为 "0" 时，输出 Q 的信号状态将复位为 "0"。如果定时器运行期间输入 S 的信号状态从 "0" 变为 "1"，定时器将停止。仅在检测到输入 S 的信号下降沿后，才会重新启动定时器。

在定时器启动后,定时器的当前值在输出 BI 处以整数格式输出,在输出 BCD 处以 BCD 编码格式输出。断电延时定时器的工作时序图如图 3−13 所示。

表 3−10　断电延时定时器方框指令和参数

LAD	参数	说明	数据类型	存储区
	T<???>	定时器号	Timer	T
	S	启动定时器	Bool	
	TV	定时时间	S5Time,Word	I、Q、M、D、L、常数
	R	复位定时器	Bool	I、Q、M、T、C、D、L、P 或常数
	Q	定时器的状态	Bool	I、Q、M、D、L
	BI	当前时间(整数)	Word	I、Q、M、D、L、P
	BCD	当前时间(BCD 码)		
	操作数 1	定时时间	S5Time、Word	I、Q、M、D、L、常数
	操作数 2	定时器号	Timer	T

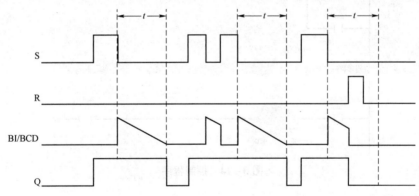

图 3−13　断电延时定时器的工作时序图

　　输入端 R 的信号状态为"1"时,则当前时间值和时基都将复位为"0"。这种情况下, 输出 Q 的信号状态为"0"。

2. —(SF)断电延时定时器指令

　　—(SF)指令前面的逻辑运算结果(RLO)相当于方框指令中的启动信号 S。

　　只要前面的 RLO 信号状态再次变为"1",定时器将再次运行。

　　在操作数占位符<操作数 1>中指定倒计时的时间,在指令上方的<操作数 2>中指定 要使用的定时器号。如要复位定时器可以使用—(R)—复位指令,在指令上方的操作数中指 定要复位的定时器编号。可以使用⊢⊢常开触点或⊣⊢常闭触点指令上方的操作数指定要查 询的定时器编号,查询定时器的状态。

　　—(SF)断电延时定时器指令需要前导逻辑运算进行边沿评估,且只能放在程序段的 右侧。

五、项目实施

1. PLC 硬件组态

打开 TIA Portal 软件，打开项目视图，单击"□"新建项目按钮，新建一个项目，并命名为"指示灯延时关闭"。双击"添加新设备"，添加 PLC 为 CPU 1511C-1PN，订货号为 6ES7 511-1CK01-0AB0，版本号 2.8 应与实际的 PLC 一致。

扫码观看项目演示
完成过程

2. 编写程序

编写如图 3-14 所示程序。程序段 1，按下启动按钮 SB1，M2.0 得电自锁；程序段 2，M2.0 常开触点闭合，S_OFFDT 定时器未启动，但是输出为"1"，Q4.0 得电，指示灯点亮；程序段 1 中，按下停止按钮，M2.0 失电；程序段 2，M2.0 常开触点出现下降沿，定时器 S_OFFDT 启动，10 s 之后，定时器的输出为"0"，Q4.0 失电，指示灯熄灭。

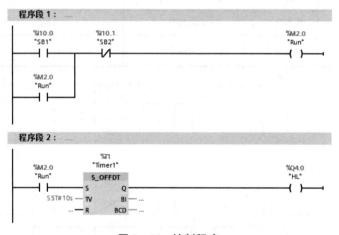

图 3-14 控制程序

3. 仿真运行

（1）打开 S7-PLCSIM 并下载程序。

（2）监控程序运行。

4. 联机调试

（1）断电情况下按照图 3-12 所示电路原理图接线。

（2）接通电源，下载程序。

（3）监控程序运行，监控 PLC 变量及程序，观察指示灯运行状态，分析是否满足控制要求。

六、项目扩展

（1）使用—(SF) 指令重新编写、调试程序。

（2）使用其他定时器编写控制程序。

项目 3.4　电动机间歇运行控制——IEC 脉冲定时器 TP

一、学习目标

1. 知识目标

掌握 IEC 定时器中的脉冲定时器 TP 的使用。

2. 技能目标

能利用所学指令编程实现电动机的间歇运行控制。

熟悉 TIA Portal 软件操作和编程调试。

掌握 PLC 的外部接线。

扫码观看项目
功能演示

二、控制要求

（1）按下启动按钮 SB1，电动机运转 10 s，然后电动机停止运转 5 s，然后再继续运转，以此循环。

（2）任意时刻按下停止按钮 SB2 或发生过载故障时，电动机停止。

三、硬件电路设计

硬件电路如图 3-15 所示，输入输出端口分配如表 3-11 所示。

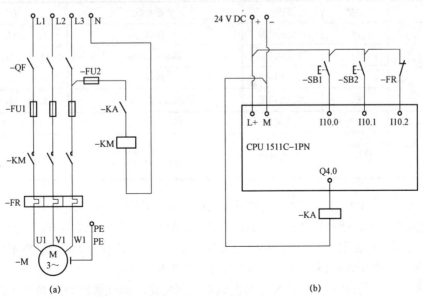

图 3-15　硬件电路

（a）主电路；（b）控制电路

表 3-11　输入输出端口分配

输入端口			输出端口		
输入点	输入器件	功能	输出点	输出器件	功能
I10.0	SB1	启动按钮	Q4.0	KA	通过接触器 KM 控制电动机
I10.1	SB2	停止按钮			
I10.2	FR	过载保护			

四、项目知识储备

西门子 PLC 的 SIMATIC 定时器有数量限制，如果定时器不够用，可以使用 IEC 定时器。IEC 定时器集成在 CPU 的操作系统中，没有数量限制。SIMATIC 定时器分为脉冲定时器（TP）、接通延时定时器（TON）、关断延时定时器（TOF）、时间累加定时器（TONR）。设定时间要使用 IEC 时间，使用"T#"标识符，如"T#5s"标识时间 5 s，可以采用简单时间单元"T#500ms"或复合时间单元"T#5s_500ms"，不能使用 S5 时间。

1. 脉冲定时器（TP）方框指令

脉冲定时器（TP）的指令和参数如表 3-12 所示。其中"%DB1"表示定时器的背景数据块，IEC 定时器属于函数块，调用时需要指定背景数据块存储定时器数据，定时器指定的数据保存在对应的背景数据块中。指令可以放置在程序段的中间或者末尾，需要一个前导逻辑运算给输入 IN。定时器的当前计时时间值可以在输出端"ET"输出。PT 和 ET 数据类型为 TIME 的操作数内容以毫秒表示，或数据类型为 LTIME 的操作数内容以纳秒表示。

表 3-12　脉冲定时器（TP）的指令和参数

LAD	参数	说明	数据类型	存储区
%DB1 TP Time — IN　　Q — — PT　　ET —	IN	启动定时器	Bool	I、Q、M、D、L、P
	PT	定时时间	Time、LTime	I、Q、M、D、L、P、常数
	Q	定时器输出	Bool	I、Q、M、D、L、P
	ET	当前时间值	Time、LTime	I、Q、M、D、L、P
"操作数2" TP Time "操作数1"	操作数 1	定时时间	Time、LTime	I、Q、M、D、L、常数
	操作数 2	IEC 定时器	IEC_Timer、IEC_LTimer、 TP_Time、TP_LTime	D、L

脉冲定时器（TP）的工作时序图如图 3-16 所示。当输入 IN 的逻辑运算结果（RLO）从"0"变为"1"（信号上升沿）时，启动定时器，输出 Q 置位，ET 从 0 s 开始计时不断增加，当 ET 达到 PT 预设时间值时，输出 Q 复位。如输入 IN 信号为 1 保持，则 ET 当前时间值保持不变，如输入信号 IN 为 0，则 ET 当前时间值变为 0 s。

启动定时器后无论后续输入 IN 信号的状态如何变化，都将输出 Q 置位由 PT 指定的时间长度。在 IN 输入处检测到的新的信号上升沿对 Q 输出处的信号状态没有影响。

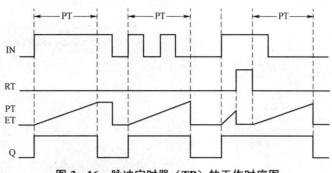

图3-16 脉冲定时器（TP）的工作时序图

2. 脉冲定时器（TP）线圈指令

指令前面的逻辑运算结果（RLO）相当于方框指令中的启动信号 IN，指令只可以放置在程序段的末尾，它需要一个前导逻辑运算。指令下方的操作数 1 为设置的定时间，指令上方的操作数 2 为要使用 IEC 定时器，需要在使用前生成：添加新块→添加数据块→类型选择，选择相应的定时器。

3. —（RT）—复位定时器

使用"复位定时器"指令，可将 IEC 定时器复位为"0"，在指令上方的操作数指定要复位的定时器。仅当线圈输入的逻辑运算结果（RLO）为"1"时，才执行该指令。

4. —（PT）—加载持续时间

可以使用"加载持续时间"指令为 IEC 定时器设置时间。如果该指令输入逻辑运算结果（RLO）的信号状态为"1"，则执行该指令。指令下方的操作数指定设置的定时时间，指令上方的操作数指定将要设置的 IEC 定时器。

五、项目实施

1. PLC 硬件组态

打开 TIA Portal 软件，打开项目视图，单击"▣"新建项目按钮，新建一个项目，并命名为"电动机间歇运行控制"。双击"添加新设备"，添加 PLC 为 CPU 1511C-1PN，订货号为 6ES7 511-1CK01-0AB0，版本号 2.8 应与实际的 PLC 一致。

扫码观看项目演示
完成过程

2. 编写程序

（1）编程准备。单击指令框→基本指令→定时器操作，找到 TP 指令，如图3-17所示，双击或拖曳 TP 至程序编辑界面，弹出图3-18所示画面插入数据块，为脉冲定时器（TP）添加背景数据块，可以对默认的名称 IEC_Timer_0_DB 进行修改。单击确定后在程序编辑界面中的定时器指令如图3-19所示，然后根据程序的需要对"IN""PT""Q""ET"进行编辑。

图 3-17　定时器操作指令

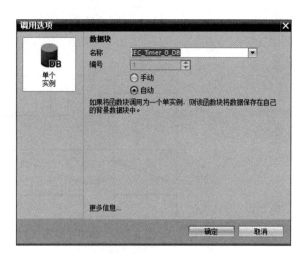

图 3-18　插入数据块

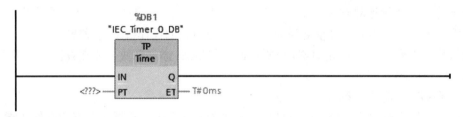

图 3-19　定时器指令

在项目树中单击系统块→程序资源，可以看到刚刚添加的定时器背景数据块，如图 3-20 所示，双击打开，可以看到其结构，如图 3-21 所示，其他 IEC 定时器的背景数据块与其类似。

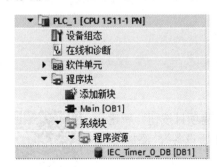

图 3-20　程序资源

图 3-21　定时器背景数据块

（2）编写程序。编写如图 3-22 所示程序。程序段 1，按下启动按钮 SB1，启动系统标志位，M0.0 得电并自锁；程序段 2，M0.0 常开触点闭合，M0.1 常闭触点接通，定时器 T1 启动运行，输出 Q4.0 置位；同时程序段 3 中的定时器 T2 无法启动，当 T1 定时 10 s 后输出 Q4.0 复位，Q4.0 常闭触点接通，定时器 T2 启动，M0.1 置位，T2 定时 5 s 后，M0.1 复位，M0.1 常闭触点接通重新启动定时器 T1，如此循环；程序段 4，当按下停止按钮 SB2 或电动机过载，启动标志位 M0.0 复位，同时用 RT 指令复位定时器 T1。

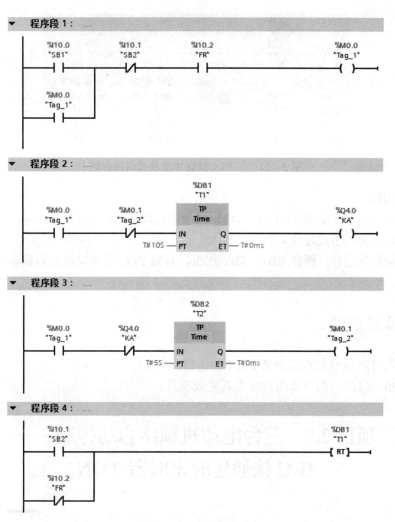

图 3-22　控制程序

3. 仿真运行

（1）打开 S7-PLCSIM 并下载程序。

（2）监控程序运行。

可以打开定时器的相应背景数据块，监视定时器的运行状况如图 3-23 所示，也可在 S7-PLCSIM 变量表中添加定时器相关参数进行监视，如图 3-24 所示。

T1					
	名称		数据类型	起始值	监视值
1	▼ Static				
2	■	PT	Time	T#0ms	T#10S
3	■	ET	Time	T#0ms	T#7S_989MS
4	■	IN	Bool	false	TRUE
5	■	Q	Bool	false	TRUE

图 3-23　监视定时器背景数据块

图 3-24　在 PLCSIM 中监视定时器参数

4. 联机调试

（1）断电情况下按照图 3-15 所示电路原理图接线。

（2）接通电源，下载程序。

（3）监控程序运行，操作 SB1、SB2 按钮，观察 PLC 及电动机运行状态，分析是否满足控制要求。

六、项目扩展

（1）使用"T2".Q 替代程序中的 M0.1 并监控。

（2）使用—（TP）—指令修改程序重新完成项目。

项目 3.5　三台电动机顺序启动控制——IEC 接通延时定时器 TON

一、学习目标

1. 知识目标
掌握 IEC 定时器中的接通延时定时器 TON 的使用。

2. 技能目标
能利用所学指令编程实现多台电动机的顺序启动运行控制。

熟悉 TIA Portal 软件操作和编程调试。

掌握 PLC 的外部接线。

扫码观看项目
功能演示

二、控制要求

（1）三台电动机要求按顺序延时启动，按下启动按钮 SB1，电动机 M1 运转 10 s 后电动机 M2 启动，电动机 M2 运转 10 s 后电动机 M3 启动运转。

（2）任意时刻按下停止按钮 SB2 或发生过载故障时，所有电动机同时停止。

三、硬件电路设计

硬件电路如图 3-25 所示，输入输出端口分配如表 3-13 所示。

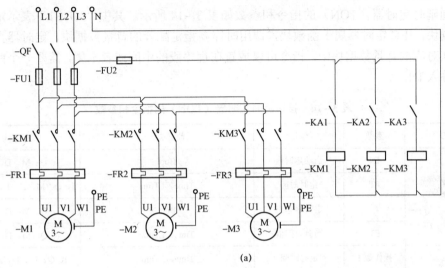

(a)

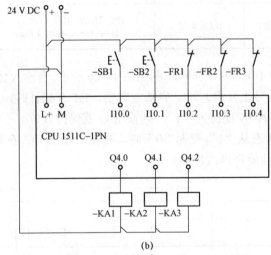

(b)

图 3-25　硬件电路

（a）主电路；（b）控制电路

表 3-13　输入输出端口分配

输入端口			输出端口		
输入点	输入器件	功能	输出点	输出器件	功能
I10.0	SB1	启动按钮	Q4.0	KA1	通过接触器 KM1 控制电动机 M1
I10.1	SB2	停止按钮	Q4.1	KA2	通过接触器 KM2 控制电动机 M2
I10.2	FR1	过载保护	Q4.2	KA3	通过接触器 KM3 控制电动机 M3
I10.3	FR2	过载保护			
I10.4	FR3	过载保护			

四、项目知识储备

1. 接通延时定时器（TON）方框指令

接通延时定时器（TON）的指令和参数如表 3-14 所示。其中"%DB1"表示定时器的背景数据块，IEC 定时器属于函数块，调用时需要指定配套的背景数据块，定时器指定的数据保存在对应的背景数据块中。指令可以放置在程序段的中间或者末尾，需要一个前导逻辑运算给输入 IN。

表 3-14 接通延时定时器（TON）的指令和参数

LAD	参数	说明	数据类型	存储区
%DB1 TON Time IN — Q PT — ET	IN	启动定时器	Bool	I、Q、M、D、L、P
	PT	定时时间	Time、LTime	I、Q、M、D、L、P、常数
	Q	定时器输出	Bool	I、Q、M、D、L、P
	ET	当前时间值	Time、LTime	I、Q、M、D、L、P
"操作数2" TON Time "操作数1"	操作数 1	定时时间	Time、LTime	I、Q、M、D、L、常数
	操作数 2	IEC定时器	IEC_Timer、IEC_LTimer、 TON_Time、TON_LTime	D、L

接通延时定时器（TON）的工作时序图如图 3-26 所示。当输入 IN 的逻辑运算结果（RLO）从"0"变为"1"（信号上升沿）时，启动定时器，ET 开始计时，达到 PT 预设时间值时，输出 Q 置位，只要输入 IN 保持为"1"，则输出 Q 就保持置位。

输入 IN 的信号状态从"1"变为"0"时，将复位输出 Q。在启动输入检测到新的信号上升沿时，该定时器功能将再次启动。

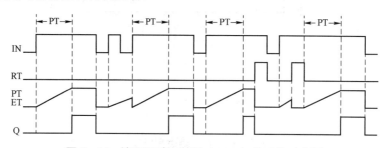

图 3-26 接通延时定时器（TON）的工作时序图

2. 接通延时定时器（TON）线圈指令

指令前面的逻辑运算结果（RLO）相当于方框指令中的启动信号 IN，指令只可以放置在程序段的末尾，它需要一个前导逻辑运算。指令下方的操作数 1 为设置的定时间，指令上方的操作数 2 为要使用 IEC 定时器，需要在使用前生成：添加新块→添加数据块→类型选择，选择相应的定时器。

五、项目实施

1. PLC 硬件组态

打开 TIA Portal 软件，打开项目视图，单击 "🗔" 新建项目按钮，新建一个项目，并命名为 "三台电动机顺序启动控制"。双击 "添加新设备"，添加 PLC 为 CPU 1511C-1PN，订货号为 6ES7 511-1CK01-0AB0，版本号 2.8 应与实际的 PLC 一致。

扫码观看项目演示
完成过程

2. 编写程序

编写如图 3-27 所示程序。程序段 1，按下启动按钮 SB1，输出 Q4.0 置位；程序段 2，同时定时器 T1 启动，10 s 后输出 Q4.1 置位，同时定时器 T2 启动；程序段 3，10 s 后输出 Q4.2 置位，三台电动机顺序启动完成。当按下停止按钮 SB2 或电动机过载，输出 Q4.0 复位，同时定时器 T1 复位，输出 Q4.1 复位，定时器 T2 复位，输出 Q4.2 复位。

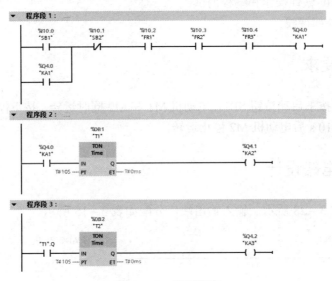

图 3-27　控制程序

3. 仿真运行

（1）打开 S7-PLCSIM 并下载程序。

（2）监控程序运行。

4. 联机调试

（1）断电情况下按照图 3-25 所示电路原理图接线。

（2）接通电源，下载程序。

（3）监控程序运行，操作 SB1、SB2 按钮，观察 PLC 及电动机运行状态，分析是否满足控制要求。

六、项目扩展

使用—(TON)—指令修改程序重新完成项目。

项目 3.6　电动机延时关闭控制——IEC 关断延时定时器 TOF

一、学习目标

1. 知识目标
掌握 IEC 定时器中的关断延时定时器 TOF 的使用。

2. 技能目标
能利用所学指令编程实现电动机的延时关闭运行控制。

熟悉 TIA Portal 软件操作和编程调试。

掌握 PLC 的外部接线。

扫码观看项目
功能演示

二、控制要求

两台电动机，按下启动按钮 SB1，电动机 M1 和 M2 同时运转，按下停止按钮 SB2 电动机 M1 立即停止，10 s 后电动机 M2 停止运转。

三、硬件电路设计

硬件电路如图 3-28 所示，输入输出端口分配如表 3-15 所示。

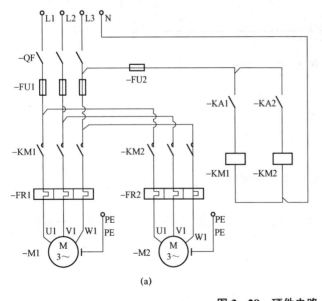
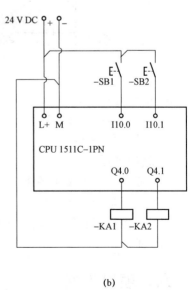

(a)　　　　　　　　　　　　　(b)

图 3-28　硬件电路

（a）主电路；（b）控制电路

表 3-15　输入输出端口分配

输入端口			输出端口		
输入点	输入器件	功能	输出点	输出器件	功能
I10.0	SB1	启动按钮	Q4.0	KA1	通过接触器 KM1 控制电动机 M1
I10.1	SB2	停止按钮	Q4.1	KA2	通过接触器 KM2 控制电动机 M2

四、项目知识储备

1. 关断延时定时器（TOF）方框指令

关断延时定时器（TOF）的指令和参数如表 3-16 所示，其中"%DB1"表示定时器的背景数据块，IEC 定时器属于函数块，调用时需要指定配套的背景数据块，定时器指定的数据保存在对应的背景数据块中。指令可以放置在程序段的中间或者末尾，需要一个前导逻辑运算给输入 IN。

表 3-16　关断延时定时器（TOF）的指令和参数

LAD	参数	说明	数据类型	存储区
%DB1 TOF Time —IN　Q— —PT　ET—	IN	启动定时器	Bool	I、Q、M、D、L、P
	PT	定时时间	Time、LTime	I、Q、M、D、L、P、常数
	Q	定时器输出	Bool	I、Q、M、D、L、P
	ET	当前时间值	Time、LTime	I、Q、M、D、L、P
"操作数2" TOF Time "操作数1"	操作数 1	定时时间	Time、LTime	I、Q、M、D、L、常数
	操作数 2	IEC 定时器	IEC_Timer、IEC_LTimer、TOF_Time、TOF_LTime	D、L

关断延时定时器（TOF）的工作时序图如图 3-29 所示。当输入 IN 的逻辑运算结果（RLO）从"0"变为"1"（信号上升沿）时，定时器未启动，但是输出 Q 置位；当输入 IN 的逻辑运算结果（RLO）从"1"变为"0"（信号下降沿）时，定时器启动，输出 Q 保持置位不变，持续时间达到 PT 计时结束后，将复位输出 Q。

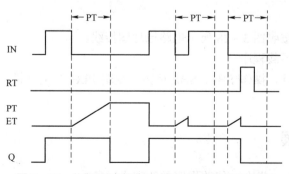

图 3-29　关断延时定时器（TOF）的工作时序图

在定时器启动后，如果输入 IN 的信号状态，在计时结束之前变为"1"，则复位定时器，输出 Q 的信号状态仍将为"1"。

2. 关断延时定时器（TOF）线圈指令

指令前面的逻辑运算结果（RLO）相当于方框指令中的启动信号 IN，指令只可以放置在程序段的末尾，它需要一个前导逻辑运算。指令下方的操作数 1 为设置的定时间，指令上方的操作数 2 为要使用的 IEC 定时器，需要在使用前生成：添加新块→添加数据块→类型选择，选择相应的定时器。

五、项目实施

1. PLC 硬件组态

打开 TIA Portal 软件，打开项目视图，单击"🖿"新建项目按钮，新建一个项目，并命名为"电动机延时关闭控制"。双击"添加新设备"，添加 PLC 为 CPU 1511C-1PN，订货号为 6ES7 511-1CK01-0AB0，版本号 2.8 应与实际的 PLC 一致。

扫码观看项目演示
完成过程

2. 编写程序

编写如图 3-30 所示程序。按下启动按钮 SB1，输出 Q4.0 置位，同时输出 Q4.1 置位。当按下停止按钮 SB2，输出 Q4.0 复位，同时定时器 T1 启动，输出 Q4.1 保持置位，延时 10 s 后输出 Q4.1 复位。

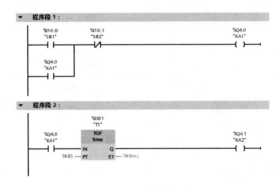

图 3-30　控制程序

3. 仿真运行

（1）打开 S7-PLCSIM 并下载程序。

（2）监控程序运行。

4. 联机调试

（1）断电情况下按照图 3-28 所示电路原理图接线。

（2）接通电源，下载程序。

（3）监控程序运行，操作 SB1、SB2 按钮，观察 PLC 及电动机运行状态，分析是否满足控制要求。

六、项目扩展

（1）使用—（TOF）—指令，修改程序重新完成项目。

（2）在硬件电路中加入过载保护，修改程序重新完成项目。

项目 3.7　电动机运行累计时间控制——IEC 时间累加定时器 TONR

一、学习目标

1. 知识目标

掌握 IEC 定时器中的时间累加定时器 TONR 的使用。

2. 技能目标

能利用所学指令编程实现电动机运行累计时间控制。

熟悉 TIA Portal 软件操作和编程调试。

掌握 PLC 的外部接线。

扫码观看项目
功能演示

二、控制要求

一台电动机，按下启动按钮，电动机运转，按下停止按钮电动机停止，电动机累计运行一定时间如 20 s 后，指示灯点亮，按下复位按钮指示灯熄灭，电动机累计运行时间清零。

三、硬件电路设计

硬件电路如图 3-31 所示，输入输出端口分配如表 3-17 所示。

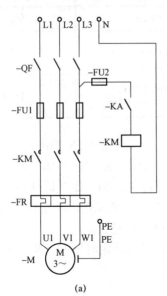

(a)

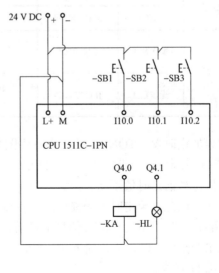

(b)

图 3-31　硬件电路

表 3-17　输入输出端口分配

输入端口			输出端口		
输入点	输入器件	功能	输出点	输出器件	功能
I10.0	SB1	启动按钮	Q4.0	KA	通过接触器 KM 控制电动机 M
I10.1	SB2	停止按钮	Q4.1	HL	指示灯
I10.2	SB3	复位按钮			

四、项目知识储备

1. 时间累加定时器（TONR）方框指令

时间累加定时器（TONR）的指令和参数如表 3-18 所示。其中"%DB1"表示定时器的背景数据块，IEC 定时器属于函数块，调用时需要指定配套的背景数据块，定时器指定的数据保存在对应的背景数据块中。指令可以放置在程序段的中间或者末尾，需要一个前导逻辑运算给输入 IN。

表 3-18　时间累加定时器（TONR）的指令和参数

LAD	参数	说明	数据类型	存储区
%DB1 TONR Time — IN　Q — R　ET — PT	IN	启动定时器	Bool	I、Q、M、D、L、P
	PT	定时时间	Time、LTime	I、Q、M、D、L、P、常数
	R	复位输入	Bool	I、Q、M、D、L、P、常数
	Q	定时器输出	Bool	I、Q、M、D、L、P
	ET	累计的时间	Time、LTime	I、Q、M、D、L、P
"操作数2" TONR Time "操作数1"	操作数 1	定时时间	Time、LTime	I、Q、M、D、L、常数
	操作数 2	IEC 定时器	IEC_Timer、IEC_LTimer、TONR_Time、TONR_LTime	D、L

时间累加定时器（TONR）的工作时序图如图 3-32 所示。输入 IN 的信号状态从"0"变为"1"（信号上升沿）时，定时器启动加定时，当输入 IN 的信号变为"0"时，定时器停止工作并保持当前定时值不变。当输入 IN 的信号再次变为"1"时，定时器继续工作，当前值继续增加。如此直至定时器当前值达到预置值时，定时器停止工作，输出端 Q 置位，输入 IN 的信号从"1"变为"0"（信号下降沿），输出端 Q 保持置位。

输入 R 为"1"时，无论输入 IN 的信号状态如何，都清除定时器的当前定时时间值，并且输出端 Q 复位。

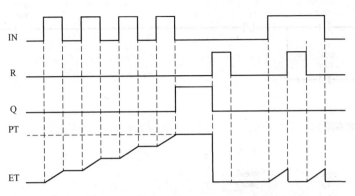

图 3-32　时间累加定时器（TONR）的工作时序图

2. 时间累加定时器（TONR）线圈指令

指令前面的逻辑运算结果（RLO）相当于方框指令中的启动信号 IN，指令只可以放置在程序段的末尾，它需要一个前导逻辑运算。指令下方的操作数 1 为设置的定时间，指令上方的操作数 2 为要使用 IEC 定时器，需要在使用前生成：添加新块→添加数据块→类型选择，选择相应的定时器。

五、项目实施

1. PLC 硬件组态

打开 TIA Portal 软件，打开项目视图，单击"▣"新建项目按钮，新建一个项目，并命名为"电动机运行累计时间控制"。双击"添加新设备"，添加 PLC 为 CPU 1511C-1PN，订货号为 6ES7 511-1CK01-0AB0，版本号 2.8 应与实际的 PLC 一致。

扫码观看项目演示
完成过程

2. 编写程序

编写如图 3-33 所示程序。按下启动按钮 SB1，输出 Q4.0 置位电动机运转。当按下停止按钮 SB2，输出 Q4.0 复位电动机停止。每次 Q4.0 置位时启动定时器 T1，当 T1 定时器累计时间达到 PT 时，Q4.1 置位指示灯点亮。

3. 仿真运行

（1）打开 S7-PLCSIM 并下载程序。

（2）监控程序运行。

4. 联机调试

（1）断电情况下按照图 3-31 所示电路原理图接线。

（2）接通电源，下载程序。

（3）监控程序运行，操作 SB1、SB2 按钮，观察 PLC 及电动机、指示灯运行状态，分析是否满足控制要求。

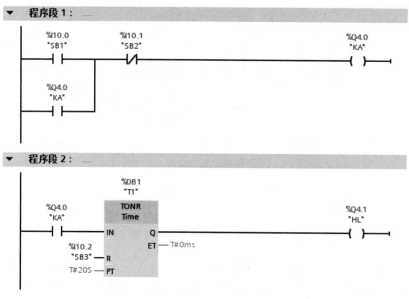

图 3-33 控制程序

六、项目扩展

使用一（TONR）一指令，修改程序重新完成项目。

项目 3.8 长定时时间控制——计数器

一、学习目标

1. 知识目标
掌握 SIMATIC 计数器的使用。

2. 技能目标
能利用所学定时器和计数器指令组合编程实现长定时时间控制。
熟悉 TIA Portal 软件操作和编程调试。
掌握 PLC 的外部接线。

扫码观看项目
功能演示

二、控制要求

按下启动按钮灯亮，10 h 后，灯自动熄灭，灯亮过程中按停止按钮 SB2，灯熄灭。

三、硬件电路设计

硬件电路如图 3–34 所示，输入输出端口分配如表 3–19 所示。

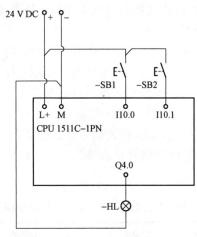

图 3–34   硬件电路

表 3–19   输入输出端口分配

输入端口			输出端口		
输入点	输入器件	功能	输出点	输出器件	功能
I10.0	SB1	启动按钮	Q4.0	HL	指示灯
I10.1	SB2	停止按钮			

四、项目知识储备

1. SIMATIC 计数器

S7–1500 PLC 支持 SIMATIC 计数器，有三种：加计数器（S_CU）、减计数器（S_CD）、加减计数器（S_CUD）。每个计数器占用存储区 2 个字节空间，用来存储计数值。SIMATIC 计数器的计数范围为 0～+999。图 3–35 所示为计数器值格式。计数器的数量取决于具体 CPU 型号。

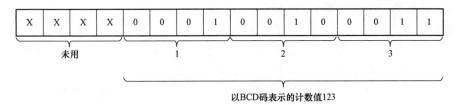

图 3–35   计数器值格式

1）加计数器（S_CU）

加计数器（S_CU）的方框指令和参数如表 3-20 所示。如果输入 CU 的信号状态从"0"变为"1"（信号上升沿），则当前计数器值将加 1。当前计数器值在输出 CV 处输出十六进制值，在输出 CV_BCD 处输出 BCD 码的值。每检测到一个信号上升沿，计数器值就会递增，计数器值达到上限"999"后，停止递增。达到上限后，输入 CU 再有信号上升沿，计数器值也不增加。计数器时序图如图 3-36 所示。

当输入 S 的信号状态从"0"变为"1"（信号上升沿）时，将计数器值设置为参数 PV 的值。如果已设置计数器预置值，并且输入 CU 处的 RLO 为"1"，则即使没有检测到信号沿的变化，计数器也会在下一扫描周期相应地进行计数。

当输入 R 的信号状态变为"1"时，将计数器值复位为"0"。只要 R 输入的信号状态为"1"，计数器就处于复位状态，输入 CU 和 S 信号状态的处理不会影响计数器值。

只要计数器值大于 0，输出 Q 的信号状态就为"1"；如果计数器值等于 0，则输出 Q 的信号状态为"0"。

表 3-20　加计数器（S_CU）方框指令和参数

LAD	参数	说明	数据类型	存储区
	C<???>	计数器号	Counter	C
	CU	加计数输入	Bool	I、Q、M、D、L、常数
‹???› S_CU CU　　　Q S　　　CV PV　CV_BCD R	S	设置预置值	Bool	I、Q、M、D、L、T、C、常数
	PV	预置值	Word	I、Q、M、D、L、常数
	R	复位输入	Bool	I、Q、M、D、L、T、C、常数
	Q	计数器状态	Bool	I、Q、M、D、L
	CV	当前计数器值（十六进制）	Word、S5Time、Date	I、Q、M、D、L
	CV_BCD	当前计数器值（BCD 码）		I、Q、M、D、L

2）减计数器（S_CD）

减计数器（S_CD）的方框指令和参数如表 3-21 所示。如果输入 CD 的信号状态从"0"变为"1"（信号上升沿），则当前计数器值将减 1。当前计数器值在输出 CV 处输出十六进制值，在输出 CV_BCD 处输出 BCD 码的值。每检测到一个信号上升沿，计数器值就会递减，计数器值达到下限"0"后，停止递减。达到下限后，输入 CD 再有信号上升沿，计数器值也不减少。计数器时序图如图 3-36 所示。

当输入 S 的信号状态从"0"变为"1"（信号上升沿）时，将计数器值设置为参数 PV 的值。如果已设置计数器预置值，并且输入 CD 处的 RLO 为"1"，则即使没有检测到信号沿的变化，计数器也会在下一扫描周期相应地进行计数。

当输入 R 的信号状态变为"1"时，将计数器值复位为"0"。只要 R 输入的信号状态为"1"，计数器就处于复位状态，输入 CD 和 S 信号状态的处理不会影响计数器值。

只要计数器值大于 0，输出 Q 的信号状态就为"1"。如果计数器值等于 0，则输出 Q 的信号状态为"0"。

表 3-21　减计数器（S_CD）的方框指令和参数

LAD	参数	说明	数据类型	存储区
	C<???>	计数器号	Counter	C
	CD	减计数输入	Bool	I、Q、M、D、L、常数
	S	设置预置值	Bool	I、Q、M、D、L、T、C、常数
	PV	预置值	Word	I、Q、M、D、L、常数
	R	复位输入	Bool	I、Q、M、D、L、T、C、常数
	Q	计数器状态	Bool	I、Q、M、D、L
	CV	当前计数器值（十六进制）	Word、S5Time、Date	I、Q、M、D、L
	CV_BCD	当前计数器值（BCD 码）		I、Q、M、D、L

3）加减计数器（S_CUD）

加减计数器（S_CUD）的方框指令和参数如表 3-22 所示。如果输入 CU 的信号状态从"0"变为"1"（信号上升沿），则当前计数器值将加 1；如果输入 CD 的信号状态从"0"变为"1"（信号上升沿），则当前计数器值将减 1。当前计数器值在输出 CV 处输出十六进制值，在输出 CV_BCD 处输出 BCD 码的值。如果在扫描周期内输入 CU 和 CD 都出现信号上升沿，则计数器值将保持不变。计数器值达到上限"999"后，停止增加；达到下限值"0"时，计数器值不再减少。计数器时序图如图 3-36 所示。

当输入 S 的信号状态从"0"变为"1"（信号上升沿）时，将计数器值设置为参数 PV 的值。如果已设置计数器预置值，并且输入 CU 或 CD 处的 RLO 为"1"，则即使没有检测到信号沿的变化，计数器也会在下一扫描周期相应地进行计数。

当输入 R 的信号状态变为"1"时，将计数器值复位为"0"。只要 R 输入的信号状态为"1"，计数器就处于复位状态，输入 CU、CD 和 S 信号状态的处理不会影响计数器值。

只要计数器值大于 0，输出 Q 的信号状态就为"1"；如果计数器值等于 0，则输出 Q 的信号状态为"0"。

表 3-22　加减计数器（S_CUD）的方框指令和参数

LAD	参数	说明	数据类型	存储区
	C<???>	计数器号	Counter	C
	CU	加计数输入	Bool	I、Q、M、D、L、常数
	CD	减计数输入	Bool	I、Q、M、D、L、常数
	S	设置预置值	Bool	I、Q、M、D、L、T、C、常数
	PV	预置值	Word	I、Q、M、D、L、常数
	R	复位输入	Bool	I、Q、M、D、L、T、C、常数
	Q	计数器状态	Bool	I、Q、M、D、L
	CV	当前计数器值（十六进制）	Word、S5Time、Date	I、Q、M、D、L
	CV_BCD	当前计数器值（BCD 码）		I、Q、M、D、L

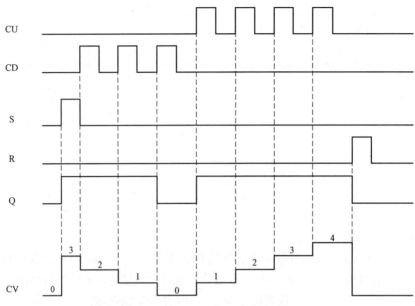

图 3-36　SIMATIC 计数器时序图

2. IEC 计数器

西门子 PLC 的 SIMATIC 计数器有数量限制,如果计数器不够用,可以使用 IEC 计数器,IEC 计数器集成在 CPU 的操作系统中,有三种:加计数器（CTU）、减计数器（CTD）、加减计数器（CTUD）。它们属于软计数器,其最大计数频率受其所在 OB 的执行速率限制,如需要更高频率的计数操作,可以使用 CPU 内置的高速计数器。

IEC 计数器属于函数块,调用时需要指定背景数据块存储计数器数据。使用计数器需要设置计数器的计数数据类型,计数器的计数范围取决于所选的数据类型,如果计数值是无符号整数,则可以减计数到 0 或加计数到范围限值。如果计数值是有符号整数,则可以减计数到负整数限值或加计数到范围限值。支持的数据类型包括 SInt、Int、DInt、USInt、UDInt。

1）加计数器（CTU）

加计数器（CTU）的方框指令和参数如表 3-23 所示,图 3-37 所示为其时序图。其中"%DB1"表示定时器的背景数据块,指令默认的计数类型是 Int,可以根据需要进行选择不同数据类型。如果输入 CU 的信号状态从"0"变为"1"（信号上升沿）,则输出 CV 的当前计数器值加 1。每检测到一个信号上升沿,计数器值就会递增,直到达到输出 CV 中所指定数据类型的上限。达到上限时,输入 CU 的信号状态将不再影响该指令。

如果当前计数器值 CV 大于或等于预置值 PV,则将输出 Q 的信号状态置位为"1",反之输出 Q 的信号状态为"0"。

输入 R 的信号状态变为"1"时,计数器复位,输出 Q 为"0"。

表 3-23　加计数器（CTU）的方框指令和参数

LAD	参数	声明	说明	数据类型	存储区
%DB1 CTU Int CU　　Q R　　CV PV	CU	Input	计数输入	Bool	I、Q、M、D、L、常数
	R	Input	复位	Bool	I、Q、M、T、C、D、L、P、常数
	PV	Input	预置值	整数	I、Q、M、D、L、P、常数
	Q	Output	计数器状态	Bool	I、Q、M、D、L
	CV	Output	当前计数器值	整数、Char、WChar、Date	I、Q、M、D、L、P

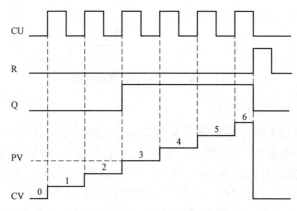

图 3-37　IEC 加计数器时序图

2）减计数器（CTD）

减计数器（CTU）的方框指令和参数如表 3-24 所示，图 3-38 所示为其时序图。如果输入 CD 的信号状态从"0"变为"1"（信号上升沿），则输出 CV 的当前计数器值减 1。每检测到一个信号上升沿，计数器值就会递减 1，直到达到指定数据类型的下限为止。达到下限时，输入 CD 的信号状态将不再影响该指令。

如果当前计数器值 CV 小于或等于 0，则将输出 Q 的信号状态置位为"1"，反之输出 Q 的信号状态为"0"。

输入 LD 的信号状态变为"1"时，将预置值 PV 的值装入当前值 CV。

表 3-24　减计数器（CTD）的方框指令和参数

LAD	参数	声明	说明	数据类型	存储区
%DB1 CTD Int CD　　Q LD　　CV PV	CD	Input	计数输入	Bool	I、Q、M、D、L、常数
	LD	Input	装载输入	Bool	I、Q、M、T、C、D、L、P、常数
	PV	Input	预置值	整数	I、Q、M、D、L、P、常数
	Q	Output	计数器状态	Bool	I、Q、M、D、L
	CV	Output	当前计数器值	整数、Char、WChar、Date	I、Q、M、D、L、P

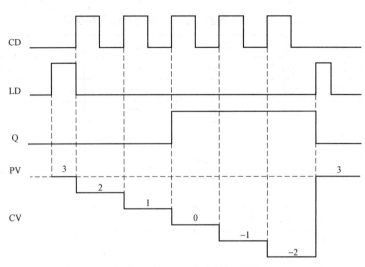

图 3-38 IEC 减计数器时序图

3）加减计数器（CTUD）

加减计数器（CTUD）的方框指令和参数如表 3-25 所示，图 3-39 所示为其时序图。如果输入 CU 的信号状态从"0"变为"1"（信号上升沿），则输出 CV 的当前计数器值加 1。如果输入 CD 的信号状态从"0"变为"1"（信号上升沿），则输出 CV 的当前计数器值减 1。计数器值可以一直递增，直到其达到输出 CV 处指定数据类型的上限。达到上限后，即使出现信号上升沿，计数器值也不再递增。达到指定数据类型的下限后，计数器值便不再递减。

如果在一个程序周期内，输入 CU 和 CD 都出现信号上升沿，则输出 CV 的当前计数器值保持不变。

输入 LD 的信号状态变为"1"时，将预置值 PV 的值装入当前值 CV；当输入 R 的信号状态变为"1"时，计数器复位当前值 CV 为"0"，输出 QU 为"0"。

表 3-25 加减计数器（CTUD）的方框指令和参数

LAD	参数	声明	说明	数据类型	存储区
	CU	Input	计数输入	Bool	I、Q、M、D、L、常数
%DB1	CD	Input	计数输入	Bool	I、Q、M、D、L、常数
CTUD Int	R	Input	复位	Bool	I、Q、M、T、C、D、L、P、常数
	LD	Input	装载输入	Bool	I、Q、M、T、C、D、L、P、常数
CU QU	PV	Input	预置值	整数	I、Q、M、D、L、P、常数
CD QD	QU	Output	加计数器状态	Bool	I、Q、M、D、L
R CV	QD	Output	减计数器状态	Bool	I、Q、M、D、L
LD					
PV	CV	Output	当前计数器值	整数、Char、WChar、Date	I、Q、M、D、L、P

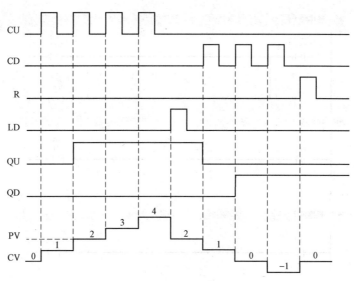

图 3-39 IEC 加减计数器时序图

五、项目实施

1. PLC 硬件组态

打开 TIA Portal 软件，打开项目视图，单击"▣"新建项目按钮，新建一个项目，并命名为"长定时时间通知"。双击"添加新设备"，添加 PLC 为 CPU 1511C-1PN，订货号为 6ES7 511-1CK01-0AB0，版本号 2.8 应与实际的 PLC 一致。

扫码观看项目演示
完成过程

2. 编写程序

（1）编程准备。单击指令框→基本指令→计数器操作，找到计数器指令，如图 3-40 所示，双击或拖曳计数器指令至程序编辑界面。

（2）编写程序。编写如图 3-41 所示程序。1 个预设值为 5 的减计数器，2 h S_ODT 定时器，合计定时时间 5×2=10（h）。

程序段 1，按启动按钮 I10.0，Q4.0 置位，指示灯点亮，计数器 C0 预置值为"5"；程序段 2，启动定时器 T2，定时时间 2 h；程序段 3，定时时间到 M0.0 输出为"1"；程序段 4，M0.0 常开触点闭合一次，减计数一次；程序段 5，当计数器的值减到"0"，复位 Q4.0，指示灯熄灭。

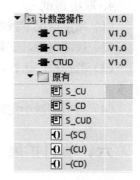

图 3-40 计数器操作指令

3. 仿真运行

（1）打开 S7-PLCSIM 并下载程序。

（2）监控程序运行。

（3）可以适当减小定时时间，注重功能实现。

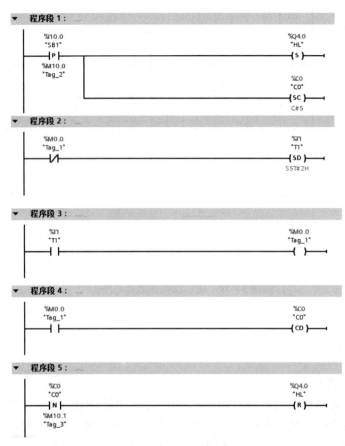

图 3-41　控制程序

4. 联机调试

（1）断电情况下按照图 3-34 所示电路原理图接线。

（2）接通电源，下载程序。

（3）监控程序运行，监控 PLC 变量及程序，观察指示灯运行状态，分析是否满足控制要求。

（4）可适当减小定时时间，注重功能实现。

六、项目扩展

（1）使用 SIMATIC 加计数器修改程序重新完成项目。

（2）使用 SIMATIC 计数器的方框指令编写程序重新完成项目。

（3）使用 IEC 计数器重新编写程序，完成项目。

模块 4

S7-1500 PLC 其他基础指令应用

项目 4.1 指示灯间隔点亮——比较操作指令

一、学习目标

1. 知识目标
掌握比较操作指令的使用。
2. 技能目标
能利用所学指令编程实现指示灯间隔点亮控制。
熟悉 TIA Portal 软件操作和编程调试。
掌握 PLC 的外部接线。

扫码观看项目
功能演示

二、控制要求

四个指示灯，按下启动按钮，每隔 1 s，灯按顺序依次点亮，全部点亮后再依次熄灭，如此循环，按下停止按钮，所有灯熄灭。

三、硬件电路设计

四个指示灯采用共阴极接法，当 PLC 的输出端为高电平时点亮相对应的指示灯，按钮 SB1/SB2 按下时 PLC 的输入端为高电平。硬件电路如图 4-1 所示，输入输出端口分配如表 4-1 所示。

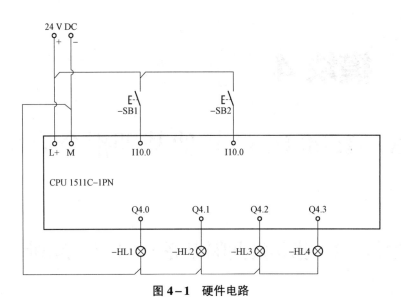

图 4-1　硬件电路

表 4-1　输入输出端口分配

输入端口			输出端口		
输入点	输入器件	功能	输出点	输出器件	功能
I10.0	SB1	启动按钮	Q4.0	HL1	指示灯 1
I10.1	SB2	停止按钮	Q4.1	HL2	指示灯 2
			Q4.2	HL3	指示灯 3
			Q4.3	HL4	指示灯 4

四、项目知识储备

1. 比较指令

比较指令用于比较数据类型相同的两个数的大小，总共有六种比较符号，如表 4-2 所示。比较指令上下各有一个操作数，比较指令是比较的这两个操作数的关系，当比较关系成立时，比较指令后面的 RLO 为 "1" 否则为 "0"。指令的 "？？？" 下拉列表可以选择要比较的数据类型。可选择的有：Int、DInt、Real、Byte、Word、DWord、LWord、USInt、UInt、UDInt、ULInt、SInt、String、WString、Char、WChar、Date、Time、LTime、S5Time、Date_And_Time、DTL、Time_Of_Day、LTime_Of_Day、LDT、LReal、Variant。比较指令的存储区可以是 I、Q、M、D、L、P、常数。

表 4-2　比较指令

LAD	关系	LAD	关系
─┤ == ??? ├─	等于	─┤ <= ??? ├─	小于等于
─┤ <> ??? ├─	不等于	─┤ > ??? ├─	大于
─┤ >= ??? ├─	大于等于	─┤ < ??? ├─	小于

2. 值在范围内指令与值超出范围指令

值在范围内指令 IN_RANGE 与值超出范围指令 OUT_RANGE 为功能框指令，前面的 RLO 为 "1" 则进行比较，并将结果发送到功能框输出，反之不比较。IN_RANGE 指令参数 VAL 满足 MAX≥VAL≥MIN 时功能框输出的信号状态为 "1"。如果不满足比较条件，则功能框输出的信号状态为 "0"；OUT_RANGE 指令参数满足 VAL＞MAX 或 VAL＜MIN 时功能框输出的信号状态为 "1"。如果不满足比较条件，则功能框输出的信号状态为 "0"。这两条指令的 MIN、VAL、MAX 的数据类型必须相同，可选整数或浮点数，可以是 I、Q、M、D、L 存储区的变量或常数。值在范围内指令与值超出范围指令如表 4–3 所示。

表 4–3　值在范围内指令与值超出范围指令

LAD	参数	说明	数据类型	存储区
IN_RANGE ??? MIN VAL MAX	功能框输入	上一个 RLO	Bool	I、Q、M、D、L
	MIN	取值范围的下限	整数、浮点数	I、Q、M、D、L、常数
	VAL	比较值	整数、浮点数	I、Q、M、D、L、常数
	MAX	取值范围的上限	整数、浮点数	I、Q、M、D、L、常数
	功能框输出	比较结果	Bool	I、Q、M、D、L
OUT_RANGE ??? MIN VAL MAX	功能框输入	上一个 RLO	Bool	I、Q、M、D、L
	MIN	取值范围的下限	整数、浮点数	I、Q、M、D、L、常数
	VAL	比较值	整数、浮点数	I、Q、M、D、L、常数
	MAX	取值范围的上限	整数、浮点数	I、Q、M、D、L、常数
	功能框输出	比较结果	Bool	I、Q、M、D、L

3. 检查有效性与检查无效性指令

检查有效性指令 —|OK|— 和检查无效性指令 —|NOT_OK|— 用来检查操作数的值（＜操作数＞在指令上方）是否为有效的浮点数。如果该指令前面的 RLO 为 "1"，则在每个程序周期内都进行检查。

查询时，如果操作数的值是有效浮点数，则检查有效性指令 —|OK|— 输出的信号状态为 "1"，反之检查无效性指令 —|NOT_OK|— 输出信号状态为 "1"。

执行图 4–2 中的乘法指令之前，先用 —|OK|— 查询 MUL 指令的两个操作数是否为浮点数，只有当两个数据均为有效浮点数时，才会执行 "乘" 指令。

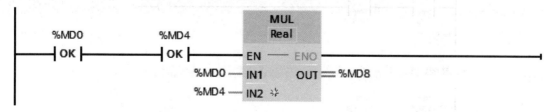

图 4–2　—|OK|—指令应用

扫码观看项目演示
完成过程

五、项目实施

1. PLC 硬件组态

打开 TIA Portal 软件，打开项目视图，单击⊞新建项目按钮，新建一个项目，并命名为"指示灯间隔点亮"。双击"添加新设备"，添加 PLC 为 CPU 1511C-1PN，订货号为 6ES7 511-1CK01-0AB0，版本号 2.8 应与实际的 PLC 一致。

2. 编写程序

编写如图 4-3 所示程序。程序段 1，按下启动按钮 SB1，标志位 M0.0 输出为"1"并

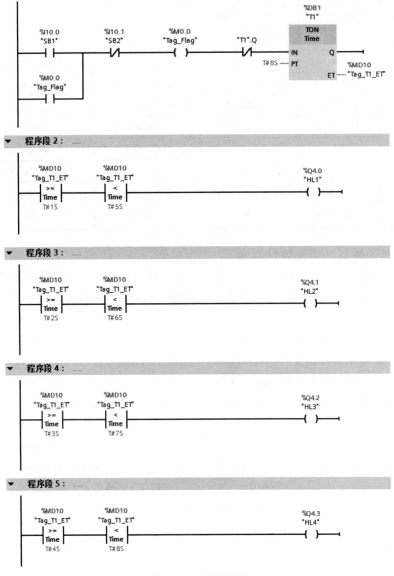

图 4-3　控制程序

自锁，接通延时 T1 开始计时；T1 定时到 8 s 后，"T1.Q"常闭触点断开，T1 定时器当前值清零、输出复位，T1 重新开始计时，实现 8 s 的循环；程序段 2～5，比较定时器的当前时间值的大小控制灯的点亮，T1 计时到 1 s 后 HL1 点亮，2 s 后 HL2 点亮，3 s 后 HL3 点亮，4 s 后 HL4 点亮；T1 计时到 5 s 后 HL1 熄灭，6 s 后 HL2 熄灭，7 s 后 HL3 熄灭，8 s 后 HL4 熄灭；按下停止按钮 SB2，M0.0 断开，T1 停止计时，定时器当前值清零，所有灯熄灭。

3. 仿真运行

（1）打开 S7-PLCSIM 并下载程序。

（2）监控程序运行。

4. 联机调试

（1）断电情况下按照图 4-1 所示电路原理图接线。

（2）接通电源，下载程序。

（3）监控程序运行，监控 PLC 变量及程序，观察指示灯运行状态，分析是否满足控制要求。

六、项目扩展

（1）图 4-3 程序运行中，如 T1 定时器的输出 ET 悬空，不配置存储单元，如何修改程序？

（2）使用值在范围内指令与值超出范围指令，修改程序重新完成项目。

项目 4.2　产品合格率计算——数学函数指令

一、学习目标

1. 知识目标

掌握数学函数指令的使用。

2. 技能目标

能利用所学指令编程实现产品合格率计算。

熟悉 TIA Portal 软件操作和编程调试。

掌握 PLC 的外部接线。

扫码观看项目
功能演示

二、控制要求

生产线上有两个传感器，传感器 1 检测是否有产品经过，传感器 2 检测是否为不合格品，当不合格品数量达到 10 件时，指示灯报警，并计算此时的产品合格率。

三、硬件电路设计

传感器采用 PNP 型，当传感器检测到产品时，传感器输出高电平信号，PLC 输入端读入"1"。硬件电路如图 4-4 所示，输入输出端口分配如表 4-4 所示。

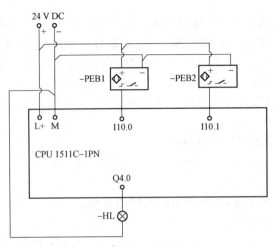

图 4–4　硬件电路

表 4–4　输入输出端口分配

输入端口			输出端口		
输入点	输入器件	功能	输出点	输出器件	功能
I10.0	PEB1	传感器 1	Q4.0	HL	指示灯
I10.1	PEB2	传感器 2			

四、项目知识储备

1. 四则运算及取余数指令

如表 4–5 所示，这五个指令的输入、输出参数的数据类型、存储区一致，在使用指令时单击 " Auto (???) " 可选择数据类型。加法指令（ADD）和乘法指令（SUB）可以有多个输入操作数，单击指令框中的星号 " ✳ " 即可增加操作数。

表 4–5　四则运算及取余数指令

LAD	表达式	参数	数据类型	说明	存储区
ADD Auto (???) — EN — ENO — IN1　OUT — — IN2 ✳	OUT = IN1 + IN2	EN	Bool	使能输入	I、Q、M、D、L 或常数
SUB Auto (???) — EN — ENO — IN1　OUT — — IN2	OUT = IN1 − IN2	ENO	Bool	使能输出	I、Q、M、D、L
MUL Auto (???) — EN — ENO — IN1　OUT — — IN2	OUT = IN1 × IN2	IN1	整数、浮点数	操作数 1	I、Q、M、D、L、P 或常数
DIV Auto (???) — EN — ENO — IN1　OUT — — IN2	OUT = IN1 ÷ IN2	IN2	整数、浮点数	操作数 2	
MOD Auto (???) — EN — ENO — IN1　OUT — — IN2	OUT = IN1 mod IN2	OUT	整数、浮点数	运算结果	I、Q、M、D、L、P

2. 取反指令（NEG）

如表 4-6 所示。"取反"指令更改输入 IN 中值的符号，并发送到输出 OUT 中，如果输入 IN 为正值，则该值的对应负值将发送到输出 OUT。

表 4-6　取反指令

LAD	参数	数据类型	说明	存储区
NEG ??? —EN — ENO— —IN OUT—	EN	Bool	使能输入	I、Q、M、D、L 或常数
	ENO	Bool	使能输出	I、Q、M、D、L
	IN	SInt、Int、DInt、LInt、浮点数	操作数	I、Q、M、D、L、P 或常数
	OUT	SInt、Int、DInt、LInt、浮点数	运算结果	I、Q、M、D、L、P

3. 自增指令（INC）与自减指令（DEC）

如表 4-7 所示，可以从指令框的"???"下拉列表中选择该指令的数据类型。

"递增"指令将参数 IN/OUT 中操作数的值更改为下一个更大的值，只有使能输入 EN 的信号状态为"1"时，才执行"递增"指令。如果在执行期间未发生溢出错误，则使能输出 ENO 的信号状态也为"1"。"递减"指令将参数 IN/OUT 中操作数的值更改为下一个更小的值，只有使能输入 EN 的信号状态为"1"时，才执行"递减"指令。如果在执行期间未超出所选数据类型的值范围，则输出 ENO 的信号状态也为"1"。IN/OUT 操作数为浮点数的值无效。

表 4-7　自增指令与自减指令

LAD	参数	数据类型	说明	存储区
INC ??? —EN — ENO— —IN/OUT	EN	Bool	使能输入	
	ENO	Bool	使能输出	I、Q、M、D、L
DEC ??? —EN — ENO— —IN/OUT	IN/OUT	整数	要递增/减的值	

4. 取绝对值指令（ABS）

如表 4-8 所示，计算输入 IN 处指定值的绝对值。指令结果被发送到输出 OUT。

表 4-8　取绝对值指令

LAD	参数	数据类型	说明	存储区
ABS ??? —EN — ENO— —IN OUT—	EN	Bool	使能输入	I、Q、M、D、L 或常数
	ENO	Bool	使能输出	I、Q、M、D、L
	IN	SInt、Int、DInt、LInt、浮点数	输入值	I、Q、M、D、L、P 或常数
	OUT	SInt、Int、DInt、LInt、浮点数	输入值的绝对值	I、Q、M、D、L、P

5. 获取最小值指令（MIN）与获取最大值指令（MAX）

如表 4-9 所示，"获取最小值"指令比较可用输入的值，并将最小的值写入输出 OUT 中。"获取最大值"指令比较可用输入的值，并将最大的值写入输出 OUT 中。在指令框中可以单击" * "增加输入的数量。在功能框中按升序对输入进行编号。最少需要 2 个输入，最多可以 100 个输入。从指令框的"？？？"下拉列表中选择指令的数据类型。

表 4-9　获取最小值指令与获取最大值指令

LAD	参数	数据类型	说明	存储区
MIN ??? EN — ENO IN1　OUT IN2 MAX ??? EN — ENO IN1　OUT IN2	EN	Bool	使能输入	I、Q、M、D、L
	ENO	Bool	使能输出	I、Q、M、D、L
	IN1	整数、浮点数	操作数 1	I、Q、M、D、L、P 或常数
	IN2	整数、浮点数	操作数 2	
	INn	整数、浮点数	操作数 n	
	OUT	整数、浮点数	输出结果	I、Q、M、D、L、P

6. 设置限制值指令（LIMIT）

如表 4-10 所示，将输入 IN 的值限制在输入 MN 与 MX 的值范围之间。如果输入 IN 的值满足条件 MN≤IN≤MX，则复制到 OUT 输出中。如果不满足该条件且输入值 IN 低于下限 MN，则将输出 OUT 设置为输入 MN 的值。如果超出上限 MX，则将输出 OUT 设置为输入 MX 的值。可以从指令框中的"？？？"下拉列表中选择该指令的数据类型。

如果输入 MN 的值大于输入 MX 的值，则结果为 IN 参数中的指定值且使能输出 ENO 为"0"。指定的变量不具有相同的数据类型。

表 4-10　设置限制值指令

LAD	参数	数据类型	说明	存储区
LIMIT ??? EN — ENO MN　OUT IN MX	EN	Bool	使能输入	I、Q、M、D、L 或常数
	ENO	Bool	使能输出	I、Q、M、D、L
	MN	整数、浮点数、Time、TOD、Date、DTL、DT	下限	I、Q、M、D、L、P 或常数
	IN		输入值	
	MX		上限	
	OUT		输出结果	I、Q、M、D、L、P

7. 其他数学函数指令

其他数学函数指令如表 4-11 所示。

表 4-11　其他数学函数指令

指令	说明	表达式	指令	说明	表达式
SQR	计算平方	$OUT = IN^2$	SQRT	计算平方根	$OUT = \sqrt{IN}$
LN	计算自然对数	$OUT = LN(IN)$	EXP	计算指数值	$OUT = e^{IN}$
SIN	计算正弦值	$OUT = \sin(IN)$	ASIN	计算反正弦值	$OUT = \arcsin(IN)$
COS	计算余弦值	$OUT = \cos(IN)$	ACOS	计算反余弦值	$OUT = \arccos(IN)$
TAN	计算正切值	$OUT = \tan(IN)$	ATAN	计算反正切值	$OUT = \arctan(IN)$
FRAC	取小数值	—	EXPT	取幂	$OUT = IN1^{IN2}$

五、项目实施

1. PLC硬件组态

打开 TIA Portal 软件,打开项目视图,单击"▣"新建项目按钮,新建一个项目,并命名为"产品合格率计算"。双击"添加新设备",添加 PLC 为 CPU 1511C-1PN,订货号为 6ES7 511-1CK01-0AB0,版本号 2.8 应与实际的 PLC 一致。

2. 编写程序

编写如图 4-5 所示程序。程序段 1 用比较指令判断不合格品数量是否达到 10 个,达到则输出 Q4.0 为 1,HL 灯点亮。程序段 2、3 进行不合格品数量计数和总产品数量的计数,程序段 4 计算的是不合品率,程序段 5 进行 1 减不合品率得到合格品率,再乘 100 得到百分数值。

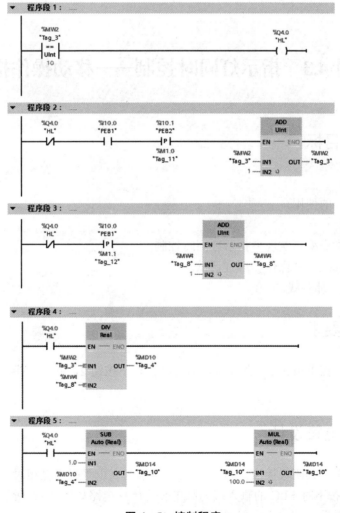

图4-5 控制程序

3. 仿真运行

（1）打开 S7–PLCSIM 并下载程序。

（2）监控程序运行。

4. 联机调试

（1）断电情况下按照图 4–4 所示电路原理图接线。

（2）接通电源，下载程序。

（3）监控程序运行，监控 PLC 变量及程序，观察指示灯运行状态，分析是否满足控制要求。

六、项目扩展

（1）完善此项目，为生产线加上传送带的控制，如传送带启动后再开始产品计数等功能。

（2）在图 4–5 程序的程序段 2 和 3 中，如果不用边沿检测指令将会怎样？并完善程序。

项目 4.3 指示灯同时控制——移动操作指令

扫码观看项目
功能演示

一、学习目标

1. 知识目标

移动操作指令的使用。

2. 技能目标

能利用所学指令编程实现多指示灯同时控制。

熟悉 TIA Portal 软件操作和编程调试。

掌握 PLC 的外部接线。

二、控制要求

八个指示灯，按下按钮 1，奇数号指示灯亮；按下按钮 2，偶数号指示灯亮。按下停止按钮所有灯熄灭。

三、硬件电路设计

八个指示灯采用共阴极接法，当 PLC 的输出端为高电平时点亮相对应的指示灯，当按钮 SB1/SB2/SB3 按下时 PLC 的输入端为高电平。硬件电路如图 4–6 所示，输入输出端口分配如表 4–12 所示。

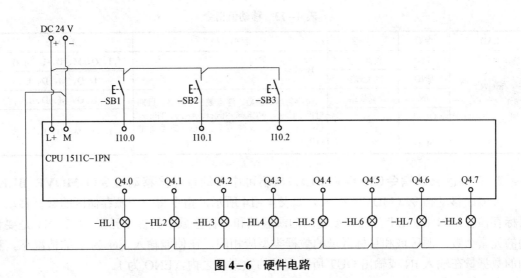

图 4-6　硬件电路

表 4-12　输入输出端口分配

输入端口			输出端口		
输入点	输入器件	功能	输出点	输出器件	功能
I10.0	SB1	启动按钮 1	Q4.0	HL1	指示灯 1
I10.1	SB2	启动按钮 2	Q4.1	HL2	指示灯 2
I10.2	SB3	停止按钮	Q4.2	HL3	指示灯 3
			Q4.3	HL4	指示灯 4
			Q4.4	HL5	指示灯 5
			Q4.5	HL6	指示灯 6
			Q4.6	HL7	指示灯 7
			Q4.7	HL8	指示灯 8

四、项目知识储备

1. 移动值指令（MOVE）

该指令将输入 IN 端的源数据传送到 OUT1 输出端的目的地址，并转换为 OUT1 允许的数据类型，不会改变源数据。输入 IN 数据类型的位长度超出 OUT1 数据类型的位长度，则丢失源值的高位；输入 IN 数据类型的位长度小于 OUT1 数据类型的位长度，则目标值的高位补 "0"。移动值指令如表 4-13 所示。

每单击 MOVE 指令中的 "⬛" 增加一个输出，增加的输出编号按顺序排列，所有输出值保持一致。多生成的输出可以通过鼠标右键单击某个输出端在弹出的菜单栏中删除。

表 4-13　移动值指令

LAD	参数	说明	数据类型	存储区
MOVE EN — ENO IN ⋇ OUT1	EN	使能输入	Bool	I、Q、M、D、L、常数
	ENO	使能输出		I、Q、M、D、L
	IN	源数据	位字符串、整数、浮点数、定时器、日期时间、Char、WChar、Struct、Array、Timer、Counter、IEC 数据类型、PLC 数据类型（UDT）	I、Q、M、D、L
	OUT1 …… OUTn	目的地址		I、Q、M、D、L、常数

2. 存储区移动指令（MOVE_BLK）与不可中断的存储区移动指令（UMOVE_BLK）

存储区移动指令（MOVE_BLK）如表 4-14 所示，指令将一个源存储区的数据移动到目标存储区，IN 和 OUT 分别是要复制的源区域和目标区域中的首个元素，COUNT 是要移动的元素个数。源区域和目标区域的数据类型应相同。在使能输入 EN 为 1 的情况下，移动的数据量在输入 IN 或输出 OUT 所能容纳的数据量之内，ENO 为 1。

不可中断的存储区移动指令（UMOVE_BLK）基本与存储区移动指令（MOVE_BLK）相同，只是在复制数据的过程中不会被操作系统的其他任务打断，执行该指令时，CPU 的中断响应时间将增长。

表 4-14　存储区移动指令

LAD	参数	说明	数据类型	存储区
MOVE_BLK EN — ENO IN — OUT COUNT	EN	使能输入	Bool	I、Q、M、D、L、常数
	ENO	使能输出		I、Q、M、D、L
	IN	待复制源区域中的首个元素	二进制数、整数、浮点数、定时器、Date、Char、WChar、TOD、LTOD	D、L
	OUT	目标区中的首个元素		
	COUNT	要移动的元素个数	USInt、UInt、UDInt、ULInt	I、Q、M、D、L、P 或常数

3. 填充块指令（FILL_BLK）与不可中断的存储区填充指令（UFILL_BLK）

填充块指令（FILL_BLK）如表 4-15 所示，指令将输入参数 IN 设置的值填充到输出参数 OUT 指定的起始地址的目标数据区（数组），源区域和目标区域的数据类型应相同，参数 COUNT 指定复制操作的重复次数，如果 COUNT 大于数组元素数量，ENO 将为 0。

不可中断的存储区填充（UFILL_BLK）指令与填充块指令（FILL_BLK）类似，只是在复制数据的过程不会被操作系统的其他任务打断，执行该指令时，CPU 的中断响应时间将增长。

表 4-15　填充块指令

LAD	参数	说明	数据类型	存储区
FILL_BLK EN — ENO IN — OUT COUNT	EN	使能输入	Bool	I、Q、M、D、L、常数
	ENO	使能输出		I、Q、M、D、L
	IN	源数据	二进制数、整数、浮点数、定时器、Date、Char、WChar、TOD、LTOD	I、Q、M、D、L、常数
	OUT	目标区中的起始地址		D、L
	COUNT	重复次数	USInt、UInt、UDInt、ULInt	I、Q、M、D、L、P 或常数

4. 交换指令（SWAP）

交换指令更改输入 IN 端字节的顺序，逆序输出给 OUT 端。交换指令如表 4–16 所示，单击指令框"？？？"选择指令的数据类型。如图 4–7 所示，指令交换数据类型为 DWord 的操作数的字节。

表 4–16　交换指令

LAD	参数	说明	数据类型	存储区
SWAP ??? EN — ENO IN — OUT	EN	使能输入	Bool	I、Q、M、D、L、常数
	ENO	使能输出		I、Q、M、D、L
	IN	要交换的源数据	Word、DWord、LWord	I、Q、M、D、L、P、常数
	OUT	输出结果		I、Q、M、D、L、P

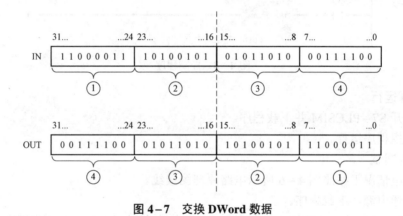

图 4–7　交换 DWord 数据

五、项目实施

1. PLC 硬件组态

打开 TIA Portal 软件，打开项目视图，单击"▣"新建项目按钮，新建一个项目，并命名为"指示灯同时控制"。双击"添加新设备"，添加 PLC 为 CPU 1511C–1PN，订货号为 6ES7 511–1CK01–0AB0，版本号 2.8 应与实际的 PLC 一致。

扫码观看项目演示
完成过程

2. 编写程序

编写如图 4–8 所示程序。程序段 1，按下按钮 SB1，把值 2#01010101 传入到 QB4 字节，Q4.0、Q4.2、Q4.4、Q4.6 为 1 对应的指示灯 HL1、HL3、HL5、HL7 点亮；程序段 2，按下按钮 SB2，把值 2#10101010 传入到 QB4 字节，Q4.1、Q4.3、Q4.5、Q4.7 为 1 对应的指示灯 HL2、HL4、HL6、HL8 点亮；按下 SB3 按钮，把 0 传入 QB4 字节，所有的位均为 0，对应的全部指示灯熄灭。

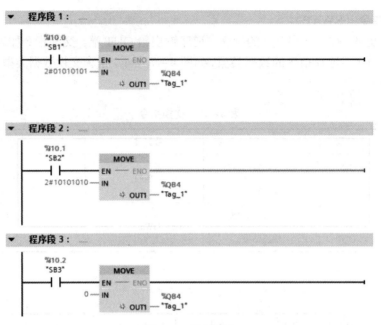

图 4-8　控制程序

3. 仿真运行

（1）打开 S7-PLCSIM 并下载程序。

（2）监控程序运行。

4. 联机调试

（1）断电情况下按照图 4-6 所示电路原理图接线。

（2）接通电源，下载程序。

（3）监控程序运行，监控 PLC 变量及程序，观察指示灯运行状态，分析是否满足控制要求。

六、项目扩展

使用 SWAP 指令重新完成项目，修改图 4-6 所示电路及图 4-8 所示程序。

项目 4.4　八个指示灯循环点亮——移位和循环指令

一、学习目标

1. 知识目标

掌握移位和循环指令的使用。

2. 技能目标

能利用所学指令编程实现多指示灯循环移位控制。

扫码观看项目
功能演示

熟悉 TIA Portal 软件操作和编程调试。

掌握 PLC 的外部接线。

二、控制要求

八个指示灯，按下按钮 1，指示灯按照 1～8 对应的顺序每秒依次点亮，点亮一个指示灯，相应的前一个指示灯熄灭；按下按钮 2，指示灯点亮顺序相反。按下停止按钮 3 所有灯熄灭。

三、硬件电路设计

八个指示灯采用共阴极接法，当 PLC 的输出端为高电平时点亮相对应的指示灯，当按钮 SB1/SB2/SB3 按下时 PLC 的输入端为高电平。硬件电路如图 4-9 所示，输入输出端口分配如表 4-17 所示。

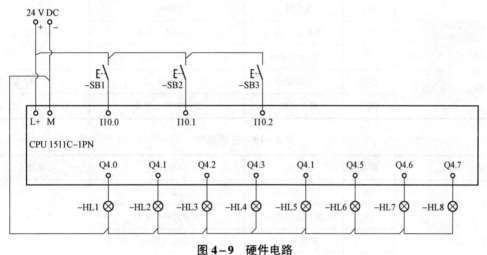

图 4-9　硬件电路

表 4-17　输入输出端口分配

输入端口			输出端口		
输入点	输入器件	功能	输出点	输出器件	功能
I10.0	SB1	启动按钮 1	Q4.0	HL1	指示灯 1
I10.1	SB2	启动按钮 2	Q4.1	HL2	指示灯 2
I10.2	SB3	停止按钮	Q4.2	HL3	指示灯 3
			Q4.3	HL4	指示灯 4
			Q4.4	HL5	指示灯 5
			Q4.5	HL6	指示灯 6
			Q4.6	HL7	指示灯 7
			Q4.7	HL8	指示灯 8

117

四、项目知识储备

1. 右移指令（SHR）和左移指令（SHL）

使用"右移/左移"指令将输入 IN 中操作数的内容按位向右/左移位，用"0"填充移位操作清空的位置，并赋值给 OUT 端。两条指令分别如表 4-18 和表 4-19 所示。参数 N 指定移位的位数，当 N=0 时不移位，直接将 IN 值复制给 OUT，如果要移位的位数 N 超过目标值中的位数（Byte 为 8 位、Word 为 16 位、DWord 为 32 位），则所有原始位值将被移出并用 0 代替（将 0 赋值给 OUT 端）。单击指令框中的"？？？"可以选择要进行移位的数据类型。对于移位操作，ENO 总是为 TRUE。如图 4-10 所示，将 Word 数据类型操作数的内容左移 4 位，其他数据类型与右移类似。

表 4-18 右移指令

LAD	参数	说明	数据类型	存储区
SHR ??? EN — ENO IN OUT N	EN	使能输入	Bool	I、Q、M、D、L、常数
	IN	要移位的数据	位字符串、整数	
	N	移位的位数	USInt、UInt、UDInt、ULInt	
	ENO	使能输出	Bool	I、Q、M、D、L
	OUT	移位的结果	位字符串、整数	I、Q、M、D、L

表 4-19 左移指令

LAD	参数	说明	数据类型	存储区
SHL ??? EN — ENO IN OUT N	EN	使能输入	Bool	I、Q、M、D、L、常数
	IN	要移位的数据	位字符串、整数	
	N	移位的位数	USInt、UInt、UDInt、ULInt	
	ENO	使能输出	Bool	I、Q、M、D、L
	OUT	移位的结果	位字符串、整数	I、Q、M、D、L

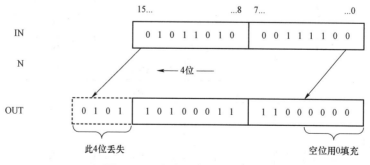

图 4-10 左移 Word 类型数据

2. 循环右移指令（ROR）和循环左移指令（ROL）

使用"循环右移/左移"指令将输入 IN 中操作数的内容按位向右/左循环移位，并在输出 OUT 端输出结果。两条指令分别如表 4-20 和表 4-21 所示。参数 N 用于指定循环移位中待移动的位数。用移出的位填充因循环移位而空出的位。

如果参数 N 的值为"0"，则将输入 IN 的值复制到输出 OUT 的操作数中。

如果参数 N 的值大于可用位数，则输入 IN 中的操作数值仍会循环移动指定位数。

单击指令框中的"？？？"可以选择要进行移位的数据类型。

表 4-20　循环右移指令

LAD	参数	说明	数据类型	存储区
ROR ??? EN — ENO IN — OUT N	EN	使能输入	Bool	I、Q、M、D、L、常数
	IN	要移位的数据	位字符串、整数	
	N	循环移位的位数	USInt、UInt、UDInt、ULInt	
	ENO	使能输出	Bool	I、Q、M、D、L
	OUT	移位的结果	位字符串、整数	I、Q、M、D、L

表 4-21　循环左移指令

LAD	参数	说明	数据类型	存储区
ROL ??? EN — ENO IN — OUT N	EN	使能输入	Bool	I、Q、M、D、L、常数
	IN	要移位的数据	位字符串、整数	
	N	循环移位的位数	USInt、UInt、UDInt、ULInt	
	ENO	使能输出	Bool	I、Q、M、D、L
	OUT	移位的结果	位字符串、整数	I、Q、M、D、L

五、项目实施

1. PLC 硬件组态

打开 TIA Portal 软件，打开项目视图，单击"▣"新建项目按钮，新建一个项目，并命名为"八个指示灯循环点亮"。双击"添加新设备"，添加 PLC 为 CPU 1511C-1PN，订货号为 6ES7 511-1CK01-0AB0，版本号 2.8 应与实际的 PLC 一致。在此项目中选择启用时钟存储器字节并设置为 MB0。

扫码观看项目演示
完成过程

2. 编写程序

编写如图 4-11 所示程序。程序段 1，按下启动按钮，SB1 的上升沿把值 2#1 传入到 QB4 字节，Q4.0 为 1 对应的指示灯 HL1 点亮；程序段 2，按下 SB2，将 16#80 送至 QB4 中，对应的灯 HL8 被点亮；程序段 3、4，按下相应按钮，标志位 M2.0、M2.1 自锁；程序段 5，每秒钟 QB4 Data 中数据左循环移位一次；程序段 6，每秒钟 QB4 Data 中数据右循环移位一次。程序段 7，按停止按钮 SB3，QB4 数据为 0，程序段 2 中标志位 M2.1 为 0，程序段 5 或者 6 中的移位指令不再执行。

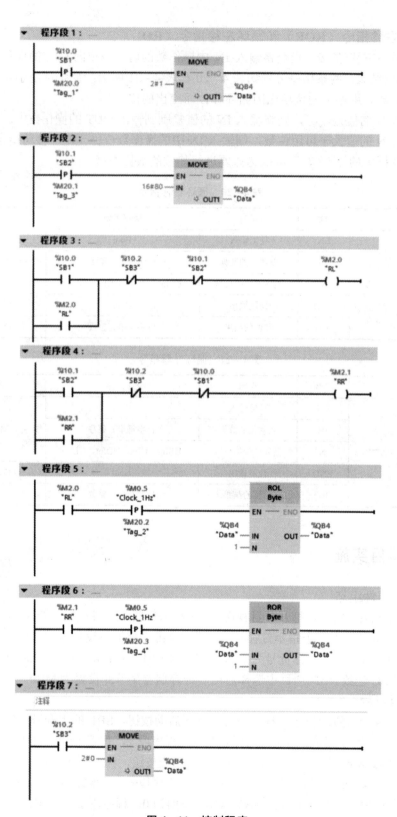

图 4–11　控制程序

3. 仿真运行

（1）打开 S7-PLCSIM 并下载程序。

（2）监控程序运行。

4. 联机调试

（1）断电情况下按照图 4-9 所示电路原理图接线。

（2）接通电源，下载程序。

（3）监控程序运行，监控 PLC 变量及程序，观察指示灯运行状态，分析是否满足控制要求。

六、项目扩展

（1）　使用 SHR 和 SHL 指令重新编写程序。

（2）　按下启动按钮指示灯依次点亮，直至八个指示灯均点亮后，全部指示灯熄灭，然后开始下一次循环，指示灯依次点亮。

模块 5

组织块的编程及应用

 学习目标

了解 OB 组织块。

会查找组织块事件及相应的优先级。

掌握启动组织块、硬件中断组织块、循环中断组织块、时间中断组织块、延时中断组织块的应用。

 任务描述

组织块是操作系统与用户程序直接的接口。编程除了常用到循环执行的 OB1 之外，S7提供了各种不同的组织块，用组织块可以编写响应特定事件的程序。在此通过使用启动组织块初始化 PLC 程序、使用时间中断组织块定期完成 PLC 程序控制任务、使用硬件中断组织块实现输入硬件中断 PLC 程序控制、使用循环中断组织块实现固定间隔的中断程序控制、使用延时中断组织块实现事件的延时控制等实例项目来了解掌握 S7-1500 PLC 组织块的使用。

 知识储备

1. 操作系统和用户程序

每个 PLC（CPU）中均有操作系统，是 CPU 的固定组成部分，操作系统用来实现与特定的控制任务无关的功能，包括：处理 PLC 的启动、刷新输入过程映像和输出过程映像、调用用户程序、处理中断和错误、管理存储区、处理通信等。

用户程序由用户在 TIA Portal 中生成，然后将其下载到 CPU 中。用户程序包括：启动初始化，处理过程数据（数字信号、模拟信号），对中断的响应，对异常和错误的处理。

用户编写的程序和所需的数据放置在块中，不同的程序块实现不同的功能，可以使单个的程序部件标准化。在操作系统的控制下通过在块内或块间的调用，实现程序运行与控制任务。使用户程序结构化，可以简化程序组织，便于程序修改、查错和调试。用户程序块的说明如表 5-1 所示。

表 5−1　用户程序块的说明

块的类型	说明
组织块（OB）	操作系统与用户程序的接口
函数（FC）	用于处理重复程序的子程序，没有存储器
函数块（FB）	用于处理重复程序的子程序，有存储器
数据块（DB）	背景数据块用来存储程序数据，分配给 FB； 全局数据块用来存储数据，任何块均可访问

2. 组织块

组织块英文名 Organization Block。组织块是 CPU 操作系统和用户程序之间的接口，由操作系统调用，用于执行具体程序，包括：当 CPU 启动时，循环或延时时间到达时，当发生硬件中断时，当发生故障时。表 5−2 所示为常用组织块 OB 的类型。

表 5−2　常用组织块 OB 的类型

事件源类型	优先级（默认优先级）	OB 编号	默认的系统响应	支持 OB 数量
启动	1	100，≥123	忽略	100
循环程序	1	1，≥123	忽略	100
时间中断	2~24（2）	10~17，≥123	不适用	20
延时中断	2~24（3）	20~23，≥123	不适用	20
循环中断	2~24（8~17，与频率有关）	30~38，≥123	不适用	20
硬件中断	2~26（16）	40~47，≥123	忽略	50
状态中断	2~24（4）	55	忽略	1
更新中断	2~24（4）	56	忽略	1
制造商或配置文件特定中断	2~24（4）	57	忽略	1
等时同步模式中断	16~26（21）	61~64，≥123	忽略	2
时间错误	22	80	忽略	1
超出最大循环时间			STOP	
诊断中断	2~26（5）	82	忽略	1
移除/插入模块	2~26（6）	83	忽略	1
机架错误	2~26（6）	86	忽略	1
MC 伺服	17~26（26）	91	不适用	1
MC 前置伺服	对应于 MC-Servo 的优先级	67	不适用	1
MC 后置伺服	对应于 MC-Servo 的优先级	95	不适用	1
MC 插补器	16~26（26）	92	不适用	1
MC 预插补器	对应于 MC-Servo 的优先级	68	不适用	1
编程错误 （仅限全局错误处理）	2~26（7）	121	STOP	1
I/O 访问错误（仅限全局错误处理）	2~26（7）	122	忽略	1

　　因为组织块是 CPU 操作系统和用户程序直接的接口，只有 CPU 操作系统会调用组织块。不同的事件会启动各自对应的组织块。CPU 在同一时刻只能执行一个组织块，所以这些组织块在调用的时候需要有一个优先级。S7-1500 PLC 支持的 OB 组织块的优先级从 1（最低）～26（最高），每个 OB 块都有其对应的优先级，括号内是默认优先级，除启动、循环程序和时间错误 OB 块外，OB 块的优先级在块属性中是可以修改的。组织块根据其优先级执行。

　　在项目中新添加一个 PLC 时，系统会自动建立一个 Main［OB1］程序，该程序会在 PLC 的每个扫描周期被调用。类似于 C 里面的 Main，即为程序入口点，可以在 Main 程序里面调用各种函数和块。在项目树中单击添加新块，打开在"添加新块"对话框，如图 5-1 所示，选择组织块 OB，显示出可添加的组织块。

图 5-1　添加新块

3. 程序循环组织块的功能

　　程序循环组织块在 CPU 处于 RUN 模式时，周期性地循环执行。在程序循环组织块中放置控制程序的指令或调用其他功能块（FC 或 FB）。需要连续运行的程序存储在循环程序组织块（一般是 OB1）中，当 OB1 中的程序执行完毕后，刷新过程映像区，然后从 OB1 的第一条程序开始执行。

　　循环扫描时间和系统响应时间就是由这些操作决定的。系统响应时间包括 CPU 操作系统总的执行时间和执行所有用户程序的时间。响应时间即输入信号进来到输出动作的时间。

程序循环执行一次需要的时间即为程序的循环扫描周期时间。S7-1500 PLC 最长循环时间缺省设置为 150 ms。如果程序超过了最长循环时间，操作系统将调用 OB80（时间错误组织块），如果没有 OB80 则 CPU 停机。

S7-1500 PLC 允许使用最多 100 个程序循环组织块，按 OB 的编号顺序执行。OB1 是默认设置，其他程序循环 OB 的编号必须大于或等于 123。程序循环组织块的优先级为 1，可被高优先级的组织块中断。

当 CPU 操作系统调用另外的组织块时，因为程序循环组织块的优先级最低，所以程序循环的执行被打断，任何其他的组织块都可以中断程序循环组织块并执行，执行完毕后从中断处开始恢复执行程序循环组织块。

同时发出多个 OB 请求时，高优先级的组织块可中断低优先级的组织块。同一个优先级的组织块同时触发时，不相互中断，而是一个接一个地按块的编号由小到大依次执行。

4. 操作系统的执行过程

（1）CPU 操作系统启动扫描循环监视时间。

（2）CPU 操作系统将输出过程映像区的值写到输出模块。

（3）CPU 操作系统读取输入模块的输入状态，并更新输入过程映像区。

（4）CPU 操作系统处理用户程序并执行程序中包含的运算。

（5）当循环结束时，CPU 操作系统执行所有未决的任务，例如加载和删除块，或调用其他循环 OB。

（6）最后，CPU 返回循环起点，并重新启动扫描循环监视时间。

组织块执行过程如图 5-2 所示。

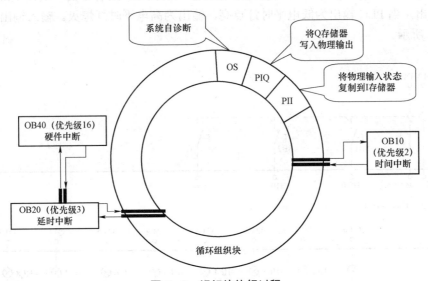

图 5-2　组织块执行过程

项目 5.1　启动组织块的应用

扫码观看项目
功能演示

一、学习目标

1. 知识目标

掌握启动组织块的使用。

2. 技能目标

能利用启动组织块对 PLC 进行初始化。

熟悉 TIA Portal 软件操作和编程调试。

掌握 PLC 的外部接线。

二、控制要求

数据初始化：八个指示灯，在 PLC 启动时，八个灯全部熄灭，按下按钮 1，奇数号指示灯点亮；按下按钮 2，偶数号指示灯点亮；按下停止按钮所有灯熄灭。

三、硬件电路设计

硬件电路如图 5-3 所示，为减轻 PLC 输出接口的负载，所有灯的一端接电源，一端接 PLC 的输出，当 PLC 输出为低电平时灯点亮，输出为高电平时灯熄灭。输入输出端口分配如表 5-3 所示。

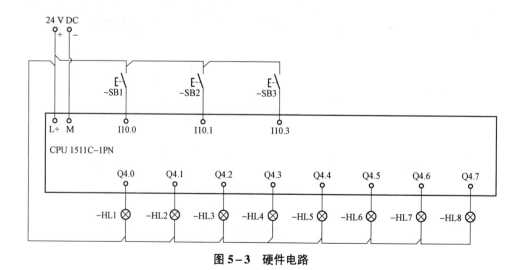

图 5-3　硬件电路

表 5-3 输入输出端口分配

输入端口			输出端口		
输入点	输入器件	功能	输出点	输出器件	功能
I10.0	SB1	启动按钮 1	Q4.0	HL1	指示灯 1
I10.1	SB2	启动按钮 2	Q4.1	HL2	指示灯 2
I10.2	SB3	停止按钮	Q4.2	HL3	指示灯 3
			Q4.3	HL4	指示灯 4
			Q4.4	HL5	指示灯 5
			Q4.5	HL6	指示灯 6
			Q4.6	HL7	指示灯 7
			Q4.7	HL8	指示灯 8

四、项目知识储备

1. 启动组织块

启动组织块（Startup）用于系统初始化，CPU 操作系统从"STOP"模式切换到"RUN"模式时，将调用执行一次启动组织块，开始执行循环用户程序之前首先要执行启动程序。通过编写相应的启动组织块，可以在启动程序中指定循环程序的初始化变量。可以创建一个或多个启动组织块，也可以不创建组织块。默认的是 OB100，其他启动组织块的编号应大于等于 123，如果有多个启动组织块，则按照 OB 编号依次调用，从最小 OB 编号开始调用。一般情况只需要一个启动组织块。启动组织块的执行过程如图 5-4 所示。

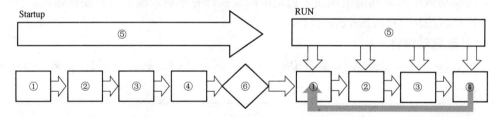

图 5-4 启动组织块的执行过程

Startup:
① 清除 I 映像存储区。
② 使用上一个值或替换值对输出执行初始化。
③ 执行启动 OB。
④ 将物理输入的状态复制到 I 存储器。
⑤ 将所有的中断事件存储到要进入 RUN 模式后处理的队列中。
⑥ 启动 Q 存储器写入到物理输出的操作。
RUN:
① 将 Q 存储器写入到物理输出。
② 将物理输入的状态复制到 I 存储器。
③ 执行程序循环 OB。
④ 执行自检诊断。
⑤ 在扫描周期的任何阶段处理中断和通信。

2. 启动组织块执行特性

（1）禁用模块上的输出。根据相应模块的参数设置，禁用或响应所有输出：将提供参数中所设置的替换值或保持上一个值输出并将控制过程转为安全操作模式。

（2）将初始化过程映像，并不更新过程映像，过程映像输入/输出的所有值均为 0。

（3）在启动过程中从输入中读取当前状态，可以通过直接 I/O 访问来访问输入。要在启动模式下读取物理输入的当前状态，必须对输入执行立即读取操作，例如 I0.0：P。

（4）启动过程中初始化输出，可以通过过程映像或直接 I/O 访问来写入值。在转换为 RUN 过程中将在输出中输出这些值。

（5）CPU 始终以暖启动方式启动。

① 将初始化非保持性位存储器、定时器和计时器。

② 将初始化数据块中的非保持性变量。

（6）启动组织块的执行没有时间限制。在启动期间，不运行循环时间监视。

（7）执行启动组织块。无论选择了哪种启动类型，都将执行所有设定的启动 OB。启动组织块执行完毕后，读入过程映像输入，开始执行程序循环组织块（Program cycle）。

（8）如果出现相应的事件，那么可以在启动期间启动以下 OB：

① OB 82：诊断中断。

② OB 83：移除/插入模块。

③ OB 86：机架错误。

④ OB 121：编程错误（仅限全局错误处理）。

⑤ OB 122：I/O 访问错误（仅限全局错误处理）。

在转换为"RUN"操作模式之前，所有其他组织块（如时间驱动、中断驱动的组织块）都无法启动。在此时过程映像输入的所有值均为 0。启动组织块的执行没有时间限制。不能使用时间驱动或中断驱动的组织块。启动组织块执行完毕后，读入过程映像输入，开始执行程序循环组织块（Program cycle）。

3. 设置启动特性

在设备和组态中，选择 CPU 属性中的"启动"组态改 CPU 启动的特性，如图 5-5 所示。

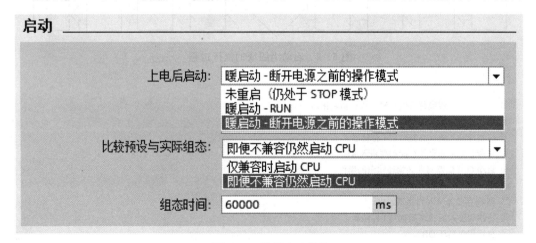

图 5-5 设置启动特性

（1）在上电后启动：设置启动类型为未重启、暖启动–RUN 和暖启动–断开电源之前的操作模式。

（2）比较预设与实际组态：在 S7–1500 站的实际组态与预设组态的不匹配的情况下指定启动特性。该参数适用于 CPU 和所有未选择其他设置的模块。

① 仅在兼容时启动 CPU：在这种设置下，实际组态与预设组态兼容。兼容指与当前的模块的输入和输出数量相匹配，而且电气和功能特性也相匹配。兼容模块必须能够完全替换已组态的模块；功能性可以更多，但不能比替换的模块少。如果不兼容，则 CPU 无法启动。

② 即使不兼容仍然启动 CPU：CPU 的启动与所插入的模块类型无关。

（3）组态时间：指定最大时间段（默认值：60 000 ms），在 CPU 启动过程中，为通信模块 CM 和 CP 提供电压和通信参数。组态时间限制的时间段内连接到 CM 或 CP 的 I/O 模块必须做好操作准备。

① 集中式 I/O 和分布式 I/O 在参数分配时间内准备就绪，CPU 将立即转入 RUN 模式。

② 如果集中式 I/O 和分布式 I/O 在组态时间内未准备就绪，则 CPU 的启动特性将取决于硬件兼容性设置。

五、项目实施

1. PLC 硬件组态

打开 TIA Portal 软件，打开项目视图，单击"▫"新建项目按钮，新建一个项目，并命名为"启动组织块应用"。双击"添加新设备"，添加 PLC 为 CPU 1511C–1PN，订货号为 6ES7 511–1CK01–0AB0，版本号 2.8 应与实际的 PLC 一致。

扫码观看项目演示
完成过程

2. 编写程序

在博途软件项目视图的项目树中，双击"添加新块"，在弹出的窗口中先单击选择"组织块"，再单击选择"Startup"，可以看到选择自动编号的情况下，默认的组织块编号是 OB100，如图 5–6 所示。单击"确定"后，在项目树视图中可以看到已添加的组织块 OB100 出现在程序块中显示为"Startup［OB100］"，如图 5–7 所示。

在 OB100 中编写如图 5–8 所示程序，将十六进制的 FF 传送到 QB4 中，指令执行后对应的 Q4.0～Q4.7 这八个输出位均为 1，PLC 启动后对应的八个指示灯均熄灭。

编写如图 5–9 所示程序。程序段 1，按下按钮 SB1，把值 2#10101010 传入 QB4 字节，Q4.0、Q4.2、Q4.4、Q4.6 为 0，对应的指示灯 HL1、HL3、HL5、HL7 点亮；程序段 2，按下按钮 SB2，把值 2#01010101 传入 QB4 字节，Q4.1、Q4.3、Q4.5、Q4.7 为 0，对应的指示灯 HL2、HL4、HL6、HL8 点亮；按下 SB3 按钮，把 16#FF 传入 QB4 字节，所有的位均为 1，对应的全部指示灯熄灭。

图 5-6　添加启动组织块 OB100

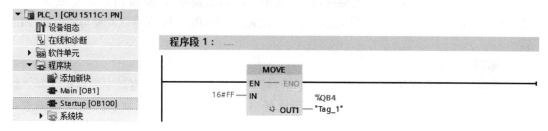

图 5-7　已添加 OB100　　　　　　　图 5-8　OB100 中的程序

3. 仿真运行

（1）打开 S7-PLCSIM 并下载程序。

（2）监控程序运行。

4. 联机调试

（1）断电情况下按照图 5-3 所示电路原理图接线。

（2）接通电源，下载程序。

（3）监控程序运行，监控 PLC 变量及程序，观察指示灯运行状态，分析是否满足控制要求。

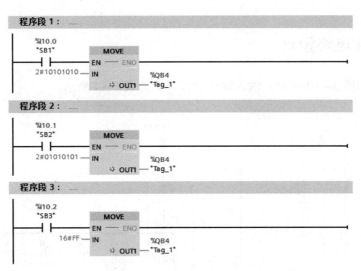

图 5-9　OB1 中的程序

六、项目扩展

（1）　使用多个启动组织块进行不同的初始化。

（2）　在兼容时启动 CPU 功能，使用具有 32 个数字量输入的 DI 32×24VDC HF 输入模块兼容替代具有 16 个数字量输入的 DI 16×24VDC HF 输入模块。

项目 5.2　时间中断组织块的应用

一、学习目标

1. 知识目标

掌握时间中断组织块的使用。

2. 技能目标

会编程使用时间中断组织块。

熟悉 TIA Portal 软件操作和编程调试。

掌握 PLC 的外部接线。

扫码观看项目
功能演示

二、控制要求

应用时间中断组织块实现定时启动电动机控制，按下启动按钮，从指定的时间开始，电动机每分钟运行 20 s。按下停止按钮，电动机停止。当发生电动机过载故障时，电动机停止。

三、硬件电路设计

硬件电路如图 5-10 所示，输入输出端口分配如表 5-4 所示。

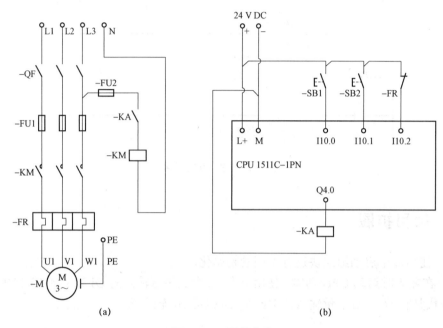

图 5-10 硬件电路

（a）主电路；（b）控制电路

表 5-4 输入输出端口分配

输入端口			输出端口		
输入点	输入器件	功能	输出点	输出器件	功能
I10.0	SB1	启动按钮	Q4.0	KA	通过接触器 KM 控制电动机
I10.1	SB2	停止按钮			
I10.2	FR	过载保护			

四、项目知识储备

1. 时间中断组织块

时间中断组织块用于在设置的日期时间产生一次中断，或者在设置的日期时间到达后，按每分钟、每小时、每天、每周、每月、每年、月末产生一次中断，周期性的重复运行。时间中断组织块的 OB 号为 10～17 或大于等于 123。只有在设置并激活了时间中断，且程序中存在相应组织块的情况下，才能运行时间中断。可以用指令来设置、激活、取消、查询时间中断，也可以通过组态设置激活时间中断。

2. 设置时间中断 SET_TINT 和 SET_TINTL 指令

设置时间中断指令用于设置中断的起始日期时间 SDT 和时间间隔 PERIOD，而不在硬件配置中进行设置。SET_TINT 和 SET_TINTL 指令如表 5-5 所示，LOCAL 和 ACTIVATE 两个参数只在 SET_TINTL 指令中有。

（1）参数 OB_NR 输入待设置开始日期和时间的时间中断组织块 OB 编号。

（2）参数 SDT 指定时间中断的起始日期时间。

① SET_TINT 的数据类型是 DT（DATE_AND_TIME）存储日期和时间信息，格式为 BCD，长度 8 字节，最小值：DT#1990-01-01-00：00：00.000，最大值：DT#2089-12-31-23：59：59.999。

② SET_TINTL 的数据类型是 DTL，长度 12 字节，最小值：DTL#1970-01-01-00：00：00.000，最大值：DTL#2554-12-31-23：59：59.999 999 999。

（3）参数 PERIOD 指定调用时间中断组织块的频率。

如果要指定一个每月的日期时间中断 OB，则开始日期只能为 1、2、…、28 日。这一限制条件将防止跳过每月调用（例如，30 天的月份或 2 月份）。要在当月的 29、30 和 31 日进行调用时，则可将参数 PERIOD 设置为"月末"（W#16#2001）。

（4）参数 LOCAL 选择由参数 SDT 所指定的时间为本地时间或是系统时间。

（5）参数 ACTIVATE，可指定组织块用于该设置的时间。

① ACTIVATE = true：直接应用这些设置。

② ACTIVATE = false：仅在"ACT_TINT"调用后应用设置。

（6）参数 RET_VAL，如果指令在执行过程中发生错误，则产生一个错误代码返回到 RET_VAL。错误代码如表 5-6 所示。

表 5-5　SET_TINT 和 SET_TINTL 指令

LAD	参数	说明	数据类型	存储区
	SDT	开始日期和开始时间	DT/DTL	D、L、常数
	OB_NR	时间中断 OB 号	OB_TOD	
	LOCAL	0：使用系统时间 1：使用本地时间	Bool	
	PERIOD	从 SDT 开始计时的执行时间间隔： W#16#0000：单次执行 W#16#0201：每分钟一次 W#16#0401：每小时一次 W#16#1001：每天一次 W#16#1201：每周一次 W#16#1401：每月一次 W#16#1801：每年一次 W#16#2001：月末	Word	I、Q、M、D、L、常数
	ACTIVATE	0：设置时间中断，并在调用"ACT_TINT"时激活； 1：设置并激活时间中断	Bool	
	RET_VAL	指令执行中如发生错误产生的错误代码	Int	I、Q、M、D、L

表 5-6　SET_TINT 和 SET_TINTL 指令参数 RET_VAL

错误代码	说明
W#16#0000	未发生错误
W#16#8090	参数 OB_NR 错误（未寻址到时间中断 OB）
W#16#8091	参数 SDT 错误（所指定的日期和时间无效）
W#16#8092	参数 PERIOD 错误
W#16#80A1	该起始时间已过（仅在 PERIOD＝W#16#0000 时发生该错误代码）

3. 激活时间中断指令 ACT_TINT 和取消时间中断指令 CAN_TINT

指令 ACT_TINT 用于在用户程序中激活时间中断组织块。其指令参数如表 5-7 所示。在执行该指令之前，时间中断组织块必须已经设置了开始日期时间。如果指令在执行过程中发生错误，则产生一个错误代码返回到 RET_VAL。错误代码如表 5-8 所示。

表 5-7　ACT_TINT 指令

LAD	参数	说明	数据类型	存储区
ACT_TINT —EN　ENO— —OB_NR　RET_VAL—	OB_NR	时间中断 OB 号	OB_TOD	I、Q、M、D、L、常数
	RET_VAL	指令执行中如发生错误产生的错误代码	Int	I、Q、M、D、L

表 5-8　ACT_TINT 指令参数 RET_VAL

错误代码	说明
W#16#0000	未发生错误
W#16#8090	参数 OB_NR 错误（未寻址到时间中断 OB）
W#16#80A0	参数 SDT 错误（所指定的日期和时间无效）
W#16#80A1	该起始时间已过（仅在 PERIOD＝W#16#0000 时发生该错误代码）

指令 CAN_TINT 取消激活的时间中断组织块。CAN_TINT 指令如表 5-9 所示。如要再次调用时间中断组织块，需要用 SET_TINT 或 SETTINTL 指令复位开始时间，然后激活时间中断。如果指令在执行过程中发生错误，则产生一个错误代码返回到 RET_VAL。错误代码如表 5-10 所示。

表 5-9　CAN_TINT 指令

LAD	参数	说明	数据类型	存储区
CAN_TINT —EN　ENO— —OB_NR　RET_VAL—	OB_NR	时间中断 OB 号	OB_TOD	I、Q、M、D、L、常数
	RET_VAL	指令执行中如发生错误产生的错误代码	Int	I、Q、M、D、L

表 5－10　CAN_TINTT 指令参数 RET_VAL

错误代码	说明
W#16#0000	未发生错误
W#16#8090	参数 OB_NR 错误（未寻址到时间中断 OB）
W#16#80A0	参数 SDT 错误（所指定的日期和时间无效）

4. 查询时钟中断状态指令 QRY_TINT

指令 QRY_TINT 在 STATUS 输出中显示时间中断组织块的状态。指令参数如表 5－11 所示。如果指令在指令执行过程中发生错误，则产生一个错误代码返回到 RET_VAL。错误代码如表 5－12 所示。参数 STATUS 各位的含义如表 5－13 所示。

表 5－11　QRY_TINT 指令

LAD	参数	说明	数据类型	存储区
QRY_TINT EN　　　ENO OB_NR 　　　　RET_VAL 　　　　STATUS	OB_NR	时间中断 OB 号	OB_TOD	I、Q、M、D、L、常数
	RET_VAL	指令执行中如发生错误产生的错误代码	Int	I、Q、M、D、L
	STATUS	时间中断的状态	Word	I、Q、M、D、L

表 5－12　QRY_TINT 指令参数 RET_VAL

错误代码	说明
W#16#0000	未发生错误
W#16#8090	参数 OB_NR 错误（未寻址到时间中断 OB）

表 5－13　参数 STATUS 各位的含义

位	其他		6		4		2		1		0	
值	0	1	0	1	0	1	0	1	0	1	0	
说明	－	本地时间	系统时间	OB_NR 存在	OB_NR 不存在	已激活	未激活	禁用	启用	启动	运行	

5. 通过组态设置激活时间中断

在已经添加的时间中断组织块处单击鼠标右键选择属性，在组织块属性窗口中选择常规页面下的时间中断，即可组态设置时间中断组织块，如图 5－11 所示。

6. 使用时间中断组织块需要注意问题

（1）每次 CPU 启动之后，必须重新激活先前设置的时间中断。

（2）当参数 PERIOD 重复周期设置为每月，则必须将 SDT 参数的起始日期设置为 1～28 日中的一天。

（3）如果组态时间中断时设置相应 OB 只执行一次，则启动时间一定不能为过去的时间。

（4）如果组态时间中断时设置周期性执行相应 OB，但启动时间已过，则将在下次的这个时间执行该时间中断。

（5）调用 ACT_TINT 激活的时间中断不会在激活结束前执行。

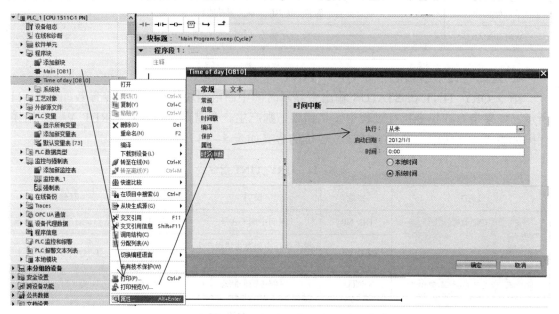

图 5-11 组态设置时间中断

五、项目实施

1. PLC 硬件组态

打开 TIA Portal 软件，打开项目视图，单击 新建项目按钮，新建一个项目，并命名为"时间中断组织块应用"。双击"添加新设备"，添加 PLC 为 CPU 1511C-1PN，订货号为 6ES7 511-1CK01-0AB0，版本号 2.8 应与实际的 PLC 一致。

扫码观看项目演示
完成过程

2. 编写程序

在博途软件项目视图的项目树中，双击"添加新块"，在弹出的窗口中先单击选择"组织块"，再单击选择"Time of day"，可以看到选择自动编号的情况下，默认的组织块编号是 OB10，可以在名称处对组织块的名称进行修改，如图 5-12 所示。

OB10 中编写如图 5-13 所示程序。在每次进入时间中断组织块 OB10 时置位 M2.1。

OB1 中编写如图 5-14 所示程序。程序段 4～7 分别可对时间中断组织块进行设置、激活、取消激活、查询。程序段 1，按下按钮 SB1，M2.0 线圈得电，这样当时间中断 OB10 调用时置位 M2.1。程序段 2，M2.1 常开触点闭合，定时器 T0 启动，Q4.0 线圈得电，电动机运行 20 s。程序段 3，当定时器 T0 触点出现下降沿或停止按钮按下时复位 M2.1，定时器 T0 输出为 0，Q4.0 线圈失电，电动机停止运行。

图 5-12　添加时间中断组织块 OB10

程序段 1：...

%M2.0
"Tag_1"

%M2.1
"Tag_4"
(S)

图 5-13　时间中断组织块 OB10 中程序

3. 仿真运行

（1）打开 S7-PLCSIM 并下载程序。

（2）监控程序运行。

4. 联机调试

（1）断电情况下按照图 5-10 所示电路原理图接线。

（2）接通电源，下载程序。

（3）监控程序运行，监控 PLC 变量及程序，观察电动机周期运行状态，分析是否满足控制要求。

六、项目扩展

（1）　修改程序使用 SET_TINTL 指令进行时间中断组织块的初始化及激活，重新完成项目。

（2）　通过组态设置激活时间中断，重新完成项目。

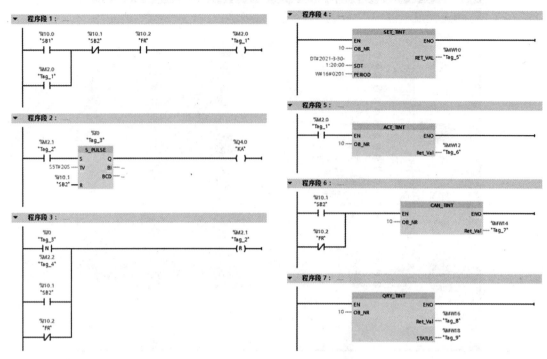

图 5-14 循环程序 OB1 中程序

项目 5.3 硬件中断组织块的应用

一、学习目标

扫码观看项目
功能演示

1. 知识目标
掌握硬件中断组织块的使用。
2. 技能目标
会编程使用硬件中断组织块。
熟悉 TIA Portal 软件操作和编程调试。
掌握 PLC 的外部接线。

二、控制要求

利用硬件中断进行电动机控制，按下启动按钮，电动机运行。按下停止按钮或发生电动机过载故障时，电动机停止。（启动按钮上升沿触发硬件中断进入硬件中断 OB40，停止按钮上升沿或热继电器常闭触点下降沿触发的硬件中断均进入硬件中断 OB41）。

三、硬件电路设计

硬件电路如图 5－15 所示，输入输出端口分配如表 5－14 所示。

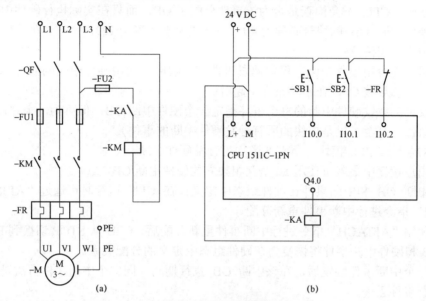

图 5－15　硬件电路

（a）主电路；（b）控制电路

表 5－14　输入输出端口分配

输入端口			输出端口		
输入点	输入器件	功能	输出点	输出器件	功能
I10.0	SB1	启动按钮	Q4.0	KA	通过接触器 KM 控制电动机
I10.1	SB2	停止按钮			
I10.2	FR	过载保护			

四、项目知识储备

1. 硬件中断组织块

硬件发生变化时将触发硬件中断事件，例如数字输入端的上升沿和下降沿事件或者 HSC（High Speed Counter，高速计数器）事件。硬件中断 OB 在发生相关硬件事件时执行。用于快速响应中断事件，硬件中断组织块将中断正常的循环程序优先执行来响应硬件事件信号，以便可以快速的响应并执行硬件中断 OB 中的程序（例如立即停止某些关键设备）。

中断触发模块将触发一个硬件中断，该硬件中断将发送至 CPU。CPU 随后根据该中断的优先级执行所分配的组织块。如果当前活动的 OB 优先级低于该硬件中断 OB，则启动此硬件中断 OB，否则，硬件中断 OB 会被置于对应优先级的队列中。相应硬件中断 OB 完成执行后，即确认了该硬件中断。

可以在硬件配置的属性中预先定义硬件中断事件，一个硬件中断事件只允许对应一个硬件中断 OB，而一个硬件中断 OB 可以分配给多个硬件中断事件。在 CPU 运行期间，可使用"ATTACH"附加指令和"DETACH"分离指令对中断事件重新分配，这种情况下，只更改实际有效的分配，而不是已组态的分配。组态的分配将在加载后以及每次启动时生效。CPU 将忽略那些组态中没有分配 OB 的硬件中断以及 DETACH 指令后发生的硬件中断。当事件到达时，CPU 不会检查是否为该事件分配了 OB，而只在实际执行硬件中断之前进行检查。硬件中断 OB 的编号必须为 40～47，或大于、等于 123。

硬件中断使用注意：

（1）尽可能少用硬件中断，仅对偶发事件进行响应。使用硬件中断响应常发生事件浪费资源，可能会导致 CPU 在不利条件下超时。

（2）仅可为触发硬件中断的每个事件指定一个硬件中断 OB，但可为一个硬件中断 OB 指定多个事件（甚至可以是模块的所有触发硬件中断的事件）。

（3）S7-1500 PLC 模块，所有通道均可触发硬件中断。

（4）用户程序中最多可使用 50 个互相独立的硬件中断 OB。

（5）中断 OB 和中断事件在硬件组态中定义；在 CPU 运行时可通过"ATTACH"和"DETACH"指令进行中断事件重新分配。

（6）使用"ATTACH"指令进行中断事件重新分配后，CPU 从 STOP 切换到 RUN 时硬件中断 OB 和硬件中断事件将恢复为在硬件组态中定义的分配关系。

（7）一个中断事件触发后，在该中断 OB 执行期间，同一个中断事件再次发生，则新发生的中断事件丢失。

（8）一个中断事件触发后，在该中断 OB 执行期间，又发生多个不同的中断事件，则新发生的中断事件进入排队，等待第一个中断 OB 执行完毕后依次执行。

（9）只有在 CPU 处于 RUN 模式时才会调用硬件中断 OB。

2. 关联中断事件 ATTACH 指令

可以使用指令"ATTACH"为硬件中断事件指定一个组织块（OB）。在 OB_NR 参数中输入要关联的组织块的符号或数字名称。随后将其分配给 EVENT 参数中指定的事件。在 EVENT 参数处选择硬件中断事件。已经生成的硬件中断事件列在"系统常量"（System constants）的 PLC 变量中。使用 ADD 参数指定应取消还是保留该组织块到其他事件的先前指定。ADD 参数的值为"0"，则现有指定将替换为最新指定；ADD 参数的值为"1"，则该事件将添加到此 OB 之前的事件分配中。

如果在成功执行"ATTACH"指令后发生了 EVENT 参数中的事件，则将调用 OB_NR 参数中的组织块并执行其程序。ATTACH 指令如表 5-15 所示，ATTACH 指令参数 RET_VAL 如表 5-16 所示。

表 5-15　ATTACH 指令

LAD	参数	说明	数据类型	存储区
	OB_NR	要关联的硬件中断 OB 号	OB_ATT	
	EVENT	需要关联/分离的硬件中断事件名称	EVENT_ATT	
ATTACH EN　ENO OB_NR　RET_VAL EVENT ADD	ADD	ADD=0（默认值）：该事件将取代先前为此 OB 分配的所有事件。 ADD=1：该事件将添加到此 OB 中	Bool	I、Q、M、D、L、常数
	RET_VAL	指令的状态	Int	I、Q、M、D、L

表 5–16　ATTACH 指令参数 RET_VAL

错误代码	说明
W#16#0000	未发生错误
W#16#8090	OB 不存在
W#16#8091	OB 类型错误
W#16#8093	事件不存在

3. 分离中断事件 DETACH 指令

使用"DETACH"指令取消组织块到一个或多个硬件中断事件的现有分配。在 OB_NR 参数中输入要分离了的组织块的符号或数字名称,将取消 EVENT 参数中指定的事件分配。如果在 EVENT 参数处选择了单个硬件中断事件,则将取消 OB 到该硬件中断事件的分配。当前存在的所有其他分配仍保持激活状态。可以使用操作数占位符下拉列表选择一个单独的硬件中断事件。如果未选择硬件中断事件,则当前分配给此 OB_NR 组织块的所有事件都会被分开。DETACH 指令如表 5–17 所示,DETACH 指令参数 RET_VAL 如表 5–18 所示。

表 5–17　DETACH 指令

LAD	参数	说明	数据类型	存储区
DETACH EN　　　　ENO OB_NR　　RET_VAL EVENT	OB_NR	要分离的硬件中断 OB 号	OB_ATT	I、Q、M、D、L、常数
	EVENT	需要关联/分离的硬件中断事件名称	EVENT_ATT	
	RET_VAL	指令的状态	Int	I、Q、M、D、L

表 5–18　DETACH 指令参数 RET_VAL

错误代码	说明
W#16#0000	未发生错误
W#16#0001	不存在任何分配(警告)
W#16#8090	OB 不存在
W#16#8091	OB 类型错误
W#16#8093	事件不存在

五、项目实施

1. PLC 硬件组态

打开 TIA Portal 软件,打开项目视图,单击"🖿"新建项目按钮,新建一个项目,并命名为"硬件中断组织块应用"。双击"添加新设备",添加 PLC 为 CPU 1511C–1PN,订货号为 6ES7 511–1CK01–0AB0,版本号 2.8 应与实际的 PLC 一致。

然后为 I10.0、I10.1 和 I10.2 分别组态硬件中断。在数字量模块的属性

扫码观看项目演示
完成过程

中依次单击输入→通道0→硬件中断→启用上升沿中断，如图5-16所示。单击硬件中断右侧的"..."为硬件中断选择相应的 OB 块，选择新增，弹出如图5-17所示对话框，可以看到选择自动编号的情况下，默认的组织块编号是 OB40，可以在名称处对组织块的名称进行修改，单击"确定"，然后可以看到在硬件中断处已经分配了刚建立的硬件中断组织块"Hardware interrupt"，如图5-18所示。如此操作为通道1和通道2分别组态硬件中断，以及关联硬件中断组织块。

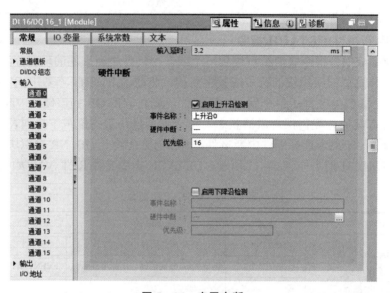

图 5-16　启用中断

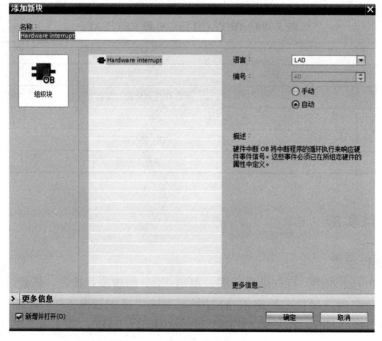

图 5-17　添加硬件中断组织块

图 5 – 18　硬件中断关联组织块

在为硬件中断关联相应的硬件中断组织块时也可以选择已有的硬件中断组织块。先添加新的硬件中断组织块，在博途软件项目视图的项目树中，双击"添加新块"，在弹出的窗口中先单击选择"组织块"，再单击选择"Hardware interrupt"，可以看到选择自动编号的情况下，默认的组织块编号是 OB40，可以在名称处对组织块的名称进行修改，如图 5 – 19 所示。然后在图 5 – 16 中选择硬件中断右侧的"…"为硬件中断选择相应的 OB 块。

图 5 – 19　添加硬件中断组织块

2. 编写程序

当硬件输入 I10.0 上升沿时，触发硬件中断 OB40（电动机运行）；当硬件输入 I10.1 上升沿时或 I10.2 下降沿时，触发硬件中断 OB41（电动机停止），硬件中断事件和硬件中断 OB

关系如图 5-20 所示。

在 OB40 中编写如图 5-21 所示程序，当硬件输入 I10.0 上升沿时，触发中断，执行 Q4.0 置位，电动机运行；在 OB41 中编写如图 5-22 所示程序，当硬件输入 I10.1 上升沿时或 I10.2 下降沿时，触发中断，执行 Q4.1 复位，电动机停止运行。在 OB1 中无须编写程序即可实现控制要求。

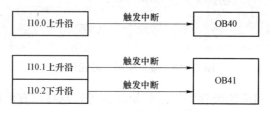

图 5-20　硬件中断事件和硬件中断 OB 关系

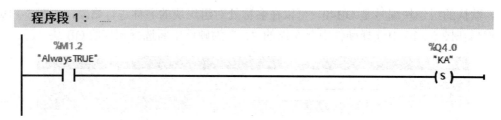

图 5-21　OB40 中的程序

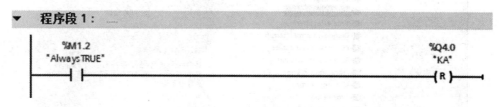

图 5-22　OB41 中的程序

3. 联机调试

（1）断电情况下按照图 5-15 所示电路原理图接线。

（2）接通电源，下载程序。

（3）监控程序运行，监控 PLC 变量及程序，观察电动机周期运行状态，分析是否满足控制要求。

六、项目扩展

（1）　修改程序分别记录 OB40 和 OB41 的执行次数。

（2）　使用"ATTACH"附加指令和"DETACH"分离指令对中断事件重新分配。

项目 5.4　循环中断组织块的应用

扫码观看项目
功能演示

一、学习目标

1. 知识目标

掌握循环中断组织块的使用。

2. 技能目标

使用循环中断组织块进行编程。

熟悉 TIA Portal 软件操作和编程调试。

掌握 PLC 的外部接线。

二、控制要求

八个指示灯，在 PLC 启动时，八个灯全部熄灭，选择开关用于控制指示灯的移位方向，按钮 1 控制指示灯移位的启动，按钮 2 停止指示灯的移位。按下停止按钮所有灯熄灭。

三、硬件电路设计

硬件电路如图 5-23 所示，输入输出端口分配如表 5-19 所示。

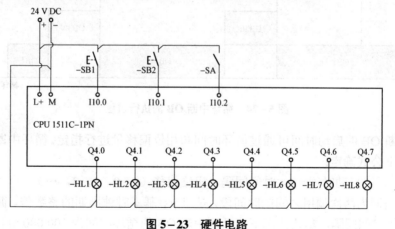

图 5-23　硬件电路

表 5-19　输入输出端口分配

输入端口			输出端口		
输入点	输入器件	功能	输出点	输出器件	功能
I10.0	SB1	启动按钮 1	Q4.0	HL1	指示灯 1
I10.1	SB2	停止按钮	Q4.1	HL2	指示灯 2
I10.2	SA	选择开关	Q4.2	HL3	指示灯 3

续表

输入端口			输出端口		
输入点	输入器件	功能	输出点	输出器件	功能
			Q4.3	HL4	指示灯 4
			Q4.4	HL5	指示灯 5
			Q4.5	HL6	指示灯 6
			Q4.6	HL7	指示灯 7
			Q4.7	HL8	指示灯 8

四、项目知识储备

1. 循环中断

循环中断是指根据循环中断 OB 指定执行循环触发的中断。循环中断 OB 以周期性时间间隔启动程序，而与循环程序执行无关。S7-1500 PLC 最多支持 20 个循环中断 OB，在创建循环中断 OB 时设定固定的间隔扫描时间，可为循环中断选择 2～24 的优先级，这样循环中断的优先级高于循环程序，循环中断将增加循环程序的执行时间。循环中断 OB 的执行过程如图 5-24 所示，PLC 启动后开始计时，当到达固定的时间间隔后，操作系统将启动相应的循环中断 OB，图中是 OB30。

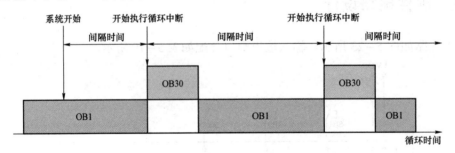

图 5-24　循环中断 OB 的执行过程

循环中断 OB 的启动时间可通过循环时间和相位偏移量进行指定。循环中断 OB 的启动时间根据以下公式确定：

$$启动时间 = n \times 时间间隔 + 相位偏移（n = 0，1，2，\cdots）$$

时间间隔即为两次调用之间的时间段，是 1 μs 基本时钟周期的整数倍。循环时间将决定调用 OB 的时间间隔。默认情况下，循环中断 OB 的循环时间为 100 000 μs。

相位偏移量为与基本时钟周期相比，启动时间的偏差时间。相位偏移量用于提高循环中断程序的处理时间间隔的准确性。如果使用多个循环中断 OB，当这些循环中断 OB 的时间基数有公倍数时，则可通过相位偏移量以精确的间隔执行这些 OB，防止多个循环中断 OB 同时启动。

当使用多个时间间隔相同的循环中断事件时，设置相位偏移时间可使时间间隔相同的循环中断事件彼此错开一定的相移时间执行。如图 5-25 所示，没有设置相位偏移时间，以相同的时间间隔调用两个 OB，则低优先级的 OB 块将不能以固定间隔时间 t 执行，何时执行受高优先级的 OB 执行时间影响。如图 5－26 所示，设置了相位偏移时间，低优先级的 OB 块可以以固定间隔时间 t 执行，相移时间应大于较高优先级 OB 块的执行时间。

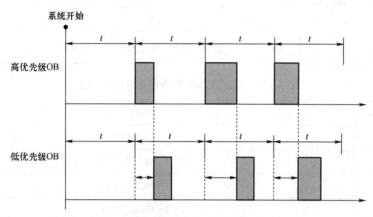

图 5－25　没有相位偏移时间的循环中断组织块

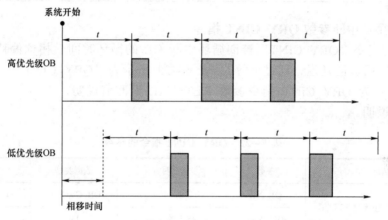

图 5－26　有相位偏移时间的循环中断组织块

在 CPU 运行期间，可以使用"SET_CINT"指令重新设置循环中断的间隔扫描时间、相移时间；同时还可以使用"QRY_CINT"指令查询循环中断的状态。循环中断 OB 的编号必须为 30～38，或大于、等于 123。

2. 设置循环中断参数 SET_CINT 指令

可以使用"SET_CINT"指令设置循环中断 OB 的参数。根据 OB 的具体时间间隔和相位偏移，生成循环中断 OB 的开始时间。如果不存在该 OB 或者不支持所用的时间间隔，则 RET_VAL 参数中会输出对应的错误报警。如果 CYCLE 参数中的时间间隔为"0"，表示未调用该 OB。表 5－20 所示为 SET_CINT 指令的参数，表 5－21 所示为 SET_CINT 指令参数 RET_VAL 返回值说明。

表 5-20　SET_CINT 指令的参数

LAD	参数	说明	数据类型	存储区
SET_CINT EN　　　ENO OB_NR　RET_VAL CYCLE PHASE	OB_NR	OB 号	OB_CYCLIC	I、Q、M、D、L、常数
	CYCLE	时间间隔	UDInt	
	PHASE	相位偏移	UDInt	
	RET_VAL	指令的状态	Int	I、Q、M、D、L

表 5-21　SET_CINT 指令参数 RET_VAL

错误代码	说明
W#16#0000	未发生错误
W#16#8090	OB 不存在或者类型错误
W#16#8091	时间间隔不正确
W#16#8092	相位偏移不正确
W#16#80B2	没有为 OB 指定事件

3. 查询循环中断参数 QRY_CINT 指令

可以使用指令"QRY_CINT"查询循环中断 OB 的循环时间、相位偏移、循环中断的状态（已启用、已延迟、已过期等）。表 5-22 所示为"QRY_CINT"指令的参数，表 5-23 所示为 QRY_CINT 指令参数 RET_VAL 返回值说明，表 5-24 所示为参数"STATUS"说明。

表 5-22　QRY_CINT 指令的参数

LAD	参数	说明	数据类型	存储区
QRY_CINT EN　　　ENO OB_NR　RET_VAL 　　　　CYCLE 　　　　PHASE 　　　　STATUS	OB_NR	OB 号	OB_CYCLIC	I、Q、M、D、L、常数
	RET_VAL	指令的状态	Int	I、Q、M、D、L
	CYCLE	时间间隔	UDInt	
	PHASE	相位偏移	UDInt	
	STATUS	循环中断状态	Word	

表 5-23　QRY_CINT 指令参数 RET_VAL

错误代码	说明
W#16#0000	未发生错误
W#16#8090	OB 不存在或者类型错误
W#16#80B2	没有为 OB 指定事件

表 5-24　参数 STATUS 说明

位	其他	4		2		1	
值	0	1	0	1	0	1	0
说明	—	指定编号的 OB 存在	指定编号的 OB 不存在	已启用循环中断	循环中断未启用或者已到期	已延迟循环中断	已启用循环中断

五、项目实施

1. PLC 硬件组态

打开 TIA Portal 软件，打开项目视图，单击"▣"新建项目按钮，新建一个项目，并命名为"循环中断组织块应用"。双击"添加新设备"，添加 PLC 为 CPU 1511C-1PN，订货号为 6ES7 511-1CK01-0AB0，版本号 2.8 应与实际的 PLC 一致。

扫码观看项目演示完成过程

2. 编写程序

在博途软件项目视图的项目树中，双击"添加新块"，在弹出的窗口中先单击选择"组织块"，再单击选择"Cyclic interrupt"，可以看到选择自动编号的情况下，默认的组织块编号是 OB30，可以在名称处对组织块的名称进行修改，并可以修改循环时间值，如图 5-27 所示，单击确定生成 OB30，在生成新的循环中断组织块后可以在组织块的属性中修改循环中断的循环时间和相移，如图 5-28 所示。

图 5-27　添加循环中断组织块 OB30

149

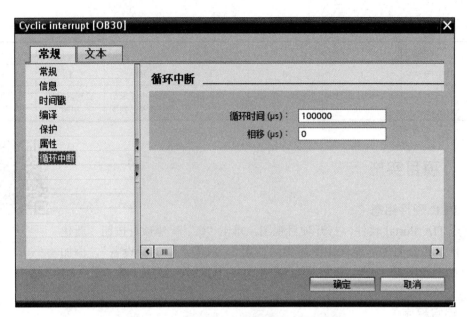

图 5-28　修改循环中断的循环时间和相移

　　在 OB1 中编写如图 5-29 所示程序，程序段 1，控制系统的运行停止；程序段 2，在系统运行的首次，根据开关 SA（I10.2）的通断情况，为 QB4 分配循环初始值，当 I10.2 通时 HL7 灯点亮，当 I10.2 断时 HL1 点亮。

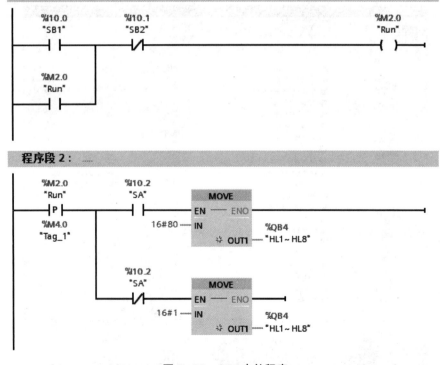

图 5-29　OB1 中的程序

在 OB30 中编写如图 5–30 所示程序，在系统运行的情况下，程序段 1 控制指示灯的循环右移，程序段 2 控制指示灯的循环左移。PLC 每 100 000 μs 进入 OB30 一次，对 QB4 移位一次。

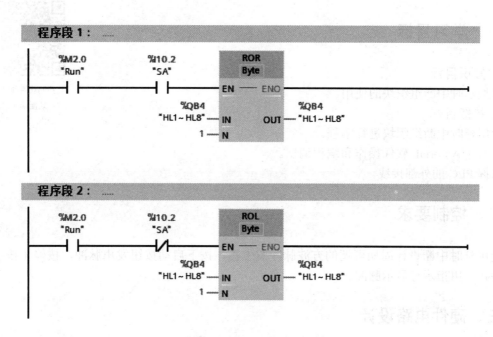

图 5–30　OB30 中的程序

3. 仿真运行

（1）打开 S7–PLCSIM 并下载程序。

（2）监控程序运行。

4. 联机调试

（1）断电情况下按照图 5–23 所示电路原理图接线。

（2）接通电源，下载程序。

（3）监控程序运行，监控 PLC 变量及程序，观察指示灯的周期运行状态，分析是否满足控制要求。

六、项目扩展

（1）使用相位偏移，在用户程序中插入 2 个循环中断 OB：一个 OB 的时间间隔为 20 ms，另一个的时间间隔为 100 ms。使用相位偏移来确保不在 100 ms 的整数倍时同时调用这两个 OB。

（2）使用 QRY_CINT 查询循环中断状态，使用 SET_CINT 指令重新设置循环中断的循环时间和相位偏移时间。

项目 5.5　　延时中断组织块的应用

扫码观看项目
功能演示

一、学习目标

1. 知识目标

掌握延时中断组织块的使用。

2. 技能目标

使用延时中断组织块进行编程。

熟悉 TIA Portal 软件操作和编程调试。

掌握 PLC 的外部接线。

二、控制要求

使用延时中断设计周期可调的方波脉冲发生器，按下启动按钮发出脉冲，按停止按钮脉冲停止，用指示灯显示脉冲。

三、硬件电路设计

硬件电路如图 5-31 所示，输入输出端口分配如表 5-25 所示。

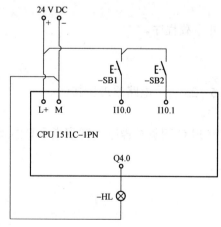

图 5-31　硬件电路

表 5-25　输入输出端口分配

输入端口			输出端口		
输入点	输入器件	功能	输出点	输出器件	功能
I10.0	SB1	启动按钮	Q4.0	HL	指示灯
I10.1	SB2	停止按钮			

四、项目知识储备

1. 延时中断组织块

延时中断属于 S7 的程序执行优先类中断，是用户程序中所组态的延时时间到达后生成的时间中断。延时中断 OB 即 CPU 将随后执行中断组织块。S7-1500 PLC 最多支持 20 个延时中断 OB。

PLC 中的定时器的工作情况与扫描工作方式有关，其定时精度受不断变化的循环扫描周期影响。使用延时中断可以获得精度较高的延时，延时中断以毫秒（ms）为单位定时。

在程序设计时可以采用延时中断在过程事件出现后延时一定的时间再执行程序：

（1）使用"SRT_DINT"指令指定延迟时间、启动内部延迟时间定时器以及将延时中断 OB 子程序与延时超时事件相关联。

（2）使用"CAN_DINT"指令来取消已启动尚未通过操作系统调用其相关延时中断 OB 的延时中断。

（3）使用"QRY_DINT"指令查询延时中断的当前状态。

（4）使用"DIS_AIRT"和"EN_AIRT"指令来禁止和重新启动延时中断。

延时中断 OB 的执行过程，如图 5-32 所示：

（1）在调用"SRT_DINT"指令后开始计算延时时间。

（2）指定的延时时间过去后，将生成可触发相关延时中断 OB 执行的程序中断。

（3）在指定的延时发生之前执行"CAN_DINT"指令可取消进行中的延时中断，如果在执行"SRT_DINT"指令后使用"DIS_AIRT"禁止延时中断，则该中断只有在使用"EN_AIRT"启动延时中断后才会执行，相应的延时时间变长。

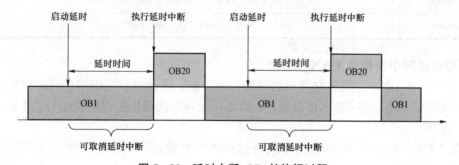

图 5-32 延时中断 OB 的执行过程

使用延时中断注意：

（1）延时中断＋循环中断数量≤20。

（2）延时时间 1～60 000 ms，设置错误的时间，状态返回值 RET_VAL 将报错 16#8091。

（3）延时中断必须通过"SRT_DINT"指令设置参数，使能输入 EN 下降沿开始计时。

（4）使用"CAN_DINT"指令取消已启动的延时中断。

（5）启动延时中断的间隔时间必须大于延时时间与延时中断执行时间之和；否则会导致时间错误。

2. 启动延时中断指令 SRT_DINT

指令"SRT_DINT"用于启动延时中断，在超过参数"DTIME"指定的延时时间后调用"OB_NR"指定的延时中断 OB。要进行延时中断，执行一次延时中断 OB。其指令参数如表 5–26 所示。

如果"SRT_DINT"指令在指令执行过程中发生错误，则产生一个错误代码返回到 RET_VAL。错误代码如表 5–27 所示。

如果延时中断未执行且再次调用指令"SRT_DINT"，则系统将删除现有的延时中断，并启动一个新的延时中断。

通过 DTIME 参数设置延时时间 1~60 000 ms。使用参数 SIGN，可输入一个标识符，用于标识延时中断的开始。参数 DTIME 和 SIGN 的值将显示在被调用组织块的起始信息中。

表 5–26 SRT_DINT 指令的参数

LAD	参数	说明	数据类型	存储区
SRT_DINT EN ENO OB_NR RET_VAL DTIME SIGN	OB_NR	延时时间后执行的 OB 号	Int	I、Q、M、D、L、常数
	DTIME	延时时间（1~60 000 ms）	Time	
	SIGN	延时中断 OB 启动事件信息中出现的标识符	Word	
	RET_VAL	指令的状态	Int	I、Q、M、D、L

表 5–27 SR_DINT 指令参数 RET_VAL

错误代码	说明
W#16#0000	未发生错误
W#16#8090	参数 OB_NR 错误（未寻址到延时中断 OB）
W#16#8091	参数 DTIME 错误（SRT_DINT）

3. 取消延时中断指令 CAN_DINT

指令"CAN_DINT"用于取消已启动的延时中断，因此也可在组态的延时时间后取消延时中断 OB 的调用。在 OB_NR 参数中，可以指定将取消调用的组织块编号。其指令参数如表 5–28 所示。

如果"CAN_DINT"指令在指令执行过程中发生错误，则产生一个错误代码返回到 RET_VAL。错误代码如表 5–29 所示。

表 5–28 CAN_DINT 指令

LAD	参数	说明	数据类型	存储区
CAN_DINT EN ENO OB_NR RET_VAL	OB_NR	要取消调用的 OB 号	Int	I、Q、M、D、L、常数
	RET_VAL	指令的状态	Int	I、Q、M、D、L

表 5-29　CAN_DINT 指令参数 RET_VAL

错误代码	说明
W#16#0000	未发生错误
W#16#8090	参数 OB_NR 错误（未寻址到延时中断 OB）
W#16#80A0	延时中断未启动（CAN_DINT）

4. 查询延时中断状态指令 QRY_DINT

指令"QRY_DINT"用于查询 OB_NR 的延时中断状态，并保存在 STATUS 指定的状态字中。其指令参数如表 5-30 所示。STATUS 各位的含义如表 5-31 所示。

如果"QRY_DINT"指令在指令执行过程中发生错误，则产生一个错误代码返回到 RET_VAL。错误代码如表 5-32 所示。

表 5-30　QRY_DINT 指令的参数

LAD	参数	说明	数据类型	存储区
QRY_DINT EN　　ENO OB_NR　RET_VAL 　　STATUS	OB_NR	要取消调用的 OB 号	Int	I、Q、M、D、L、常数
	RET_VAL	指令的状态	Int	I、Q、M、D、L
	STATUS			

表 5-31　QRY_DINT 指令参数 STATUS 说明

位	其他	4		2		1	
值	–	1	0	1	0	1	0
说明	–	OB_NR 存在	OB_NR 不存在	已激活	未激活/已完成	禁用	启用

表 5-32　QRY_DINT 指令参数 RET_VAL

错误代码	说明
W#16#0000	未发生错误
W#16#8090	参数 OB_NR 错误（未寻址到延时中断 OB）

5. 延时/启动执行较高优先级中断指令 DIS_AIRT/EN_AIRT

使用"DIS_AIRT"和"EN_AIRT"指令可禁用和启用报警中断处理过程。"DIS_AIRT"可延迟新中断事件的处理。可在 OB 中多次执行 DIS_AIRT。使用"EN_AIRT"来启用先前使用 DIS_AIRT 指令禁用的中断事件处理。每一次"DIS_AIRT"执行都必须通过一次 EN_AIRT 执行来取消。必须在同一个 OB 中或从同一个 OB 调用的任意 FC 或 FB 中完成 EN_AIRT 执行后，才能再次启用此 OB 的中断。

参数 RET_VAL 表示禁用中断处理的次数，即已排队的 DIS_AIRT 执行的个数。只有当参数 RET_VAL=0 时，才会再次启用中断处理。

操作系统会统计 DIS_AIRT 执行的次数。在通过 EN_AIRT 指令再次取消之前或者在已完成处理当前 OB 之前，这些执行中的每一个都保持有效。例如：如通过 N 次 DIS_AIRT

执行禁用中断五次，则在再次启用中断前，必须通过 N 次 EN_AIRT 执行来取消禁用。再次启用中断事件后，将处理 DIS_AIRT 生效期间发生的中断或者在完成执行当前 OB 后，立即处理中断。

五、项目实施

1. PLC 硬件组态

打开 TIA Portal 软件，打开项目视图，单击新建项目按钮，新建一个项目，并命名为"延时中断组织块应用"。双击"添加新设备"，添加 PLC 为 CPU 1511C-1PN，订货号为 6ES7 511-1CK01-0AB0，版本号 2.8 应与实际的 PLC 一致。

扫码观看项目演示完成过程

2. 编写程序

在博途软件项目视图的项目树中，双击"添加新块"，在弹出的窗口中先单击选择"组织块"，再单击选择"Time delay interrupt"，可以看到选择自动编号的情况下，默认的组织块编号是 OB20，可以在名称处对组织块的名称进行修改，如图 5-33 所示。

图 5-33 添加延时中断组织块 OB20

OB20 中编写如图 5-34 所示程序。产生延时中断时调用 OB20，在每次进入延时中断组织块 OB20 时，当 Q4.0 为"0"时，Q4.0 线圈得电，输出高电平；当 Q4.0 为"1"时，Q4.0 线圈失电，输出低电平。

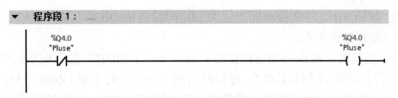

图 5-34 延时中断组织块 OB20 中程序

OB1 中编写如图 5-35 所示程序。

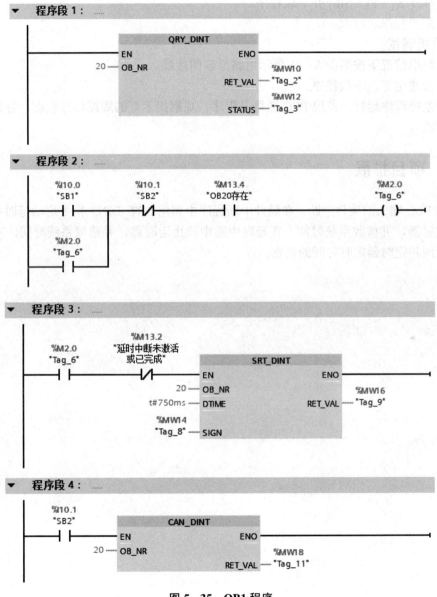

图 5-35 OB1 程序

程序段 1，查询 OB20 的状态并存储在 MW12 中，其中 M13.4 位表明 OB20 是否存在，M13.2 位表明 OB20 的工作状态。

157

程序段 2，按钮 SB1、SB2 控制标志位 M2.0，同时查询 OB20 状态"STATUS"的 M13.4，OB20 存在时 M2.0 接通得电。

程序段 3，当延时中断未启动或已完成时调用"SRT_DINT"指令启动延时中断 OB20，并根据需要设置延时时间"DTIME"。延时时间到，调用延时中断 OB20，Q4.0 得电情况发生反转；同时 M13.2 常闭触点接通，重新启动延时中断 OB20，如此循环。

程序段 4，按下按钮 SB2 调用"CAN_DINT"指令取消激活延时中断 OB20。

3. 仿真运行

（1）打开 S7–PLCSIM 并下载程序。

（2）监控程序运行。

4. 联机调试

（1）断电情况下按照图 5–31 所示电路原理图接线。

（2）接通电源，下载程序。

（3）监控程序运行，监控 PLC 变量及程序，观察指示灯的周期运行状态，分析是否满足控制要求。

六、项目扩展

使用 PLC 输入的硬件中断，在硬件中断程序中调用 SRT_DINT 指令启动延时中断，同时启动定时器，并读取系统时间，在延时中断中停止定时器，并读取系统时间，对比延时中断的时间和定时器定时时间的差别。

模块 6

函数、函数块、数据块及应用

学习目标

了解 TIA Portal 软件程序结构。

掌握 FC、FB、DB 的建立及使用。

能编写及调试数据块、函数、函数块程序。

任务描述

在实际的工业控制中，工艺流程复杂，程序多，在一个程序中用线性化的编程方式工作量较大，占用程序存储空间大，易出错，不易维护；所以根据控制任务的工艺要求把控制任务细分为子任务，或将功能类似的程序编写为一个子程序进行重复调用，提高工作效率，减少程序存储空间。在此通过多台电动机的启停控制及监控、指示灯的控制任务实现来学习掌握函数、函数块及数据块进行结构化编程。

知识储备

1. 用户程序结构

TIA Portal 软件编程有线性化、模块化和结构化三种编程结构。

2. 线性化编程

所谓线性化编程，就是将整个用户程序连续放置在一个循环程序块（OB1）中，块中的程序按顺序执行，CPU 循环扫描执行 OB1 中的全部指令来实现自动化控制任务。这种结构和 PLC 所代替的硬接线继电器控制类似，CPU 逐条地处理指令。事实上所有的程序都可以用线性化编程实现，不过，线性化编程一般适用于相对简单的、没有控制分支的逻辑控制程序编写。

3. 模块化编程

所谓模块化编程，就是将整个程序按任务分成若干个独立的部分，并分别放置在不同的函数（FC）、函数块（FB）及组织块中，在一个块中可以进一步分解成段。主程序 OB1 中的指令决定程序的调用。

在模块化的程序中，没有数据交换，也不存在重复利用的程序代码。函数（FC）和函数块（FB）不传递也不接收参数，其本质就是划分为块的线性编程。分部程序结构的编程效率比线性程序有所提高，程序调试也较方便。对不太复杂的控制程序可考虑采用这种程序结构。

4. 结构化编程

所谓结构化编程，就是处理复杂自动化控制任务时，把过程要求类似或相关的功能进行分类，分为可用于多个任务的通用小任务，这些小任务以相应的程序块表示，这些程序块是独立的，称为函数（FC）或函数块（FB）。OB1 通过直接或间接调用这些程序块来完成整个自动化控制任务。在这些块编程时使用的是"形参"，调用的时候需要"实参"赋值给"形参"。每个块（FC 或 FB）在程序中可能会被多次调用，以完成具有相同过程工艺要求的不同控制对象。

结构化编程可简化程序设计过程、减小代码长度、提高编程效率，比较适合于较复杂自动化控制任务的设计。

项目 6.1　　两台电动机启停控制——FC 的应用

一、学习目标

1. 知识目标
掌握函数 FC 的使用。

2. 技能目标
能利用函数 FC 对 PLC 进行编程。
掌握形参与实参直接的数据交互。
熟悉 TIA Portal 软件操作和编程调试。
掌握 PLC 的外部接线。

扫码观看项目
功能演示

二、控制要求

两台电动机均需要 Y−△降压启动控制，编写函数 FC，调用两次分别控制两台电动机的运行。每台电动机按下启动按钮时，电动机绕组 Y 形连接，降压启动；延时 N 秒后，电动机绕组自动转换为△连接，全压运转。当按下停止按钮或发生过载故障时，电动机断电停止运转。

三、硬件电路设计

如图 6−1 所示，硬件电路图中仅给出 PLC 控制线路图，主电路图如前星角启动电路图。输入输出端口分配如表 6−1 所示。

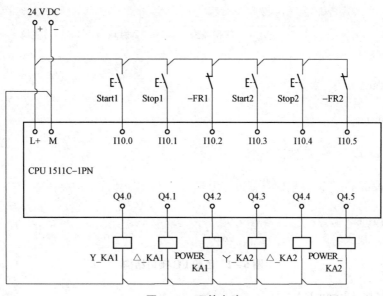

图 6-1　硬件电路

表 6-1　输入输出端口分配

输入端口			输出端口		
输入点	输入器件/符号	功能	输出点	输出器件/符号	功能
I10.0	Start1	启动按钮 1	Q4.0	Y_KA1	电动机 1Y 形连接
I10.1	Stop1	停止按钮 1	Q4.1	△_KA1	电动机 1△形连接
I10.2	FR1	过载保护 1	Q4.2	POWER_KA1	电动机 1 电源
I10.3	Start2	启动按钮 2	Q4.3	Y_KA2	电动机 2Y 形连接
I10.4	Stop2	停止按钮 2	Q4.4	△_KA2	电动机 2△形连接
I10.5	FR2	过载保护 2	Q4.5	POWER_KA2	电动机 2 电源

四、项目知识储备

1. 定义

函数（FC）是用户编写的不含存储区的程序块，可以被其他程序块（OB、FB、FC）调用。由于没有可以存储块参数值的数据存储器，因此，调用函数时，必须给所有形参分配实参。形参以名称的方式表现，在 FC 的内部使用；实参是在调用 FC 时给形参赋予的实际值。

通过函数可在用户程序中传送参数。因此，函数特别适合取代频繁出现的复杂结构。

2. 函数的接口

函数没有可以存储块参数值的数据存储器。因此，调用函数时，必须给所有形参分配实参。在新建一个函数 FC 后打开 FC 会看到接口结构，如图 6-2 所示。

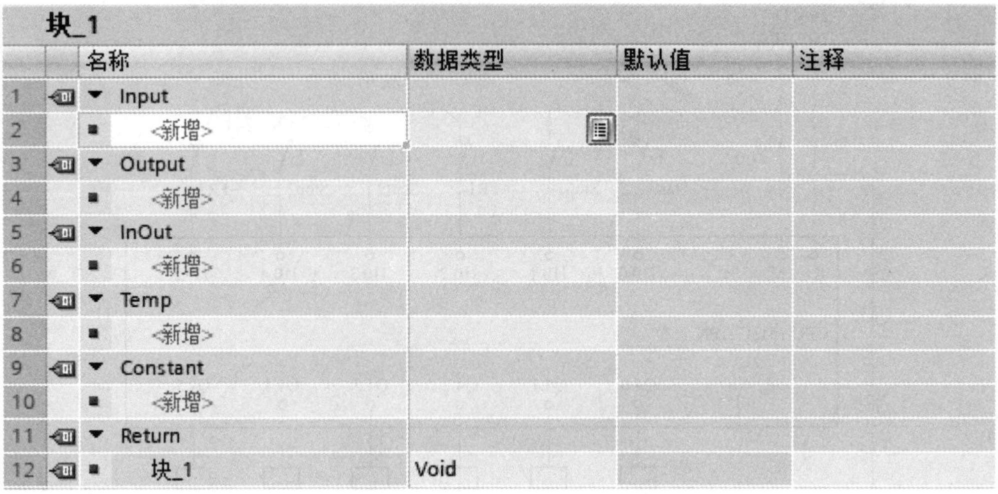

		名称	数据类型	默认值	注释
		块_1			
1	⬛ ▼	Input			
2	⬛	<新增>	📋		
3	⬛ ▼	Output			
4	⬛	<新增>			
5	⬛ ▼	InOut			
6	⬛	<新增>			
7	⬛ ▼	Temp			
8	⬛	<新增>			
9	⬛ ▼	Constant			
10	⬛	<新增>			
11	⬛ ▼	Return			
12	⬛	块_1	Void		

图 6-2　函数 FC 接口结构

1）输入参数（Input）

每次块调用前，只能读取输入参数一次。这样，在块中写入一个输入参数时，不会对实参造成影响；而仅写入形参。

2）输出参数（Output）

每次块调用之后，只能读取输出参数一次。如果在函数中没有写入该函数的输出参数，那么将使用为特定数据类型预定义的值。例如，Bool 类型的预定义值为"false"。但结构化的输出参数不会预先赋值。

3）输入/输出参数（InOut）

在块调用之前读取输入/输出参数并在块调用之后写入。

在 FC 中用到边沿存储位时，将参数（InOut）作为函数（FC）中的边沿存储位。作为边沿存储位，数据值需要具有读写权限而且为多个循环保留。由于输入参数（Input）为只读，而输出参数（Output）为只写，因此无法作为边沿存储位。临时局部数据（Temp）也不能用作边沿存储位，这是因为它只能用于一个循环中。

4）临时局部数据（Temp）

在进行块处理过程中，支持临时局部数据，Temp 是本地数据，在处理块时将其存储在本地数据堆栈。FC 调用结束后，一旦块执行结束，堆栈的地址将被重新分配用于其他程序块使用，此地址上的数据不会被清零，直到被其他程序块赋予新值。临时局部数据（Temp）需要遵循"先赋值，再使用"的原则。

5）常量（Constant）

常量是为代码块指定的常数值。

6）函数值（Return）

函数会计算函数值。可以通过输出参数 RET_VAL 将此函数值返回给调用块。为此，必须在函数的接口中声明输出参数 RET_VAL。RET_VAL 始终是函数的首个输出参数。参数 RET_VAL 可以是除 ARRAY、STRUCT、TIMER 和 COUNTER 参数类型之外的所有数据类型。

五、项目实施

1. PLC 硬件组态

打开 TIA Portal 软件，打开项目视图，单击▣新建项目按钮，新建一个项目，并命名为"函数 FC 的应用"。双击"添加新设备"，添加 PLC 为 CPU 1511C－1PN，订货号为 6ES7 511－1CK01－0AB0，版本号 2.8 应与实际的 PLC 一致。

2. 编写程序

在博途软件项目视图的项目树中，双击"添加新块"，在弹出的窗口中先单击选择"函数"，在名称处对函数的名称进行修改，如图 6－3 所示。单击"确定"打开新建的 FC，可以看到在项目树中已经增加了新建的 FC1，如图 6－4 所示。在新建的 FC1 接口添加参数，如图 6－5 所示。

扫码观看项目演示
完成过程

图 6－3　添加函数

在新建的 FC1 中用形参编写程序，如图 6－6 及图 6－7 所示。程序段 1，"#Start"接通时"Power_KA"和"Y_KA"接通，电动机 Y 形降压启动；程序段 2，"Y_KA"常开触点闭合，S_ODT 定时器启动定时，定时时间长度为"#Delay_time"；程序段 3，定时时间到"#Timer"常开触点闭合，"#Y_KA"复位，"#△_KA"置位，电动机切换为△形全压运行；程序段 4，"#Stop"常开触点或"FR"常闭触点接通，复位"Power_KA""#Y_KA""#△_KA"电动机停止运行。在主程序 OB1 中两次调用 FC1，分别分配不同的实参给 FC1，如图 6-7 所示。

图 6-4　已添加 FC1

图 6-5　FC 接口参数

程序段 1：

程序段 2：

图 6-6　FC1 中程序

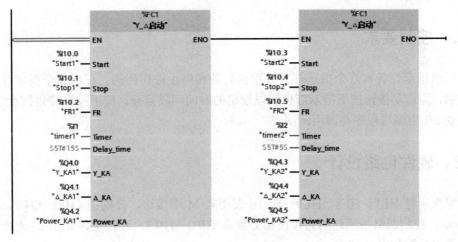

图 6-6　FC1 中程序（续）

图 6-7　OB1 中程序

3. 仿真运行

（1）打开 S7-PLCSIM 并下载程序。

（2）监控程序运行。

4. 联机调试

（1）断电情况下按照图 6-1 所示电路原理图接线。

（2）接通电源，下载程序。

（3）监控程序运行，监控 PLC 变量及程序，观察电动机周期运行状态，分析是否满足控制要求。

六、项目扩展

新建函数 FC2，通过 FC1 嵌套调用 FC2 完成控制任务。

项目 6.2　两组灯闪烁控制——FB 的应用

一、学习目标

1. 知识目标

掌握函数块 FB 的使用。

2. 技能目标

能利用函数块对 PLC 进行初始化。

能为函数块分配背景数据块并使用。

熟悉 TIA Portal 软件操作和编程调试。

掌握 PLC 的外部接线。

二、控制要求

有两组指示灯各有八个指示灯，分别由启动和停止按钮控制。每组八个指示灯可独立进行控制，当启动按钮按下指示灯依次以设定的时间间隔点亮，按下停止按钮指示灯熄灭；在函数块 FB 中编写程序并调用两次。

三、硬件电路设计

两组指示灯 HL1～HL8、HL9～HL16 采用共 M 端接法，分别由 Q4.0～Q4.7、Q5.0～Q5.7 驱动，控制两组指示灯的启停按钮分别是 I10.0～I10.3。硬件电路如图 6-8 所示，输入输出端口分配如表 6-2 所示。

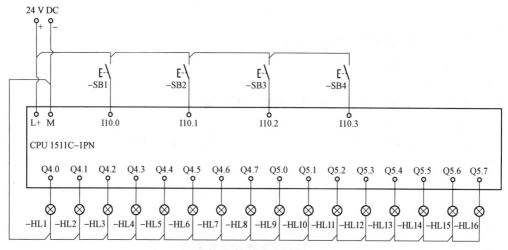

图 6-8　硬件电路图

表 6-2　输入输出端口分配

输入端口			输出端口			
输入点	输入器件	功能	输出点	输出器件	输出点	输出器件
I10.0	SB1	启动按钮 1	Q4.0	HL1	Q5.0	HL9
I10.1	SB2	停止按钮 1	Q4.1	HL2	Q5.1	HL10
I10.2	SB3	启动按钮 2	Q4.2	HL3	Q5.2	HL11
I10.3	SB4	停止按钮 2	Q4.3	HL4	Q5.3	HL12
			Q4.4	HL5	Q5.4	HL13
			Q4.5	HL6	Q5.5	HL14
			Q4.6	HL7	Q5.6	HL15
			Q4.7	HL8	Q5.7	HL16

四、项目知识储备

1. 定义

函数块（FB）是用户编写的具有自己存储区的程序块，可以被其他程序块（OB、FB、FC）调用，在调用时必须为其分配背景数据块，函数块的输入、输出和输入/输出参数和静态变量均存储在背景数据块中，从而在执行函数块之后，这些值依然有效，所以函数块也称为"有存储器"的块。函数块也可以使用临时变量，临时变量并不存储在背景数据块中，而在本地数据堆栈中只用于一个循环。

2. 函数块的接口

函数块 FB 的接口结构如图 6-9 所示。相对于 FC 而言 FB 有自己的背景数据块，有了 Static 参数，没有返回值。静态变量 Static 用于在背景数据块中存储静态中间结果，其数据会一直保留直到被重新赋值，在函数块中作为多重背景的块也存储在静态变量中。在 FB 的使用过程中，如果函数块的输入、输出或输入/输出参数尚未赋值，且参数在上一个循环中已经有赋值，将使用所存储的值。

图 6-9　函数块 FB 的接口结构

五、项目实施

1. PLC 硬件组态

打开 TIA Portal 软件，打开项目视图，单击█新建项目按钮，新建一个 扫码观看项目演示完成过程
项目，并命名为"函数块 FB 的应用"。双击"添加新设备"，添加 PLC 为
CPU 1511C-1PN，订货号为 6ES7 511-1CK01-0AB0，版本号 2.8 应与实际的 PLC 一致。

在 CPU 的属性中选择"系统和时钟存储器"，在"时钟存储器位"中选择"启用时钟存储器字节"，将其前面的方框激活，采用默认的时钟存储器字节地址"0"，这样 CPU 启动从 M0.0～M0.7 分别以 10～0.5 Hz 的时钟频率变化，如图 6-10 所示。

图 6-10 时钟存储器启用

2. 编写程序

在博途软件项目视图的项目树中，双击"添加新块"，在弹出的窗口中先单击选择"函数块"，可在名称处对函数块的名称进行修改，如图 6-11 所示。单击确定打开新建的 FB，可以看到在项目树中已经增加了新建的 FB1，如图 6-12 所示。在新建的 FB1 块中添加接口参数，如图 6-13 所示。

图 6-11 函数块 FB 接口结构

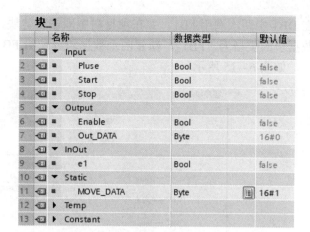

块_1			数据类型	默认值
1	▼	Input		
2	■	Pluse	Bool	false
3	■	Start	Bool	false
4	■	Stop	Bool	false
5	▼	Output		
6	■	Enable	Bool	false
7	■	Out_DATA	Byte	16#0
8	▼	InOut		
9	■	e1	Bool	false
10	▼	Static		
11	■	MOVE_DATA	Byte	16#1
12	▶	Temp		
13	▶	Constant		

　　　　　　　　图 6－12　已添加 FB1　　　　　　　　　　　图 6－13　FB1 接口参数

在 FB1 中编写如图 6－14 所示程序。程序段 1，按下启动按钮"#Start"接通，"Enable"得电接通；程序段 2，每当"#Pluse"有一个上升沿，静态变量"#MOVE_DATA"中的数据左移一位；程序段 3，将"#MOVE_DATA"传送给"#Out_DATA"，输出的指示灯将有亮灭的变化；程序段 4，"#MOVE_DATA"中的数据经过 8 次移位后为 0，进行重新赋值，将 1 赋值给"#MOVE_DATA"；程序段 5，按下停止按钮"Stop"接通，赋值 0 给"#Out_DATA"，将输出的指示灯全部熄灭。

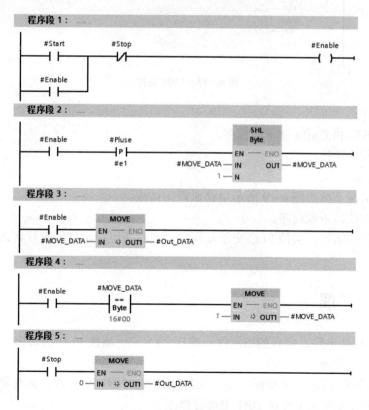

图 6－14　FB1 程序

在 DB1 中两次调用 FB1，并在项目树中双击新建块，选择数据块，在弹出的窗口中，选择数据块的类型为"FB1"，新建两个数据块分配给 FB1。分两次调用 FB1 分别赋予不同的实参，如图 6-15 所示。

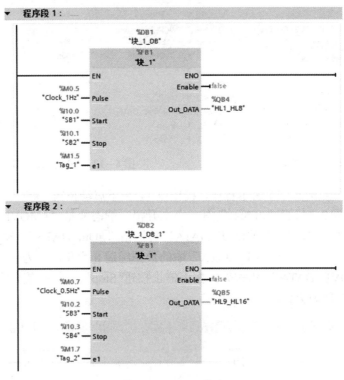

图 6-15   OB1 程序

3. 仿真运行

（1）打开 S7-PLCSIM 并下载程序。

（2）监控程序运行。

4. 联机调试

（1）断电情况下按照图 6-9 所示电路原理图接线。

（2）接通电源，下载程序。

（3）监控程序运行，监控 PLC 变量及程序，观察两组指示灯的运行状态，分析是否满足控制要求。

六、项目扩展

（1）   改变硬件电路，所有的指示灯一端接 24 V，一端接 PLC 的输出，PLC 上电后所有指示灯处于熄灭状态。

（2）   在函数块 FB1 中编写程序使用 SIMATIC 定时器产生脉冲，定时器时间存储在静态变量 Static 中，并可在主程序 DB1 中进行修改。

项目 6.3　多电机运行监控——FB 多重背景的应用

一、学习目标

1. 知识目标
了解函数块 FB 多重背景。

2. 技能目标
掌握函数块 FB 多重背景的使用。
熟悉 TIA Portal 软件操作和编程调试。
掌握 PLC 的外部接线。

扫码观看项目
功能演示

二、控制要求

有两台电动机，编写程序分别控制电动机的启停，并设置电动机的运行累计时间，当时间达到后电动机停止运行，要求使用多重背景进行程序编写。

三、硬件电路设计

硬件电路如图 6-16 所示，省略了主电路。输入输出端口分配如表 6-3 所示。

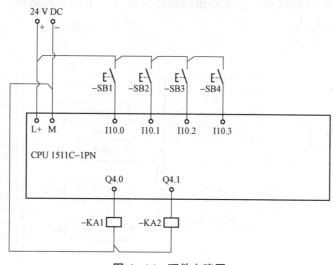

图 6-16　硬件电路图

表 6-3　输入输出端口分配

输入端口			输出端口		
输入点	输入器件	功能	输出点	输出器件	功能
I10.0	SB1	启动按钮 1	Q4.0	KA1	通过接触器 KM 控制电动机
I10.1	SB2	停止按钮 1	Q4.1	KA2	通过接触器 KM 控制电动机
I10.2	SB3	启动按钮 2			
I10.3	SB4	停止按钮 2			

四、项目知识储备

1. 多重背景的概念

当程序有多个函数块时，为每一个函数块均配置一个背景数据块，程序中需要使用较多的背景数据块，影响程序的执行效率。当函数块（FB）调用另外一个函数块时，将被调用的 FB 背景数据块以 Static 变量的形式存储在调用 FB 的背景数据块中，这种块的调用称为多重背景。使用多重背景可以将多个函数块共用一个背景数据块，减少背景数据块的数量，提高程序执行效率。

2. 多重背景的结构

图 6-17 所示为一个多重背景的结构实例。函数块 FB1 和 FB2 共用一个背景数据块 DB1，增加了一个函数块 FB10 来调用作为"局部背景"的 FB1 和 FB2，相应的 FB1 和 FB2 的背景数据块放在 FB10 的背景数据块 DB1 中，如不使用多重背景，则 FB1 和 FB2 调用多少次将需要多少个背景数据块，使用多重背景后只需要一个背景数据块。

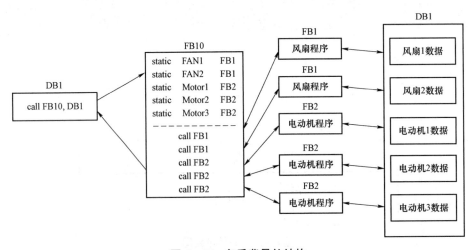

图 6-17　多重背景的结构

五、项目实施

1. PLC 硬件组态

打开 TIA Portal 软件，打开项目视图，单击 新建项目按钮，新建一个项目，并命名为"函数块 FB 多重背景应用"。双击"添加新设备"，添加 PLC 为 CPU 1511C-1PN，订货号为 6ES7 511-1CK01-0AB0，版本号 2.8 应与实际的 PLC 一致。

2. 编写程序

在博途软件项目视图的项目树中，双击"添加新块"，在弹出的窗口中先单击选择"函数块"，单击确定打开新建的 FB1 及 FB2。在新建的 FB1 接口添加参数，如图 6-18 所示。

		名称	数据类型	默认值
1	▼	Input		
2	■	Start	Bool	false
3	■	Stop	Bool	false
4	■	ST	Time	T#0ms
5	▼	Output		
6	■	Motor	Bool	false
7	■	UT	Time	T#0ms
8	▼	InOut		
9	■	<新增>		
10	▼	Static		
11	▶	Timer1	IEC_TIMER	
12	▼	Temp		
13	■	<新增>		
14	▼	Constant		
15	■	<新增>		

（块_1）

图 6-18 函数块 FB1 接口参数

在 FB1 中编写如图 6-19 所示程序。程序段 1，按下启动按钮"#Start"接通，"#Motor"得电接通，并自锁；程序段 2，当"#Motor"接通开始计时，累计计时达到"#ST"设定值后，定时器常闭触点断开，"#Motor"失电断开。在 FB1 中使用 IEC 定时器 TONR 分配背景数据块时，选择多重实例，并在接口参数中的名称处选择已经建立的数据类型为 IEC_TIMER 的 Static 变量"Timer1"，如图 6-20 所示。

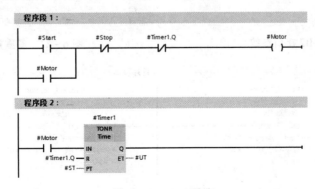

图 6-19 FB1 程序

图 6-20　多重实例选择

在 FB2 中添加接口参数如图 6-21 所示，其中 Static 变量在添加时在数据类型选择的下拉列表中选择"块 1"生成多重背景数据，展开后的 Static 变量如图 6-22 所示。在 FB2 中两次调用 FB1，拖曳 FB1 时在弹出的调用选择对话框中选择多重实例，并选择已建立的 FB2 的 Static 变量"#Motor1_Control"和"#Motor2_Control"作为背景数据块。FB2 调用 FB1 的程序如图 6-23 所示。在 OB1 中调用 FB2，并分配接口参数如图 6-24 所示。

		名称	数据类型	默认值
1		▼ Input		
2		▪ Start1	Bool	false
3		▪ Stop1	Bool	false
4		▪ Start2	Bool	false
5		▪ Stop2	Bool	false
6		▪ ST1	Time	T#0ms
7		▪ ST2	Time	T#0ms
8		▼ Output		
9		▪ Motor1	Bool	false
10		▪ Motor2	Bool	false
11		▪ UT1	Time	T#0ms
12		▪ UT2	Time	T#0ms
13		▶ InOut		
14		▼ Static		
15		▶ Motor1_Control	"块_1"	
16		▶ Motor2_Control	"块_1"	
17		▶ Temp		
18		▶ Constant		

图 6-21　FB2 接口参数

			名称	数据类型	默认值
14		▼ Static			
15		▼ Motor1_Control		"块_1"	
16		▪ ▼ Input			
17		▪ Start		Bool	false
18		▪ Stop		Bool	false
19		▪ ST		Time	T#0ms
20		▪ ▼ Output			
21		▪ Motor		Bool	false
22		▪ UT		Time	T#0ms
23		▪ InOut			
24		▪ ▼ Static			
25		▪ ▼ Timer1		IEC_TIMER	
26		▪ PT		Time	T#0ms
27		▪ ET		Time	T#0ms
28		▪ IN		Bool	false
29		▪ Q		Bool	false

图 6-22　多重背景变量

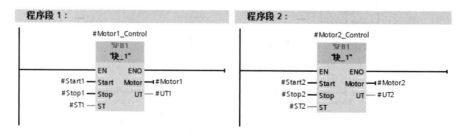

图 6-23　FB2 调用 FB1 的程序

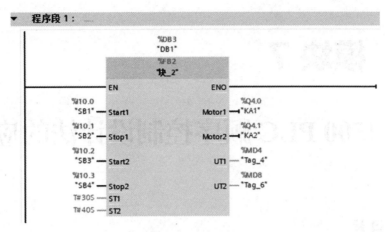

图 6-24 OB1 程序

3. 仿真运行

（1）打开 S7-PLCSIM 并下载程序。

（2）监控程序运行。

分别监控 FB1、FB2 和 OB1 的程序运行情况，观察形参和实参的数据交互情况。

4. 联机调试

（1）断电情况下按照图 6-17 所示电路原理图接线。

（2）接通电源，下载程序。

（3）监控程序运行，监控 PLC 变量及程序，观察两组电动机的运行状态，分析是否满足控制要求。

六、项目扩展

（1）修改硬件电路设计，在主电路和控制电路中加入热继电器。

（2）修改程序，可以通过修改 DB1 数据块中的数据修改电动机累计运行定时器的时间值。

（3）在 FB1 中用 SIMATIC 定时器重新设计程序。

模块 7

S7-1500 PLC 顺序控制设计法的应用

学习目标

掌握顺序功能图的基本结构。
理解顺序功能图中转换实现的基本原则。
掌握基于顺序功能图的程序设计。
学会利用 GRAPH 编程。

任务描述

实际的工业生产控制过程中，顺序逻辑控制占有相当大的比例，很多可以利用顺序控制设计方法来实现。顺序控制设计法是一种先进的设计方法，很容易被初学者接受，对于有经验的工程师也会提高设计效率，程序的调试、修改和阅读也很方便。使用顺序控制设计法时，可以根据系统的工艺过程画出顺序功能图。S7-GRAPH 是一种顺序功能图编程语言，它能有效地应用于设计顺序逻辑控制程序，它遵循 IEC61131-3 标准中的顺序功能图语言的规定。使用顺序控制程序可以更为快捷和直观地对顺序逻辑控制程序进行编程或故障诊断，即将工作任务过程分解为多个步，每个步都有明确的功能范围，再将这些步组织到顺序控制程序中，在各个步中定义待执行的动作及步之间的转换条件。本模块以西门子 S7-1500 PLC 作为控制器，通过多个任务来学习顺序控制设计法。

知识储备

1. 顺序控制

随着设备自动化程度的不断提高，自动控制系统的交叉复杂性越高用经验设计梯形图时，没有一套固定的方法和步骤可以遵循，具有很大的试探性和随意性，在设计复杂系统的梯形图时，用大量的中间单元来完成记忆、联锁、互锁等功能，由于要考虑的因素很多，它们往往交织在一起，分析起来非常困难，并且修改某一局部时，可能会引发别的问题，对系统其他部分产生意想不到的影响，因此梯形图的修改也较为麻烦。用经验设计出的梯形图很难阅读，给系统的维修和改进带来了较大困难。

所谓顺序控制，就是按照生产工艺预先规定的流程，在各种输入信号的作用下，根据内部的状态和时间顺序，使生产过程中各个执行机构自动有序地进行操作，以实现生产有序地工作。

如图 7-1 所示，以一个具有四个工作站：预备、钻、铣和终检的加工线为例。该生产线的工作过程为：一个工件位于预备位置上，启动条件满足后，工件被传送到钻加工位置（步 1）；对工件进行四秒钟钻加工（步 2）；钻加工时间到达后，工件被继续送到铣加工站（步 3）；对工件进行四秒钟铣加工（步 4）；铣加工时间到达后，工件被送到终检站（步 5）；对工件进行终检（步 6）后，在预备工作站上放一个新零件（或者已经有了新零件），再按应答键，可以使过程从头开始。

从以上描述已经可以看出，加工过程由一系列步（S）或功能组成，这些步或功能按顺序由转换条件激活，适于用顺序控制来实现。

顺序控制的典型例子是洗衣机和汽车洗涤流水线，或交通信号系统，即传统方法中采用步进传动装置或定时来实现的控制过程。相反，电梯控制是采用逻辑操作控制的典型例子，在这种控制中不存在按一定顺序重复的"步"。

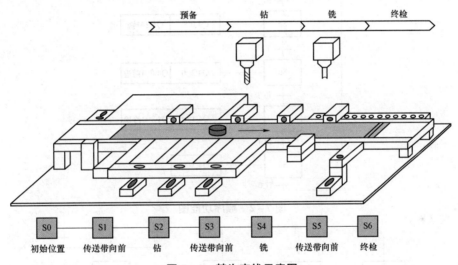

图 7-1　某生产线示意图

自动控制系统的交叉复杂性需要在设备所有的循环阶段使用顺序控制逻辑，以避免运行时冲突情况的发生。通过满足一定的条件，使一个阶段的运行过渡到下一阶段的运行，实现一个真正的按顺序控制的自动化。为了描述、设计、完成及使用这种自动化，我们需要有一个公用的语言来表示，称为 SFC 语言（即 Sequential Function Chart）。

将图 7-1 所示的工作过程以图 7-2 来进行描述，就是一个顺序功能图。顺序功能图由一系列的步、每一步的转换条件和步的动作命令组成。

2. 顺序功能图的基本元件

1）步

将系统的一个工作周期划分为若干个顺序相连的阶段，这些阶段称为步（Step），又称工步，用 S1、S2、S3……表示，可以不按顺序使用。步根据系统输出状态的改变来划分，即将系统输出的每一个不同状态划分为一步。在任意一步之内，系统各输出量的状态是不变的，但是相邻两步输出量的状态是不同的。步的这种划分方法是代表各步的编程元件的状态，与各输出量的状态之间有着极为简单的逻辑关系。由矩形框表示，顺序排号，号码写在正方形框内，还可写入代表符号的名称（助记符），如图 7-3（a）和图 7-3（b）所示。一个步可以有一个输入或一个输出，也可以有几个输入和输出，如图 7-3（c）和图 7-3（d）所示。

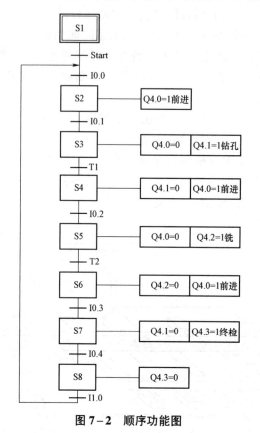

图 7-2 顺序功能图

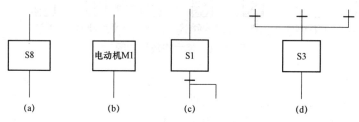

图 7-3 步的种类

（a）步；（b）步的助记符；（c）步多输出；（d）步多输入

2）初始步与活动步

与系统的初始状态对应的步称为初始步，每一个顺序功能图至少应有一个初始步，一般用双矩形框表示。系统在开始进行自动控制之前，首先应进入规定的初始状态（初始步），初始状态一般是等待启动命令的相对静止状态。

当系统正处于某一步所在的阶段时，该步处于活动状态，称该步为"活动步"，反之则是非活动步。步处于激活状态时，相应的动作被执行。处于非活动状态时，相应的非存储型动作被停止执行。一个步被激活后，它的控制命令被送给执行器。执行器可以是开关装置、电磁阀和接触器等，由这些执行器的动作引起的系统中的变化，将影响下一步的转换条件。

3）与步相联系的动作

动作放在步框的右边，用矩形框中的文字或者符号来表示动作指令，如图7-4所示，表示与当前步有关的指令，一般用输出类指令。该矩形框与相应的步的方框连接，步相当于这些指令的子母线，这些动作平时不被执行，只有当对应的步被激活时才被执行。一个步可以有一个或几个动作。当该步被激活时，执行相应动作。

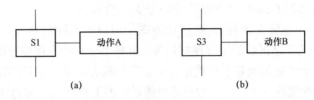

图7-4 与步有联系的动作

如果某一步有多个动作，可以用图7-5所示画法来表示，并不隐含表示动作的先后顺序。

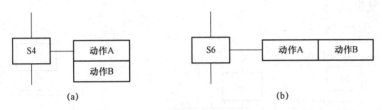

图7-5 多动作表示方式

4）有向连线

有向连线表明步的转换过程，即系统输出状态的变化过程。顺序控制中，系统输出状态的变化过程是按照规定的程序进行的，顺序控制图中的有向连线就是该顺序的体现。步的活动状态习惯的进展方向是从上到下或从左到右，在这两个方向有向连线上的箭头可以省略，如果不是上述方向，则应在有向连线上用箭头标注进展方向。如果在绘制顺序功能图时有向连线必须中断（如在复杂的顺序功能图中，或用几个图来表示一个顺序功能图时），应在有向连线中断之处标明下一步的标号。

5）转换与转换条件（过渡与过渡条件）

转换用有向连线上与有向连线垂直的短划线来表示，转换将相邻两步分隔开。步的活动状态由转换的实现来完成，并与控制过程的发展相对应，如图7-6所示。

转换条件是由被激活的步到下一步转换的条件。当转换条件满足时，自动从当前步跳到下一步（关闭当前步，激活下一步）。转换在当前步下面，用水平短线（若有斜线表示取反）引出并放置右侧（用 S7-GRAPH 编程时则放在左边）。转换条件可以是外部输入信号，例如按钮、指令开关、限位开关等的接通或断开，也可以是 PLC 内部产生的信号，如定时器或计数器输出位的常开触点的接通等，转换条件还可以是若干个信号的与或非逻辑组合。

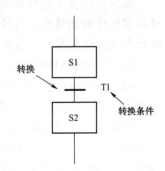

3. 顺序功能图的基本结构

（1）单序列（单流程），由一系列相继激活的步组成，每一步

图7-6 步的转换和转换条件

的后面仅有一个转换，每一个转换的后面只有一个步。单序列的特点是没有分支与合并，从头到尾只有一条路可走（一个分支）的流程。单流程一般做成循环单流程，如图7-7所示。

（2）选择序列（选择性分支流程），选择序列中存在多条路径，并且只能选择其中一条路径来走，这种分支方式称为选择性分支。如图7-8所示，当步 S4 被激活，e 和 h 哪个转换条件为真，就进行哪步。选择分支的汇合，对于选择性分支如图7-8所示，被选择的分支（假设 S5 所在分支）的最后一步（步 S6）被激活后，只要其转换条件 g 满足，就从汇合处进入下一步（步 S7），而不用考虑其他的分支是否执行。

（3）并行序列（并进分支流程），顺序功能图中可以含有同时执行的若干个工序，用来完成两种或两种以上的工艺过程的顺序控制任务，其每个分支的流程步序都是独立的，且同时执行。并行序列由一个转换和两条平行线来表示。平行线表示工序的开始和结束。在各个分支都执行完毕后，才会继续往下执行，这种有等待的功能的汇合方式，称为并进汇合。

图7-9所示为并行序列，当步 S4 为活动步，转换条件 c 为真时，步 S5 和步 S7 同时激活，步 S4 复位；只有步 S6 和步 S8 都为活动步，且转换条件 f 为真时，步 S9 激活，而步 S6 和步 S8 复位。

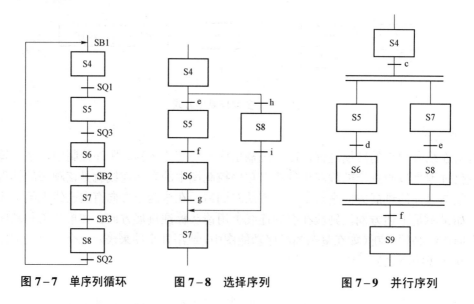

图7-7 单序列循环　　　图7-8 选择序列　　　图7-9 并行序列

（4）复杂顺序功能图（复杂顺序流程）。

如果存在多个相互独立的工艺流程，则需要采用多流程设计，如果存在复杂的工艺，可以多种序列相结合。这种结构主要用于处理复杂的顺序控制任务，如图 7-10 所示，同时存在选择分支和并行分支。

4. S7-GRAPH 简介

S7-GRAPH 是一种顺序功能图编程语言，适合用于顺序逻辑控制，遵从 IEC 61131-3 标准中的顺序功能图语言 SFC（Sequential Function Chart）的规定。应用 S7-GRAPH 可以实现快捷的顺序控制编程，将工业过程分解为简单的步，使得功能范围更清晰。顺序控制器的图形化显示方式便于以图片和文本的形式进行归档。在步中定义要执行的动作，转换控制步之间的转换条件，这些条件可以用 LAD 或 FBD 定义。S7-GRAPH 有如下特点：

（1）适用于顺序控制程序。

（2）符合国际标准 IEC61131-3。

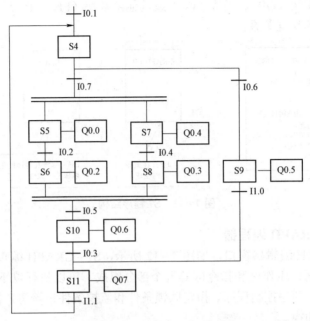

图 7-10 复杂顺序流程

（3）通过了 PLCopen 基础级认证。

（4）适用于 SIMATICS7-300（推荐用于 CPU314 以上 CPU）、S7-400、C7、WinAC 和 S7-1500。

S7-GRAPH 针对顺控程序做了相应优化处理，它不仅具有 PLC 典型的元素（例如输入/输出、定时器、计数器），而且增加了如下一些概念。多个顺控器（最多 8 个）；步骤（每个顺控器最多 250 个）；每个步骤的动作（每步最多 100 个）；转换条件（每个顺控器最多 250 个）；分支条件（每个顺控器最多 250 个）；逻辑互锁（最多 32 个条件）；监控条件（最多 32 个条件）；事件触发功能；切换运行模式（手动、自动及点动模式）。

5. S7-GRAPH 程序构成

顺序控制程序可通过预定义的顺序对过程进行控制，并受某些条件的限制，程序的复杂度取决于自动化任务。在博途软件中，采用 S7-GRAPH 编写的顺序控制程序只能在函数块（FB）中编写，并可被组织块（OB）、函数（FC）或函数块（FB）调用，因此在一个顺序控制程序中至少包含如下三个程序块。

1）GRAPH 函数块（FB）

GRAPH 函数块（FB）是一个描述顺控系统中各步与转换的函数块，可以定义一个或多个顺序控制程序中的单个步和转换条件。

2）背景数据块（DB）

背景数据块（DB）是分配给 GRAPH 函数块（FB）的，由系统自动生成，可包含顺序控制系统的数据和参数。

3）调用代码块

要在循环中执行 GRAPH 函数块（FB），必须从较高级的代码块中调用该函数块。该函数块可以是一个组织块（OB）、函数（FC）或其他函数块（FB）。图 7-11 所示为顺序控制程序中各个块之间的相互关系。

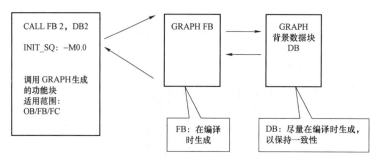

图 7-11　S7 程序结构

6. 认识 S7-GRAPH 编程器

打开 S7-GRAPH 编辑器窗口，如图 7-12 所示，S7-GRAPH 编辑器窗口主要由工具栏、块接口、导航区、工作区和指令区等五个部分组成，可以执行以下任务：编写前固定指令和后固定指令、顺序控制程序、指定联锁条件和监控条件报警等，根据要编程的内容，可以在视图间相互切换。

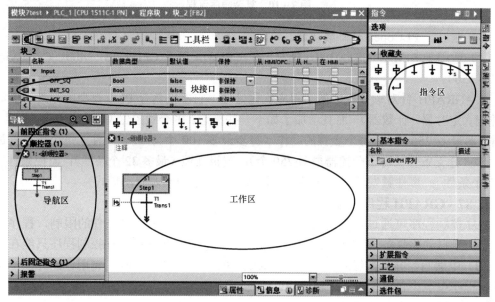

图 7-12　S7-GRAPH 编辑器窗口

1）工具栏

工具栏主要有三类功能：视图功能，调整显示作用，如是否显示符号等；顺控器：包含顺控器元素，如分支、跳转和步等；LAD/FBD：可以为每一步添加 LAD/FBD 指令。

2）块接口

块接口的参数和状态变量均由软件自动生成，当 FB 中的步序图发生变化时，其状态变量也会发生变化。块接口有接口参数的最小数目、默认接口参数和接口参数的最大数目等三种接口参数供选择，每一个参数都有一组不同的输入和输出参数。

在菜单栏中单击"选项"→"设置"，弹出"属性"选项卡，在"常规"→"PLC 编程"→"GRAPH"→"接口"下有三个选项可以选择，如图 7-13 所示，默认接口参数就是标准接口，该参数是本模块编程所选接口参数。

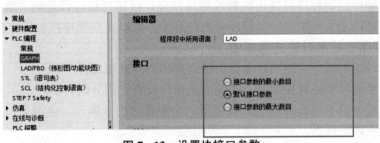

图 7-13 设置块接口参数

3）导航区

导航区主要由导航视图和导航工具栏组成。

（1）导航视图。导航视图包含可打开以下视图的面板：前固定指令、顺控器、后固定指令和报警视图等四部分。

（2）导航工具栏。导航工具栏主要由放大、缩小和同步导航三部分组成，可执行放大或缩小导航中的元素，当启用同步导航按钮时，将同步导航和工作区域，以确保始终显示相同元素，禁用该按钮时，在导航和工作区域中可显示不同的对象。

4）工作区

工作区可用于对顺序控制程序的各个元素进行编程，可以在不同视图中显示 GRAPH 程序，可以使用缩放功能缩放这些视图。工作区、可用指令及收藏夹将随具体视图而有所不同。工作区是 S7-GRAPH 中的最重要的区域。典型的工作区视图如 7-14 所示。

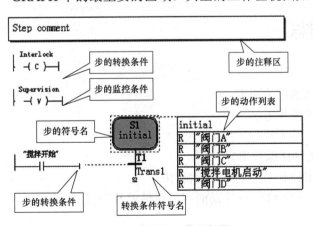

图 7-14 典型的工作区视图

7. 顺序功能图的执行原则

（1）程序将始终从定义为初始步的步开始执行。一个顺序控制程序可以有一个或多个初始步。初始步可以在顺序控制程序中的任何位置。激活一个步时，将执行该步中的动作，也可以同时激活多个步。

（2）一个激活步的退出。一旦满足转换条件，当前的激活步即可退出。

（3）在满足转换条件且没有监控错误时，会立即切换到下一步，则该步将变成活动步。如果存在监控错误或不满足转换条件，则当前步仍处于活动状态，直到错误消除或满足转换条件。

（4）结束顺序控制程序可使用跳转或顺序结尾。跳转目标可以是同一顺序控制程序中的任意步，也可以是其他顺序控制程序中的任意步，可以支持顺序控制程序的循环执行。

8. 绘制顺序功能图时的注意事项

下面是针对绘制顺序功能图时常见的错误提出的注意事项：

（1）两个步绝对不能直接相连，必须用一个转换将它们分隔开。

（2）两个转换也不能直接相连，必须用一个步将它们分隔开。这两条可以作为检查顺序功能图是否正确的判据。

（3）顺序功能图中的初始步一般对应于系统等待启动的初始状态，这一步可能没有什么输出为 1 状态，因此有的初学者在画顺序功能图时很容易遗漏这一步。初始步是必不可少的，一方面因为该步与它的相邻步相比，从总体上说输出变量的状态各不相同；另一方面如果没有该步，无法表示初始状态，系统也无法返回等待启动的停止状态。

（4）自动控制系统应能多次重复执行同一工艺过程，因此在顺序功能图中一般应有由步和有向连线组成的闭环，即在完成一次工艺过程的全部操作之后，应从最后一步返回初始步，系统停留在初始状态（单周期操作），在连续循环工作方式时，应从最后一步返回下一工作周期开始运行的第一步。

项目 7.1 交通灯控制——单序列结构的基本指令编程方法

一、学习目标

1. 知识目标

掌握顺序功能图的组成要素。

掌握单序列结构编程方法。

2. 技能目标

会使用 S7-GRAPH 编程器。

会根据工艺要求绘制单序列顺序功能图。

掌握西门子博途 GRAPH 顺序功能图程序编辑及调试。

扫码观看项目
功能演示

二、控制要求

应用 TIA 博途 GRAPH 顺序功能图编程实现交通灯控制。交通灯的动作受开关总体控制，按一下启动按钮，信号灯系统开始工作。交通灯工作时序图如图 7-15 所示。

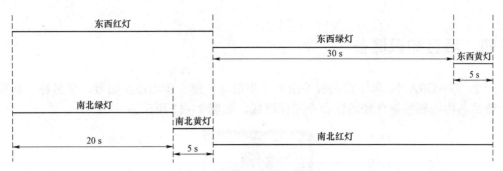

图 7-15　交通灯工作时序图

三、硬件电路设计

交通灯控制系统需要的元器件有：启动按钮 SB1，交通灯红色、绿色和黄色各 2 个共 6 个灯，由 S7-1511C-PN PLC 控制，硬件电路如图 7-16 所示。输入输出端口分配如表 7-1 所示。

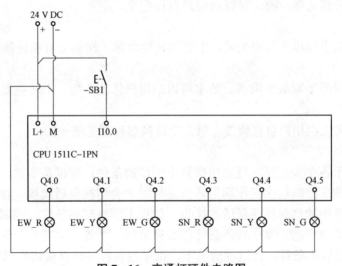

图 7-16　交通灯硬件电路图

表 7-1　输入输出端口分配

输入端口			输出端口		
输入点	输入器件	功能	输出点	输出器件	功能
I10.0	SB1	启动按钮	Q4.0	EW_R	东西向红灯
			Q4.1	EW_Y	东西向黄灯
			Q4.2	EW_G	东西向绿灯
			Q4.3	SN_R	南北向红灯
			Q4.4	SN_Y	南北向黄灯
			Q4.5	SN_G	南北向绿灯

四、项目知识储备

一个 S7-GRAPH 顺序控制程序由多个步组成，每一步均由步编号、步名称、转换编号、转换名称、转换条件和动作命令图标组成，如图 7-17 所示。

步编号
S1
动作命令图标
步名称
Step1
转换条件
T1
转换编号
Trans1
转换名称

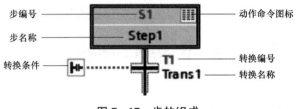

图 7-17　步的组成

1. 步编号

步编号由字母 S 和数字组成。数字可以由用户自行修改，每一步的编号都是唯一的。

2. 步名称

每一步的名称都是唯一的，可以由用户自行定义。

3. 转换

转换主要表示步与步之间的关系，主要由转换名称、转换编号和转换条件组成。

1）转换编号

转换编号由字母 T 和数字组成。数字可以由用户修改，每一个转换编号都是唯一的。

2）转换名称

转换名称也可以由用户自行修改，每一个转换名称都是唯一的。

3）转换条件

转换条件位于各个步之间，包含切换到下一步的条件，可以是事件，也可以是状态变化。也就是说，顺序控制程序仅在满足转换条件时才会切换到后续步，在此过程中，将禁用属于该转换条件中的当前步并激活后续步。如果不满足转换条件，则属于该转换条件的当前步仍将处于活动状态。每个转换条件都必须分配一个唯一的名称和编号。不含任何条件的转换条件为空转换条件，在这种情况下，顺序控制程序将直接切换到后续步。

4. 动作

1）步动作的构成

当激活或禁用顺序控制程序的步时，该步将产生相应的动作去完成用户程序中的控制任务。一个步动作由以下四个元素组成，如图 7-18 所示。

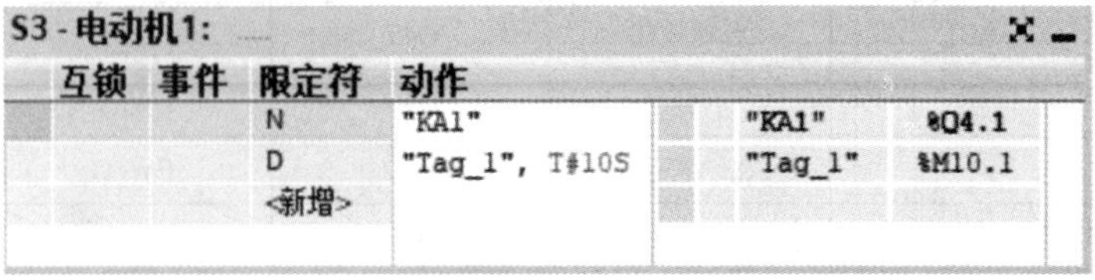

S3 - 电动机1:
互锁
事件
限定符
动作
N
"KA1"
"KA1"
%Q4.1
D
"Tag_1", T#10S
"Tag_1"
%M10.1
<新增>

图 7-18　步动作

（1）互锁条件（可选）：可以将动作与互锁条件相关联，以影响动作的执行。

（2）事件（可选）：将定义动作的执行时间，必须为某些限定符指定一个事件。

（3）限定符（必需）：将定义待执行动作的类型，如置位或复位操作数。

（4）动作（必需）：将确定执行该动作的操作数。

2）添加步动作

单击图 7-17 中的动作命令图标，出现图 7-18 所示的步动作命令框，可输入相应的命令和动作。

3）动作分类

顺序控制器的动作可分为标准动作和与事件有关的动作。动作中可以有定时器、计数器和算术运算等。

激活一个没有互锁的步动作后，将执行标准动作，标准动作的含义如表 7-2 所示。标准动作可以与一个互锁条件相关联，当步处于活动状态且互锁条件满足时可被执行。其他动作将在其他模块中讲解。时间常量应用格式如表 7-3 所示。

表 7-2　标准动作的含义

指令	操作数的数据类型	含义
N	Bool FB、FC、SFB、SFC	后面可接布尔量操作数或使用 CALL FC（××）格式调用一个 FC 或 FB。只要步为活动步，则动作对应的地址为 "1" 状态或调用相应的块，无锁存功能
S	Bool	置位：后面可接布尔量操作数。只要激活该步，则立即将操作数置位为 "1" 并保持为 "1"
R	Bool	复位：后面可接布尔量操作数。只要激活该步，则立即将操作数置位为 "0" 并保持为 "0"
D	Bool、Time/DWord	接通延时：后面可接布尔量和一个时间量（之间用逗号隔开）作为操作数。步变为活动步 n 秒后，如果步仍然是活动的，则该地址被置为 "1" 状态，之后将复位该操作数。如果步激活的持续时间小于 n 秒，则操作数也会复位。可以将时间指定为一个常量或指定为一个 Time/Dword 数据类型的 PLC 变量，无锁存功能
	T#＜常数＞	有延迟动作的下一行为的时间常数
L	Bool 和 Time/DWord	在设定时间内置位：后面可接布尔量和一个时间量（之间用逗号隔开）作为操作数。当步为活动步时，该地址在 n 秒内为 "1" 状态，之后将复位该操作数。如果步激活的持续时间小于 n 秒，则操作数也会复位。可以将时间指定为一个常量或指定为一个 Time/DWord 数据类型的 PLC 变量，无锁存功能
	T#＜常数＞	有脉冲限制动作的下一行为的时间常数

表 7-3　时间常量应用格式

标识符	动作	说明
D	"MyTag"，T#2s	在激活步 2 s 之后，将 "MyTag" 操作数置位为 "1"，并在步激活期间保持为 "1"。如果步激活的持续时间小于 2 s，则不适用。在取消激活该步后，复位操作数（无锁存）
L	"MyTag"，T#20s	如果激活该步，则 "MyTag" 操作数将置位为 "1" 20 s。20 s 后将复位该操作数（无锁存）。如果步激活的持续时间小于 20 s，则操作数也会复位

五、项目实施

1. 分析控制要求绘制流程图

根据控制要求，画出工作流程图和顺序控制功能图，如图 7-19 和图 7-20 所示。

扫码观看项目演示
完成过程

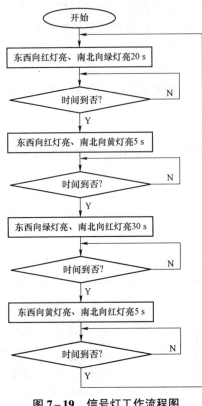

图 7-19 信号灯工作流程图

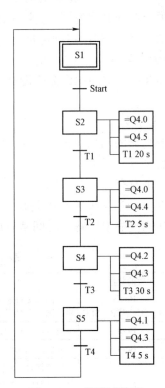

图 7-20 顺序功能图

2. 建立 S7 项目并进行 PLC 硬件组态

启动计算机中的 TIA 博途软件，新建项目，并命名为"模块 7.1"，创建项目完成。

在项目视图"项目树"中，选中并双击"添加新设备"，添加 PLC 为 CPU 1511C-1PN，订货号为 6ES7 511-1CK01-0AB0，版本号 2.8 应与实际的 PLC 一致，单击"确定"按钮，CPU 模块添加完成。单击"设备组态"选中 CPU 模块，单击"常规"→"DI16/DO16［X11］"→"I/O 地址"，可以看到输入起始地址 10、结束地址 11，输出起始地址 4、结束地址 5，均是以字节为单位，即数字量输入（I）地址范围为 I10.0～I11.7，数字量输出（Q）地址范围为 Q4.0～Q5.7。

3. 编辑 PLC 变量

在 TIA 博途软件项目视图"项目树"的"PLC 变量"中，选中并打开"显示所有变量"，根据输入/输出端口分配表新建变量，如图 7-21 所示，其中 M0.0～M0.3 分别是步 S2、S3、S4 和 S5 的转移条件。

4. 插入 S7-GRAPH 功能块

在"项目树"下→单击"程序块"→双击"添加新块"添加一个函数块 FB，选择语言"GRAPH"，默认编号为 1（即 FB1），如图 7-22 所示，单击"确定"，即可生成函数块 FB1，其编程语言是 GRAPH。

PLC 变量								
	名称	变量表	数据类型	地址	保持	从 H...	从 H...	在 H...
1	SB1	默认变量表	Bool	%I10.0		☑	☑	☑
2	EW-R	默认变量表	Bool	%Q4.0		☑	☑	☑
3	EW-Y	默认变量表	Bool	%Q4.1		☑	☑	☑
4	EW-G	默认变量表	Bool	%Q4.2		☑	☑	☑
5	SN-R	默认变量表	Bool	%Q4.3		☑	☑	☑
6	SN-Y	默认变量表	Bool	%Q4.4		☑	☑	☑
7	SN-G	默认变量表	Bool	%Q4.5		☑	☑	☑
8	Tag_1	默认变量表	Bool	%M0.0		☑	☑	☑
9	Tag_2	默认变量表	Bool	%M0.1		☑	☑	☑
10	Tag_3	默认变量表	Bool	%M0.2		☑	☑	☑
11	Tag_4	默认变量表	Bool	%M0.3		☑	☑	☑
12	Tag_5	默认变量表	Bool	%M0.4		☑	☑	☑

图 7-21　PLC 变量

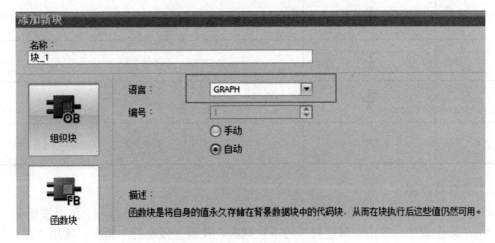

图 7-22　FB1 的属性对话框

5. 编写程序

1）插入步及步的转换

双击新建好的 FB1，打开 FB1 的编辑器，可以看到编辑器为 FB1 已经自动生成了第一步"S1 Step1"和第一个转换"T1 Trans1"，从流程图中可以看到使用 5 个"步"来完成控制，利用表 7-4 中顺控器元素图标，单击对应图标添加完成 5 个"步"，也可以利用右键，如图 7-23 所示，添加步和转换条件。

图 7-23　添加"步和转换条件"

表 7-4　顺控器元素含义

序号	图标	名称
1	中	步和转换条件
2	中	添加新步
3	⊥	添加转换条件
4	⊥	顺控器结尾
5	⊥s	跳转
6	⟊	选择分支
7	串	并行分支
8	↵	结束分支

2）编辑动作表

单击"步"右上角的按钮 可以展开动作表（再单击一次或单击右上角点按钮 可以关闭）。在动作表中，单击"限定符"的下拉列表，找到"限定符"指令，常用"限定符"如表 7-2 所示。在动作表中编辑动作时，每一个动作包括"限定符"和"动作"，比如"限定符"的下拉列表中"N"在右边"动作"输入"Q4.0"，表示当该步为活动步时，Q4.0 输出 1。在"限定符"下拉菜单选择"D"在右边"动作"输入"M0.0，T#20S"，表示当该步为活动步时，延时 20 s，M0.0 输出 1。按照同样的方法，把每一步的动作表编写完整，具体如图 7-24 所示。

3）编写转换条件

单击转换条件按钮 ，可以展开转换条件的编写界面，单击转换条件上右上角的按钮 可以关闭。编写转换条件程序可以使用梯形图语言，比如在转换条件 T1 中，单击工具条中的 常开触点，就可以把常开触点放到转换指令里，单击 PLC 默认变量，从详细视图中将变量"启动"拖放到该常开触点的地址域中或直接输入地址 I10.0，表示当按下启动按钮时，I10.0 常开触点接通，转换到下一个"步"。按照同样的方法，把每一步的转换条件编写完整，编写的转换条件如图 7-24 所示。

在转换条件 T1 中，当按下按钮 SB1，从 S1 转换到 S2。在 S2 中，Q4.0 和 Q4.5 置位，东西红灯和南北绿灯亮，同时延时 20 s，当延时时间到，M0.0 为 1，转换到 S3。在 S3 中，东西红灯和南北黄灯亮，同时延时 5 s，当延时时间到，M0.1 为 1，转换到 S4。在 S4 中，东西绿灯和南北红灯亮，同时延时 30 s，当延时时间到，M0.2 为 1，转换到 S5。在 S5 中，东西黄灯和南北红灯亮，同时延时 5 s，当延时时间到，M0.3 为 1，转换到 S1，一个灯亮的工作周期结束。

编写完成的 GRAPH 程序如图 7-24 所示，单击保存。编写完成后，单击图标 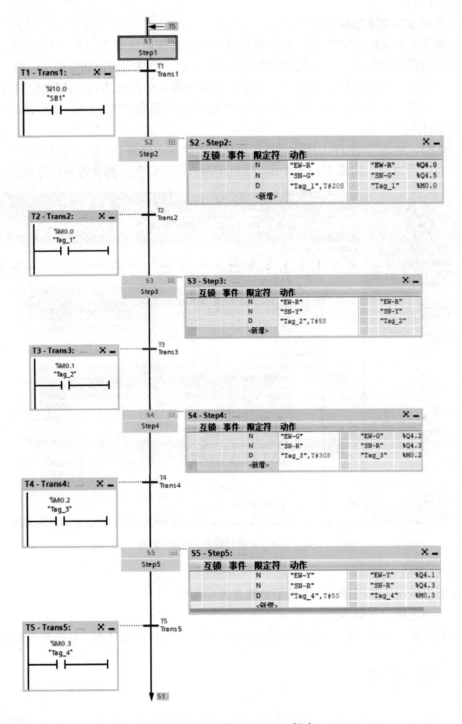 进行编译。

图 7-24　交通灯 GRAPH 程序

6. 调用 S7-GRAPH 功能块

在"项目树"下单击"程序块"，双击打开 OB1，在 OB1 中无条件调用 FB1，选择 DB1 为其背景数据块。

7. 仿真运行

（1）打开 S7-PLCSIM 并下载程序。

单击▥打开 S7-PLCSIM，由于是在博途软件界面打开的仿真器，打开时自动进行下载，在下载预览页面选择装载，在下载结果页面单击"完成"。单击▥可以切换到 S7-PLCSIM 的项目视图，新建一个仿真项目，打开该项目中的 SIM 表格，在 SIM 表格中添加要监控的变量，在地址列中，第一行输入 IB10，第二行输入 QB4。单击仿真器中的 RUN，运行该项目。

（2）监控程序运行。

打开 FB1，单击▧▧ 将 FB1 显示状态切换到监控模式，接通 I10.0，开始运行，可以看到交通灯按照顺序点亮，如图 7-25 所示，当前东西方向绿灯亮，南北方向红灯亮。

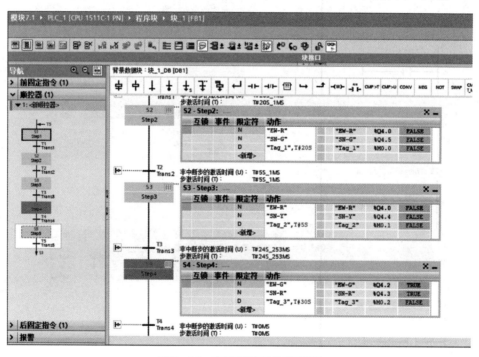

图 7-25　交通灯控制仿真运行

8. 联机调试

（1）断电情况下按照图 7-16 所示电路原理图接线。

（2）接通电源，下载程序。

（3）监控程序运行，监控 PLC 变量及程序，观察交通灯运行状态，分析是否满足控制。

六、项目扩展

如果该控制系统想增加停止按钮 SB2，即当停止按钮按下，结束一个循环，如何编程？

项目 7.2　自动洗车控制系统——选择序列结构的基本指令编程方法

扫码观看项目
功能演示

一、学习目标

1. 知识目标
掌握动作中标准动作和事件有关的动作的含义及用法。
掌握选择序列编程方法。

2. 技能目标
会根据工艺要求绘制选择序列顺序功能图。
掌握西门子博途 GRAPH 顺序功能图程序编辑及调试。

二、控制要求

洗车过程包含 3 道工艺：泡沫清洗、清水冲洗和风干，示意图如图 7-26 所示。
系统设置"自动"和"手动"两种控制方式。控制要求如下：
（1）若方式选择开关 Mode 置于"手动"方式，按启动按钮 Start 后，则按下面的顺序动作：首先执行泡沫清洗→按冲洗按钮 SB1，则执行清水冲洗→按风干按钮 SB2，则执行风干→按完成按钮 SB3，则结束洗车作业。
（2）若选择方式开关置于"自动"方式，按启动按钮 Start 后，则自动执行洗车流程：泡沫清洗 10 s→清水冲洗 20 s→风干 5 s→结束→回到待洗状态。
（3）任何时候按下停止按钮 Stop，则立即停止洗车作业。

图 7-26　自动洗车控制系统示意图

三、硬件电路设计

自动洗车控制系统需要的元器件有：模式选择开关 Mode、启动按钮 Start、停止按钮

Stop、冲洗按钮 SB1、风干按钮 SB2、结束按钮 SB3，控制泡沫清洗电动机、清水清洗电动机和风干机的交流接触器 KM1、KM2 和 KM3（主电路参考模块 2），中间继电器 KA1、KA2 和 KA3，热继电器 FR1、FR2 和 FR3 等（断路器 QF、熔断器 FU 与 PLC 的输入/输出无关），由 S7-1511C-PN PLC 控制，硬件控制线路如图 7-27 所示。表 7-5 所示为输入输出端口分配。

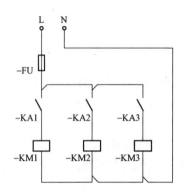

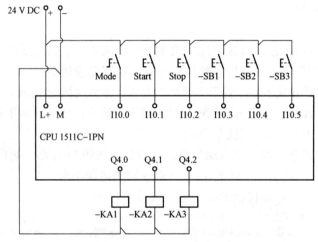

图 7-27　自动洗车控制系统硬件电路图

表 7-5　输入输出端口分配

输入端口			输出端口		
输入点	输入器件	功能	输出点	输出器件	功能
I10.0	Mode	模式选择开关："1"自动、"0"手动	Q4.1	KA1	控制泡沫清洗电动机
I10.1	Start	启动按钮	Q4.2	KA2	控制清水冲洗电动机
I10.2	Stop	停止按钮	Q4.3	KA3	控制风干机
I10.3	SB1	清水冲洗按钮			
I10.4	SB2	风干按钮			
I10.5	SB3	结束按钮			

四、项目知识储备

1. 选择序列

在步后面插入以转换条件开始的分支。按照所满足的转换条件，执行相应的分支。如果同时满足多个转换条件，则由设置的工作模式来确定执行哪个分支，一般有自动或半自动模式，即最左边的转换条件拥有最高优先级并执行相应的分支；但如果激活测试设置"处理所有转换条件"，这两种模式下都先处理转换条件编号最小的分支。在一个顺控程序中，最多可以编写 125 个选择分支。

可以使用"关闭分支"元素关闭选择分支，返回上一个。如果不希望使用跳转或顺序结尾结束分支，则可使用该元素关闭分支。

可以通过跳转，从 GRAPH 函数块中的任何步开始继续程序执行。跳转可以插入到主分支、选择分支或并行分支的末尾，从而激活顺控程序的循环处理。在顺控程序中，跳转和跳转目标使用箭头表示，同时需要为指定跳转目标的返回跳转条件以及返回的目标步。注意，请避免从转换条件跳转到直接前导步。如果需要执行此类跳转，则可以插入一个不带任何转换条件的空步。

为了避免几个转换同时启动，转换的条件是排他的，或者一个个选择进行，具有优先权的选择性分支如图 7–28 所示，当 a、b 条件同时成立，优先权制定给步进条件 a。在图 7–29 中工步 3 和工步 4 的条件是相反的，具有排他性。

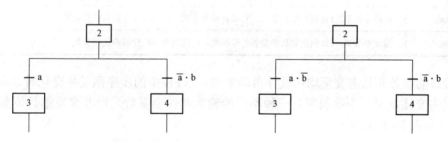

图 7–28　具有优先权的选择性分支　　　　图 7–29　排他性选择分支

如果满足一定条件，某些步不需要执行，可采用跳跃工步，如图 7–30 所示，当步 4 的动作和转换 c 条件满足时，工作周期由步 4 跳至步 7。工步反复是一种特殊类型的分支，使某些工步反复执行，直到发出控制信号为止，如图 7–31 所示，如果步 12 完成后，c 的条件不满足将跳回步 11，并重复这一循环。

2. GRAPH 函数块的块接口基本知识

菜单栏中单击"选项"→"设置"，弹出"属性"选项卡，在"常规"→"PLC 编程"→"GRAPH"→"接口"，可选择以下接口参数集。在 FB Parameters 区域有 3 个参数选项："Minimum"（最小参数集）、"Standard"（标准参数集）、"Maximum"（最大参数集），如表 7–6 所示。每个参数集都包含一组不同的输入和输出参数，最小接口参数集仅包含输入参数"INIT_SQ"，而不包含输出参数。标准接口参数集可用于执行各种操作模式下的顺控程序，并包含有确认报警。最大接口参数集则用于执行其他诊断。不同参数集对应的功能块图符不同。可以手动在所有参数集中删除或插入单个参数。进行选择时，还要考虑 CPU 的可用存储空间。这是因为随着参数数量的增加，GRAPH 函数块和相关背景数据块所需的存储空间也将随之增加。

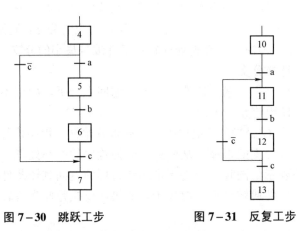

图 7-30　跳跃工步　　　　　　图 7-31　反复工步

表 7-6　FB 参数集

名称	任务
Minimum	最小参数集，只用于自动模式，不需要其他控制和监视功能
Standard	标准参数集，FB 包括默认参数，有多种操作方式，提供反馈及确认消息功能
Maximum	最大参数集，FB 包括默认参数和扩展参数，可提供更多的控制和监控参数

块接口的参数和状态变量均由软件自动生成，当 FB 中的步序图发生变化时，其状态变量也会发生变化，每一个参数都有一种不同的输入和输出参数。标准参数集具体参数含义如表 7-7 和表 7-8 所示。

表 7-7　FB 标准输入参数

参数	数据类型	说明
OFF_SQ	Bool	OFF_SEQUENCE：关闭顺控程序，即激活所有步。类型：请求
INIT_SQ	Bool	INIT_SEQUENCE：激活初始步，复位顺控程序。类型：请求
ACK_EF	Bool	ACKNOWLEDGE_ERROR_FAULT：确认故障，强制切换到下一步。类型：请求
S_PREV	Bool	PREVIOUS_STEP：自动模式：向上翻页浏览当前活动步，显示"S_NO"参数中的步号，手动模式：显示"S_NO"中的上一步（较小编号）。类型：请求
S_NEXT	Bool	NEXT_STEP：自动模式：向下翻页浏览当前活动步，显示"S_NO"参数中的步号。手动模式：显示 S_NO 中的下一步（较大编号）。类型：请求
SW_AUTO	Bool	SWITCH_MODE_AUTOMATIC：操作模式切换：自动模式。类型：状态，由 SW_TAP、SW_TOP、SW_MAN 上的下一个上升沿复位

续表

参数	数据类型	说明
SW_TAP	Bool	SWITCH_MODE_TRANSITION：操作模式切换：半自动模式。类型：状态，由 SW_AUTO、SW_TOP、SW_MAN 上的下一个上升沿复位
SW_TOP	Bool	SWITCH_MODE_TRANSITION_OR_PUSH：操作模式切换：自动或半自动模式。类型：状态，由 SW_AUTO、SW_TAP、SW_MAN 上的下一个上升沿复位
SW_MAN	Bool	SWITCH_MODE_MANUAL：操作模式切换：手动模式，不启动单独的顺序。类型：状态，由 SW_AUTO、SW_TAP、SW_TOP 上的下一个上升沿复位
S_SEL	Int	STEP_SELECT：如果在手动模式下选择输出参数"S_NO"的步号，则需使用"S_ON"/"S_OFF"进行启用/禁用。类型：N/A
S_ON	Bool	STEP_ON：手动模式：激活所显示的步。类型：请求
S_OFF	Bool	STEP_OFF：手动模式：取消激活所显示的步。类型：请求
T_PUSH	Bool	PUSH_TRANSITION：如果满足条件且"T_PUSH"（边沿），则转换条件切换到下一步。要求：自动模式或手动模式。类型：请求

表 7-8　FB 标准输入参数

参数	数据类型	说明
S_NO	Int	STEP_NUMBER：显示步号
S_MORE	Bool	MORE_STEPS：激活其他步
S_ACTIVE	Bool	STEP_ACTIVE：所显示的步处于活动状态
ERR_FLT	Bool	IL_ERROR_OR_SV_FAULT：常规故障
AUTO_ON	Bool	AUTOMATIC_IS_ON：显示自动模式
TAP_ON	Bool	T_AND_PUSH_IS_ON：显示半自动模式
TOP_ON	Bool	T_OR_PUSH_IS_ON：显示半自动模式
MAN_ON	Bool	MANUAL_IS_ON：显示手动模式

在 GRAPH 编辑器中编写程序后，生成函数快，本例为 FB1，如图 7-32 所示。

五、项目实施

1. 分析控制要求绘制流程图

根据控制要求，画出工艺流程图或顺序控制功能图。由于"手动"和"自动"工作方式只能选择其中之一，因此使用选择性分支实现，其工作流程如图 7-33 所示。其中待洗状态用 S1 表示，选择模式用 S2 表示。洗车作业流程包括：泡沫清洗、清水冲洗、风干 3 个工序，因此在"自动"和"手动"方式下可分别用 3 个状态来表示。

扫码观看项目演示
完成过程

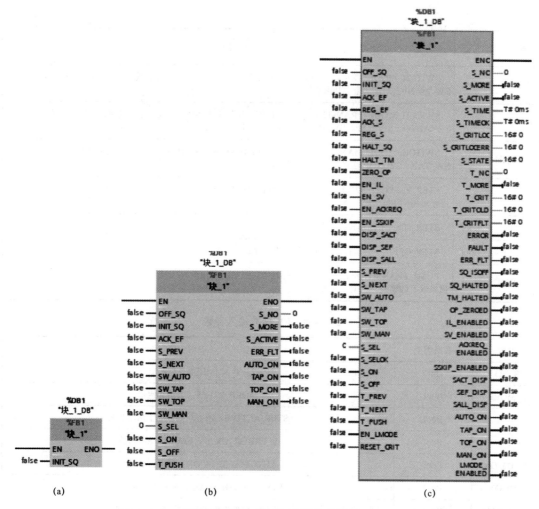

图 7-32 S7 Graph 功能块参数集
（a）最小参数集；（b）标准参数集；（c）最大参数集

2. 建立 S7 项目并进行 PLC 硬件组态

启动计算机中的 TIA 博途软件，新建项目，并命名为"模块 7.2"，创建项目完成。

在项目视图"项目树"中，选中并双击"添加新设备"，添加 PLC 为 CPU 1511C-1PN，订货号为 6ES7 511-1CK01-0AB0，版本号 2.8 应与实际的 PLC 一致，单击"确定"按钮。

3. 编辑 PLC 变量

在 TIA 博途软件项目视图"项目树"的"PLC 变量"中，选中并打开"显示所有变量"，根据输入输出端口分配表新建变量，如图 7-34 所示。

4. 插入 S7-GRAPH 功能块

在"项目树"下→单击"程序块"→双击"添加新块"添加一个函数块 FB，选择语言"GRAPH"，默认编号为 1（即 FB1），单击"确定"，即可生成函数块 FB1，其编程语言是 GRAPH。

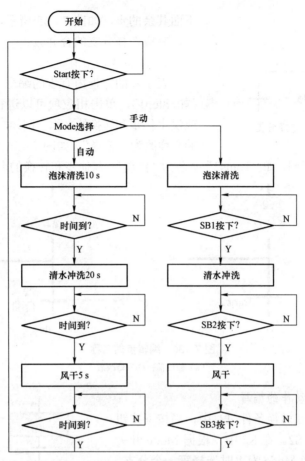

图 7－33　工作流程图

PLC 变量

		名称	变量表	数据类型	地址	保持	从 H...	从 H...	在 H...
1		Mode	默认变量表	Bool	%I10.0	☐	☑	☑	☑
2		Start	默认变量表	Bool	%I10.1	☐	☑	☑	☑
3		Stop	默认变量表	Bool	%I10.2	☐	☑	☑	☑
4		SB1	默认变量表	Bool	%I10.3	☐	☑	☑	☑
5		SB2	默认变量表	Bool	%I10.4	☐	☑	☑	☑
6		SB3	默认变量表	Bool	%I10.5	☐	☑	☑	☑
7		KA1	默认变量表	Bool	%Q4.1	☐	☑	☑	☑
8		KA2	默认变量表	Bool	%Q4.2	☐	☑	☑	☑
9		KA3	默认变量表	Bool	%Q4.3	☐	☑	☑	☑
10		延时10s到标志	默认变量表	Bool	%M10.1	☐	☑	☑	☑
11		延时20s到标志	默认变量表	Bool	%M10.2	☐	☑	☑	☑
12		延时5s到标志	默认变量表	Bool	%M10.3	☐	☑	☑	☑

图 7－34　PLC 变量

5. 编写程序

1）分支程序编写

在FB1中进行程序编写，选中需要插入分支的步如S2，然后单击图标“打开选择分支”，即可打开一个新的分支，如图7－35所示，即是在Step2下有两个分支转换条件分别是T2和T3。

选择分支的合并，在转换条件 T2 和 T3 下面分别加入若干步后，再单击“ ”可插入

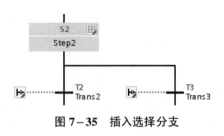

图 7-35 插入选择分支

下面其余的步，如图 7-35 所示，用鼠标拖曳到合并处，完成选择分支的合并。

2）编辑步的名称

表示步的方框内有步的编号（如 S1）和步的名称（如 Step1），单击相应项可以进行修改，可以用字母或汉字作步和转换的名称。例如，选中"Step2"步 S2 的名称改为"选择"，如图 7-36 所示，转换的命名方式与步的命名方式相同，如"Trans2"命名为"自动"。其他步和转换的名称如图 7-37 所示。

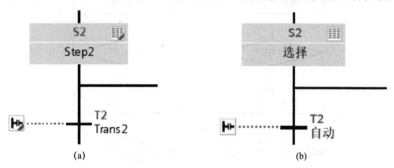

图 7-36 编辑步的名称

（a）修改前；（b）修改后

3）转换条件及动作的编写

S1 开始程序，在转换条件 T1 中，当按下按钮 Start，从 S1 转换到 S2。在 S2 中，根据 Mode 开关的状态选择分支，当 Mode 为 1 时选择第一个分支，执行自动洗车的程序，执行 S3 中泡沫清洗；当定时 10 s 到时，执行 S6 中清水冲洗；当定时 20 s 到时，执行 S7 中风干；当定时 5 s 到时，自动洗车完成等待信号。当 Mode 为 0 时选择第二个分支，执行手动洗车的程序，执行 S5 中泡沫清洗，当按下 SB1 时，执行 S8 中清水冲洗；当按下 SB2 时，执行 S9 中风干；当按下 SB3 时，手动洗车完成等待信号。编写完成的 GRAPH 程序如图 7-37 所示，单击"保存"。保存完成后，单击图标进行编译。

6. 调用 S7-GRAPH 功能块

在 SIMATIC 管理器块目录里双击打开 OB1，在 OB1 中无条件调用 FB1，选择 DB1 为其背景数据块，在 FB1 里写上实参变量，INIT_SQ 端口输入 I10.1，也就是用启动按钮激活顺控器的初始步 S1，在 OFF_SQ 端口上输入 I10.2，也就是用停止按钮关闭顺序器，如图 7-38 所示，当停止按钮按下可以实现所有工作都停止。

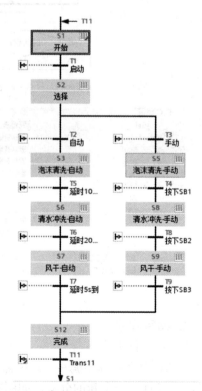

图 7-37 自动洗车控制系统 GRAPH 程序

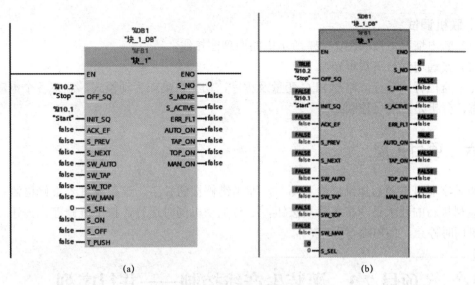

图 7-38　调用 FB1

(a) 调用; (b) 仿真

7. 仿真运行

(1) 打开 S7-PLCSIM 并下载程序。

单击█打开 S7-PLCSIM, 由于是在博途软件界面打开的仿真器, 打开时自动进行下载, 在下载预览页面选择装载, 在下载结果页面单击"完成"。单击█可以切换到 S7-PLCSIM 的项目视图, 新建一个仿真项目, 打开该项目中的 SIM 表格, 在 SIM 表格中添加要监控的变量。单击仿真器中的 RUN, 运行该项目。

(2) 监控程序运行。

当按下 Start 按钮, 模式 Mode 选择 1, 可进入自动洗车程序, 并执行风干, 如图 7-39 所示, 当模式 Mode 选择 0, 可进入手动洗车程序; 当按下 Stop 按钮, 所有动作停止。

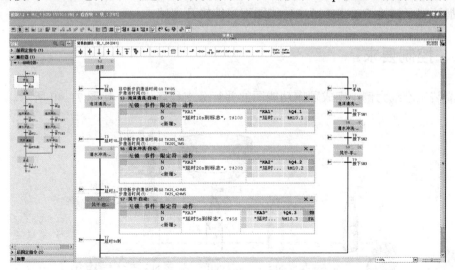

图 7-39　自动洗车控制系统仿真运行

8. 联机调试

（1）断电情况下按照图 7-27 所示电路原理图接线。

（2）接通电源，下载程序。

（3）监控程序运行，监控 PLC 变量及程序，切换自动或手动模式，观察各个电动机运行状态，分析是否满足控制。

六、项目扩展

如果该项目需要添加维修检测环节，即当维修按钮按下，该系统进入维修检测状态。维修检测状态的要求是，按下检测按钮，三台电动机同时运行，按下维修停止按钮，三台电动机同时停止，如何编写程序？

项目 7.3 灌装生产线控制——并行序列结构的基本指令编程方法

一、学习目标

1. 知识目标

掌握动作中的定时器和计数器。

掌握并行序列编程方法。

2. 技能目标

会根据工艺要求绘制并行序列顺序功能图。

掌握西门子博途 GRAPH 顺序功能图程序编辑及调试。

扫码观看项目
功能演示

二、控制要求

以灌装生产线为例，完成顺序功能图的并行分支程序设计，如图 7-40 所示。

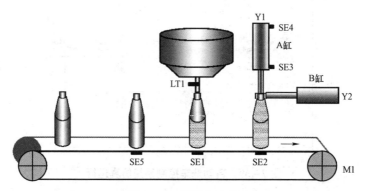

图 7-40 灌装生产线

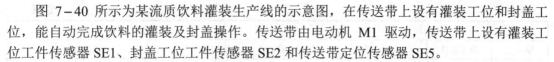

图 7-40 所示为某流质饮料灌装生产线的示意图，在传送带上设有灌装工位和封盖工位，能自动完成饮料的灌装及封盖操作。传送带由电动机 M1 驱动，传送带上设有灌装工位工件传感器 SE1、封盖工位工件传感器 SE2 和传送带定位传感器 SE5。

（1）按动启动按钮 Start，传送带 M1 开始转动，若定位传感器 SE5 动作，表示饮料瓶已到达一个工位，传送带应立即停止。

（2）在灌装工位上部有一个饮料罐，当该工位有饮料瓶时，则由电磁阀 LT1 对饮料瓶进行 3 s 定时灌装（传送带已定位）。

（3）在封盖工位上有 2 个单作用气缸（A 缸和 B 缸），当工位上有饮料瓶时，首先 A 缸向下推出瓶盖，当 SE3 动作时，表示瓶盖已推到位，然后 B 缸开始执行压接，1 s 后 B 缸打开，再经 1 s 后 A 缸退回，当 SE4 动作时表示 A 缸已退回到位，封盖动作完成。

（4）瓶子的补充及包装，假设使用人工操作，暂时不考虑。

（5）按下停止按钮，在处理完当前周期的剩余工作后，系统停止在初始状态，等待下一次启动。

三、硬件电路设计

罐装生产线控制系统需要的元器件有：启动按钮 Start，停止按钮 Stop，传感器 SE1、SE2、SE3、SE4 和 SE5。控制皮带电动机的交流接触器 KM（主电路参考模块 2）、中间继电器 KA、热继电器 FR、控制罐装的电磁阀 LT1、控制气缸 A 和气缸 B 的电磁阀 Y1 和 Y2。由 S7-1511C-PN PLC 控制，硬件控制线路如图 7-41 所示。表 7-9 所示为输入输出端口分配。

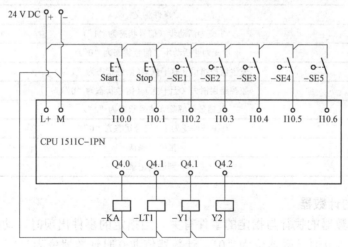

图 7-41　罐装生产线硬件电路图

表 7-9　输入输出端口分配

输入端口			输出端口		
输入点	输入器件	功能	输出点	输出器件	功能
I10.0	Start	启动按钮	Q4.0	KA	利用接触器控制传送带电动机
I10.1	Stop	停止按钮	Q4.1	LT1	电磁阀
I10.2	SE1	罐装位置有无瓶检测	Q4.2	Y1	控制单作用气缸 A

续表

输入端口			输出端口		
输入点	输入器件	功能	输出点	输出器件	功能
I10.3	SE2	封盖位置有无瓶检测	Q4.3	Y2	控制单作用气缸 B
I10.4	SE3	气缸 A 推出到位检测			
I10.5	SE4	气缸 A 退回到位检测			
I10.6	SE5	传送带定位开关			

四、项目知识储备

1. 与事件有关的动作

动作可以与事件结合，事件是指步、监控信号、互锁信号的状态变化、信息（Message）的确认（Acknowledgment）或记录（Registration）信号被置位。常用事件指令如图 7-42 所示，事件的意义如表 7-10 所示。命令只能在事件发生的那个循环周期执行。

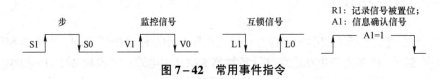

图 7-42　常用事件指令

表 7-10　控制动作的事件意义

名称	事件意义
S1	步变为活动步（信号状态为 "1"）
S0	步变为非活动步（信号状态为 "0"）
V1	发生监控错误（有干扰）（信号状态为 "1"）
V0	监控错误消失（无干扰）（信号状态为 "0"）
L1	互锁条件解除（信号状态为 "1"）
L0	互锁条件变为 1（信号状态为 "0"）
A1	报警已确认
R1	到达的记录

2. 动作中的计数器

动作中的计数器的执行与指定的事件有关。当指定的事件出现时，动作中的计数器才会计数。计数值为 0 时计数器位为 "0"，计数器值非 0 时计数器位为 "1"。

事件发生时，计数器指令 CS 将初值装入计数器。CS 指令下面一行是要装入的计数器的初值，它可以由 IW、QW、MW、LW、DBW、BIW 来提供，或用常数 C#0~C#999 的形式给出。事件发生时，CU、CD、CR 指令使计数值分别加 1、减 1 或将计数值复位为 0。

3. 动作中的定时器

动作中的定时器与计数器的使用方法类似，事件出现时定时器被执行，除了 TF 外，所有定时器都与确定定时器激活时间的事件有关。TF 定时器由步本身激活，使用 TL、TD 和

TF 定时器时，必须指定持续时间，也可以输入常量作为标准时间，如 2 s。

（1）TL 命令：TL 命令为扩展的脉冲定时器命令，该命令的下面一行是定时器的定时时间 "time"，定时器位没有闭锁功能。一旦事件发生定时器即被启动，启动后将持续定时，与步是否为活动步和互锁条件无关。在 "time" 指定的时间内，定时器位为 "1"，此后变为 "0"。正在定时的定时器可以被新发生的事件重新启动，重启后在 "time" 指定的时间内定时器位为 "1"。

（2）TD 命令：TD 命令用来实现定时器位有闭锁功能的延迟。一旦事件发生定时器即被启动。互锁条件仅在被启动的那一刻有效。定时器被启动后将持续定时，与步是否为活动步和互锁条件无关。在 "time" 指定的时间内，定时器位为 "0"。正在定时的定时器可以被新发生的事件重新启动，重启后在 "time" 指定的时间内定时器位为 "0"，定时时间到，定时器位变为 "1"。

（3）TR 命令：TR 是复位定时器命令，一旦事件发生定时器立即停止定时，定时器位与定时值被复位为 "0"。

4. GRAPH 的测试功能

可通过显示 GRAPH 程序的状态，检查顺控系统的逻辑、一致性和功能。以下测试功能可以测试在 GRAPH 中创建的顺序控制系统：

（1）顺序的程序状态。

（2）条件和动作的程序状态。

（3）联锁和监控的程序状态。

（4）前永久指令和后永久指令的程序状态。

在测试过程中，可以控制顺控程序，也可以将其与当前的过程状态进行同步。

5. 测试 GRAPH 程序的操作模式

测试 GRAPH 程序共有以下三种操作模式：

1）自动模式

在这种操作模式中，满足转换条件时，顺控程序将立即自动转到下一步。

2）半自动模式

在这种操作模式中，如果满足了以下某个条件，顺控程序将转到下一步：满足转换条件，参数 "T_PUSH" 出现上升沿；通过 "忽略转换条件"（Ignore transition）按钮，进行手动切换。

3）手动模式

在这种操作模式中，可手动从上一步转到下一步，也可以特定选择某一步。

6. 在各种操作模式下进行测试

将编写好的程序下载到仿真器中，打开编辑好的程序块，如 FB1，单击右侧 "测试"→"顺控器控制"，将显示程序状态。当程序运行时，该界面模式可选，如图 7-43 所示，否则为灰色。

1）在自动模式下测试

要在自动模式下测试顺控程序，请按以下步骤操作：打开 "测试" 任务卡，在 "顺序控制" 面板中，选择 "自动" 作为操作模式。

2）在半自动模式下测试

要在半自动模式下测试顺控程序，请按以下步骤操作：打开 "测试" 任务卡，在 "顺序控制"面板中，选择"半自动模式"作为操作模式。当满足转换条件或使用参数"T_PUSH"时未自动跳转时，应单击按钮"忽略转换条件"。

3）在手动模式下测试

要在手动模式下测试顺控程序，请按以下步骤操作：打开"测试"任务卡，在"顺序控制"面板中，选择"手动模式"作为操作模式。如果要启用下一步，请单击"下一步"按钮。如果要启用或禁用任何指定步，则可在"手动选择步"域中输入步号，或在顺控程序中选择某一步，然后单击"启用"或"禁用"按钮。

图 7-43　顺控器控制

五、项目实施

1. 分析控制要求绘制流程图

由于饮料的灌装与封盖是同时进行的，而且动作时间并不相同，因此应使用并行序列（并进分支流程）设计顺序流程图，如图 7-44 所示。系统工作状态有：传送带动作、LT1 电磁阀动作、罐装等待、A 缸推出、B 缸压盖、B 缸松开、A 缸退回和封盖等待，包括两个分支：

扫码观看项目演示
完成过程

灌装分支：传送带动作→电磁阀动作→等待→循环。

封盖分支：传送带动作→A 缸推出→B 缸压盖→B 缸松开，A 缸退回→等待→循环。

2. 建立 S7 项目并进行 PLC 硬件组态

启动计算机中的 TIA 博途软件，新建项目，并命名为"模块 7.3"，创建项目完成。

在项目视图"项目树"中，选中并双击"添加新设备"，添加 PLC 为 CPU 1511C-1PN，订货号为 6ES7 511-1CK01-0AB0，版本号 2.8 应与实际的 PLC 一致，单击"确定"按钮。

3. 编辑 PLC 变量

在 TIA 博途软件项目视图"项目树"的"PLC 变量"中，选中并打开"显示所有变量"，根据输入输出端口分配表新建变量，如图 7-45 所示。其中，M10.0、M10.1 和 M10.2 是步的转移条件，M20.0～M20.7 是 OB1 调用 FB1 时的参数，使用的接口参数详见表 7-7 和表 7-8。

4. 插入 S7-GRAPH 功能块

在"项目树"下→单击"程序块"→双击"添加新块"添加一个函数块 FB，选择语言"GRAPH"，默认编号为 1（即 FB1），单击"确定"，即可生成函数块 FB1，其编程语言是 GRAPH。

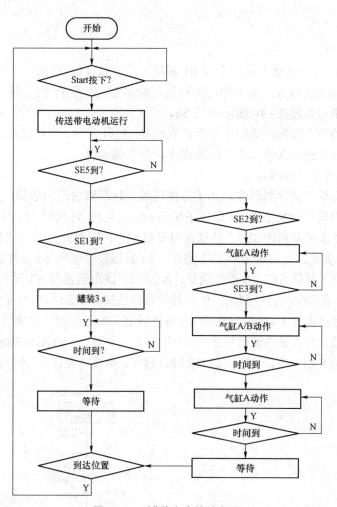

图 7－44　罐装生产线流程图

PLC 变量									
	名称	变量表	数据类型	地址 ▲	保持	从 H...	从 H...	在 H...	
1	Start	默认变量表	Bool	%I10.0		☑	☑	☑	
2	Stop	默认变量表	Bool	%I10.1		☑	☑	☑	
3	SE1	默认变量表	Bool	%I10.2		☑	☑	☑	
4	SE2	默认变量表	Bool	%I10.3		☑	☑	☑	
5	SE3	默认变量表	Bool	%I10.4		☑	☑	☑	
6	SE4	默认变量表	Bool	%I10.5		☑	☑	☑	
7	SE5	默认变量表	Bool	%I10.6		☑	☑	☑	
8	KA	默认变量表	Bool	%Q4.0		☑	☑	☑	
9	LT1	默认变量表	Bool	%Q4.1		☑	☑	☑	
10	Y1	默认变量表	Bool	%Q4.2		☑	☑	☑	
11	Y2	默认变量表	Bool	%Q4.3		☑	☑	☑	
12	延时3s到	默认变量表	Bool	%M10.0		☑	☑	☑	
13	B缸延时1s到	默认变量表	Bool	%M10.1		☑	☑	☑	
14	A缸延时1s到	默认变量表	Bool	%M10.2		☑	☑	☑	
15	关闭顺控器	默认变量表	Bool	%M20.0		☑	☑	☑	
16	初始化	默认变量表	Bool	%M20.1		☑	☑	☑	
17	自动档	默认变量表	Bool	%M20.2		☑	☑	☑	
18	半自动档	默认变量表	Bool	%M20.3		☑	☑	☑	
19	手动档	默认变量表	Bool	%M20.4		☑	☑	☑	
20	跳过	默认变量表	Bool	%M20.5		☑	☑	☑	
21	自动灯	默认变量表	Bool	%M20.6		☑	☑	☑	
22	半自动灯	默认变量表	Bool	%M20.7		☑	☑	☑	

图 7－45　PLC 变量

5. 编写程序

1）生成并行程序

在 FB1 中已经自动创建了第一个步 S1 和第一个转换 T1，添加一个步 S2 和转换 T2，在需要插入并行分支的地方，选中相应的转换，如图 7-50 中的 T2，单击"🐞"即可插入一个并行分支的步，如图 7-46 所示中的 S6。

选中要合并的步，把光标拖到准备合并的地方，松开左键，即可完成合并。按照上述方法和控制要求编写并进分支的顺序功能图程序，并下载调试。

2）转换条件及动作的编写

根据要求编写转换条件和动作，为了方便理解同时编辑它们的名称，如图 7-47 所示。S1 为开始程序，当满足转换条件 T1 即按下按钮 Start，从 S1 转换到 S2，传送带电动机运行。在 S2 中，T2 条件满足即到达 SE5，传送带电动机停止，同时开始执行罐装和封盖。当 SE1 有信号即 T3 条件满足，开始罐装即 LT1 动作，3 s 后罐装结束即 T4 条件满足，罐装分支进入 S5 等待。当 SE2 有信号即 T6 条件满足，A 缸向下推出瓶盖即 Y1 动作，当 SE3 有信号即 T7 条件满足，表示瓶盖已经到位，B 缸开始执行压接即 Y2 动作，1 s 延时结束即 T8 条件满足，B 缸返回，再过 1 s 延时结束即 T9 条件满足，A 缸返回，封盖分支进入 S10 等待。当 2 个分支都完成，并且条件满足将进入 S2 开始下一个循环，当按下 Stop 程序返回到 S1，所有动作停止等待开始命令。编写完成 GRAPH 程序，单击"保存"，单击图标 🖼 进行编译。

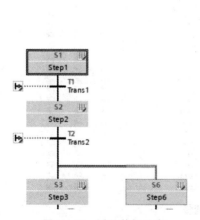

图 7-46 插入并行分支

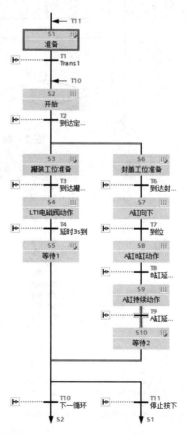

图 7-47 罐装生产线控制系统 GRAPH 程序

6. 调用 S7-GRAPH 功能块

在 SIMATIC 管理器块目录里双击打开 OB1，在 OB1 中无条件调用 FB1，选择 DB1 为其背景数据块，在 FB1 里写上实参变量，INIT_SQ 端口输入 M20.1，也就是激活顺控器的初始步 S1，在 OFF_SQ 端口上输入 M20.0，也就是关闭顺控器。同时设置自动挡（SW-AUTO）M20.2、半自动档（SW-TAP）M20.3、手动挡（SW-MAN）M20.4 和跳跃（T-PUSH）M20.5 等输入，以及自动灯（AUTO-ON）M20.6 和半自动灯（TAP-ON）M20.7 等输出。

自动模式调试：通断一次，M20.0，关闭 FB1 的顺控器，使所有的步都变为不活动的步。接通 M20.2 准备自动运行，自动灯亮。通断一次 M20.1 激活 FB1 顺控器。通断一次 I10.0，可以看到满足条件即连续运行。

半自动模式调试：通断一次，M20.0，关闭 FB1 的顺控器，使所有的步都变为不活动的步。接通 M20.3，半自动运行，通断一次 M20.1 激活 FB1 顺控器。当 I10.0 接通一次 M20.5 由步 S1 转换到 S2，可以看到传送带电动机运行，每次条件满足都需要接通一次 M20.5，才能从上一步过渡到下一步。

7. 仿真运行

（1）打开 S7-PLCSIM 并下载程序。

单击■打开 S7-PLCSIM，由于是在博途软件界面打开的仿真器，打开时自动进行下载，在下载预览页面选择装载，在下载结果页面单击"完成"。单击■可以切换到 S7-PLCSIM 的项目视图，新建一个仿真项目，打开该项目中的 SIM 表格，在 SIM 表格中添加要监控的变量，在地址列中添加变量，如图 7-48 所示。单击仿真器中的 RUN，运行该项目。

（2）监控程序运行。

当按下 Start 按钮，传送带电动机运行，当到达 SE5 进入并行程序，2 条分支同时开始工作，当一条完成进入等待，只有两条分支同时完成并且条件满足即可进入下一个循环，如图 7-48 所示。

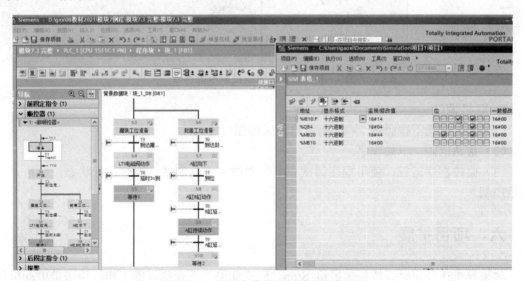

图 7-48　罐装生成线控制系统仿真运行

使用 GRAPH 的顺控器控制工具调试。下载程序，单击顺控器的工具条中的启动监视图标，使顺控器处于监视状态。单击右侧的"测试"展开"顺控器控制"。当单击"初始化"时除了步 S1 被激活外，其他步将取消激活，当单击"全部取消激活"时，将所有的步取消激活，要重新启动顺控器可以单击"初始化"重新启动顺控器，激活初始步。

①自动调试模式：单击"顺控器控制"的"自动"前面的单选框，选择自动调试模式，单击"全部取消激活"，然后单击"初始化"使顺控器处于初始步。在 PLCSIM 中，接通启动按钮，可以看到各个步根据条件要求自动顺序执行。

②半自动调试模式：单击"顺控器控制"的"半自动模式"前面的单选框，选择半自动调试模式，单击"全部取消激活"，然后单击"初始化"使顺控器处于初始步。在 PLCSIM 中，接通启动按钮，每一次单击"忽略转换条件"就会转换到下一步，如图 7–49 所示。

③手动调试模式：单击"顺控器控制"的"手动模式"前面的单选框，选择手动调试模式，单击"全部取消激活"，然后单击"初始化"使顺控器处于初始步。在 PLCSIM 中，接通启动按钮，单击"下一个"转换步 S2，然后满足条件后，单击"下一步"，直到一个周期结束。也可以在"手动选择步"下，选择输入步的编号，单击"启用"直接激活该步，单击"禁用"也可以取消激活该步。

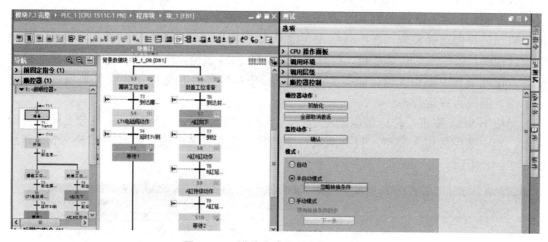

图 7–49 罐装生成线控制系统调试

8. 联机调试

（1）断电情况下按照图 7–41 所示电路原理图接线。

（2）接通电源，下载程序。

（3）监控程序运行，使用程序调试和顺控器控制工具调试，观察运行状态，分析是否满足控制。

六、项目扩展

如果要求在任何时候按停止按钮 Stop，应立即停止正在执行的工作：传送带电动机停止、电磁阀关闭、气缸归位，如何实现？

项目 7.4　小车往复运动控制——顺控器的监视及互锁控制编程法

扫码观看项目
功能演示

一、学习目标

1. 知识目标
掌握互锁条件的编写方法。
掌握监控条件的编写方法。

2. 技能目标
会应用互锁条件及监控条件。
能编写具有互锁条件及监控条件 GRAPH 顺序功能图程序，并进行调试。

二、控制要求

以一个平台左右运动控制系统为例介绍监控及互锁的编程，平台左右运行示意图如图 7–50 所示。当按下启动按钮 SB1，平台左行，正常情况下平台只能在 B~C 之间运动，A 和 D 点分别是左边和右边的限位开关，当限位开关接通表示有问题产生，当从右往左运动时间超出 10 s 也表示有问题产生，当从左往右运动时间超出 8 s 也表示有问题产生，按下停止按钮 SB3 立即停止运行。

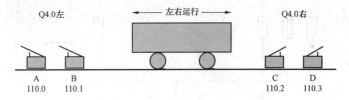

图 7–50　平台左右运行控制系统示意图

三、硬件电路设计

平台左右运动控制系统需要的元器件有：左行启动按钮 SB1、右行启动按钮 SB2、停止按钮 SB3，行程开关 SQ1、SQ2、SQ3 和 SQ4，控制平台电动机的左行交流接触器 KM1 和右行交流接触器 KM2，中间继电器 KA1 和 KA2，热继电器 FR，由 S7–1511C–PN PLC 控制，硬件控制线路如图 7–51 所示。表 7–11 所示为输入输出端口分配。

四、项目知识储备

1. 编辑互锁条件（Interlock）
当步处于活动状态时，为了确保程序执行动作中的指令安全运行，可以引入互锁信号，当指令设置互锁信号后，只有互锁信号满足时才可以正常执行指令，否则指令不能执行。程序段中最多可以使用 32 个互锁条件的操作数指令。

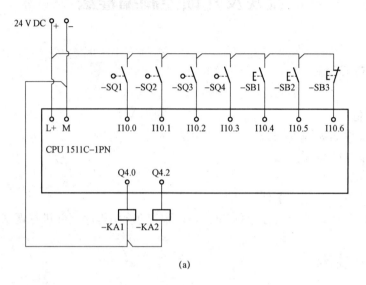

(a)

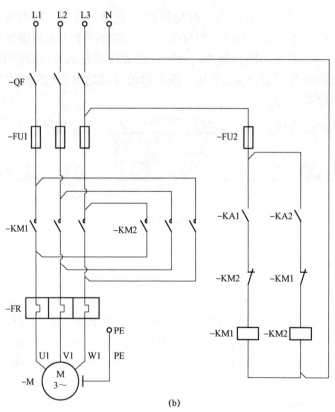

(b)

图 7-51　平台左右运行控制系统硬件电路图

（a）控制电路；（b）主电路

表 7–11   输入输出端口分配

输入端口			输出端口		
输入点	输入器件	功能	输出点	输出器件	功能
I10.0	SQ1	左限位	Q4.0	KA1	左行
I10.1	SQ2	左到位	Q4.1	KA2	右行
I10.2	SQ3	右到位			
I10.3	SQ4	右限位			
I10.4	SB1	左行启动按钮			
I10.5	SB2	右行启动按钮			
I10.6	SB3	停止按钮			

设定互锁条件可按以下步骤操作：

（1）通过单击［Interlock–（c）–］互锁条件前面的小箭头打开互锁条件程序段。

（2）打开"指令"任务卡，选择要插入的指令，将该指令拖到程序段中的所需位置进行编辑，如图 7–52 所示，图中，"Tag_1"变量是互锁信号，当"Tag_1"变量接通为"1"时，能流通过互锁线圈"C"，互锁条件满足，执行该步中的指令。如果不满足互锁条件，则发生错误，可以设置互锁报警和监控报警的属性，但该错误不会影响切换到下一步，当步变为不活动步时，互锁条件将自动取消。

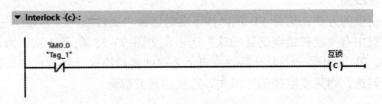

图 7–52   编辑互锁条件

（3）在动作表"Interlock"互锁条件列中，单击要与互锁条件连接的动作单元格，并从下拉列表中选择"—（C）—互锁"选项，如图 7–53 所示。在步 Step2 的互锁编程后，在顺控图中步 Step2 方框的左边中间将出现一个线圈"C"图标，表示该步有互锁信号，可通过动作表设置互锁的动作指令。

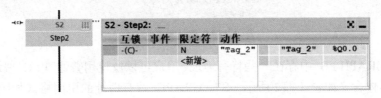

图 7–53   动作表中设置互锁

2. 编辑监控条件

当程序执行活动步中的动作指令时，如果收到外界干扰或出现意外情况，则需要立即停止该指令的运行，并停止整个控制流程，这时可在监控中编辑一个程序来处理意外情况的发生。监控条件程序段可以使用最多 32 条监控的操作数指令。

设定监控条件可按以下步骤操作：

（1）通过单击"Supervision—(v)—"前面的小箭头打开监控条件程序段。

（2）打开"指令"任务卡，选择要插入的指令，将该指令拖到程序段中的所需位置进行编辑，如图 7-54 所示。

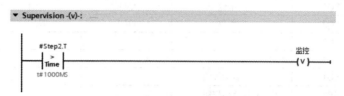

图 7-54　编辑监控条件

在图 7-54 中监控线圈左边的水平线上添加一比较器作为监控信号，将步 Step2 的活动步时间 #Step2.T 与设定时间"T#1 000 ms"相比较，如果该步的执行时间超过 1 000 ms，满足监控条件，监控线圈"V"有能流接通，则该步认为出错，显示为红色，顺控器不会转换到下一步，当前的步保持活动步，在未解除监控错误之前，即使该步的转换条件满足，也不会跳转到下一步。

如果监控程序中没有编入任何监控程序，则监控线圈直接与左边电源母线相接，监控线图"V"虽有能流通过，此时系统认为没有任何监控错误。对步的监控编程后，在步方框的左边位置出现线圈"V"。

解除监控错误的方法：选择 FB 块，按下右键选择"属性"→"常规"→"属性"，在该块的属性设置中有"监控错误需要确认"选项，如图 7-55 所示，默认为勾选，当在块接口参数 ACK_EF 上出现一个上升沿时，表示之前的接口错误已经被程序确认，监控错误解除。如果不勾选，则只要监控信号消失，监控错误就解除。

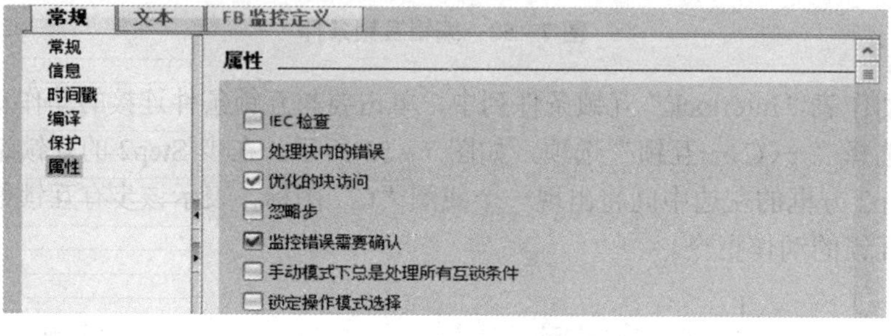

图 7-55　确认监控错误

在 S7-GRAPH FB 中存在一些特有地址，用户可以像使用普通 PLC 地址一样来使用这些地址，具体含义如表 7-12 所示，S7-GRAPH 特有地址的引用格式如图 7-56 所示。

表 7-12　S7-GRAPH 特有地址

地址	含义	使用方式
Si.T	步 i 的当前或上次的激活时间	比较，赋值
Si.U	步 i 的没有干扰的总的激活时间	比较，赋值
Si.X	显示步 i 是否被激活	常开/常闭触点
Transi.TT	显示转换条件 i 是否满足	常开/常闭触点

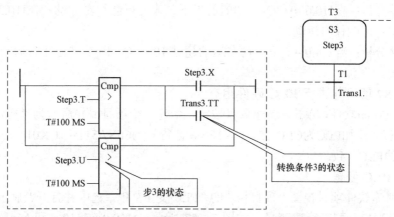

图 7-56　S7-GRAPH 特有地址的引用格式

3. 编辑带互锁的动作

单步视图中编辑动作可按以下步骤操作：

（1）通过单击"动作"前面的小箭头打开并且显示包含动作的表。

（2）如果要启用多行输入，则右键单击新动作所在的行，并从快捷菜单中选择"允许多行模式"命令。

（3）如果要将新动作与互锁条件连接在一起，则单击"互锁"列的单元格并从下拉列表中选择"—（C）—"条目。

（4）如果要将新动作与事件连接在一起，则单击"事件"列的单元格并从下拉列表中选择适当的事件。

（5）单击"限定符"列的单元格并从下拉列表中选择新动作的限定符。

（6）在"动作"列中指定要执行的动作可通过下面步骤操作：

① 可以使用要用于动作的操作数或值来替换占位符，还可以使用拖放操作或通过自动填充插入这些操作数或值。提示：动作命令中的字母、符号的输入须在英文输入模式下输入。

② 可以使用"指令"任务卡中的指令，将其从任务卡拖放到"动作"列中。

③ 可以将块从"项目树"中拖放到"动作"列以调用这些块。

提示：步可以不做任何设置，作为空步时，只要转换条件满足，就可以直接跳过此步运行。

五、项目实施

1. 分析控制要求

平台左右运动控制系统正常运行时，在左边的到位开关 SQ2 和左边的到位开关 SQ3 来回切换。Q4.0 = 1 平台往左运动，I10.1 是左边的到位开关，I10.0 是左边的限位开关（极限位）。Q4.1 = 1 平台往右运动，I10.2 是右边的到位开关，I10.3 是右边的限位开关（极限位）。按下停止按钮时，通过选择

扫码观看项目演示
完成过程

215

分支，使平台停止运行。

互锁条件分析：在 I10.0=0 和 Q4.1=0 的前提下，才有可能往左运动；在 I10.3=0 和 Q4.0=0 的前提下，才有可能往右运动。

监控条件分析：当 Q4.0=1 平台往左运动超过 10 s，Q4.1=1 平台往右运动超过 8 s，表示右监控错误。

2. 建立 S7 项目并进行 PLC 硬件组态

打开 TIA Portal 软件，单击 新建项目按钮，新建一个项目，并命名为"模块 7.4"。双击"添加新设备"，添加 PLC 为 CPU 1511C–1PN，订货号为 6ES7 511–1CK01–0AB0，版本号 2.8 应与实际的 PLC 一致。

3. 编辑 PLC 变量

在 TIA 博途软件项目视图"项目树"的"PLC 变量"中，选中并打开"显示所有变量"，根据输入输出端口分配表新建变量，如图 7–57 所示。M10.0～M10.6 和 M11.0 是 OB1 调用 FB1 时，使用的接口参数，如表 7–7 和表 7–8 所示。

PLC 变量

		名称	变量表	数据类型	地址	保持	从 H…	从 H…	在 H…
1		SQ1	默认变量表	Bool	%I10.0		☑	☑	☑
2		SQ2	默认变量表	Bool	%I10.1		☑	☑	☑
3		SQ3	默认变量表	Bool	%I10.2		☑	☑	☑
4		SQ4	默认变量表	Bool	%I10.3		☑	☑	☑
5		SB1	默认变量表	Bool	%I10.4		☑	☑	☑
6		SB2	默认变量表	Bool	%I10.5		☑	☑	☑
7		SB3	默认变量表	Bool	%I10.6		☑	☑	☑
8		KA1	默认变量表	Bool	%Q4.0		☑	☑	☑
9		KA2	默认变量表	Bool	%Q4.1		☑	☑	☑
10		关闭顺控器	默认变量表	Bool	%M10.0		☑	☑	☑
11		初始化	默认变量表	Bool	%M10.1		☑	☑	☑
12		错误确认	默认变量表	Bool	%M10.2		☑	☑	☑
13		自动档	默认变量表	Bool	%M10.3		☑	☑	☑
14		手动档	默认变量表	Bool	%M10.4		☑	☑	☑
15		半自动档	默认变量表	Bool	%M10.5		☑	☑	☑
16		跳转	默认变量表	Bool	%M10.6		☑	☑	☑
17		故障显示	默认变量表	Bool	%M11.0		☑	☑	☑

图 7–57　PLC 变量

4. 插入 S7–GRAPH 功能块

在"项目树"下→单击"程序块"→双击"添加新块"添加一个函数块 FB，选择语言 "GRAPH"，默认编号为 1（即 FB1），单击"确定"，即可生成函数块 FB1，其编程语言是 GRAPH。

5. 编写程序

1）生成步和转换

该系统共 3 步，分别是准备、左行和右行，5 个转换条件如图 7–58 所示。

2）转换条件及动作的编写

根据要求编写转换条件和动作，为了方便理解同时编辑步和转换条件的名称，如图 7–58 所示。S1 为开始程序，当满足转换条件 T1 即按下按钮 SB1，从 S1 转换到 S2，平台左行；当满足转换条件 T2 即碰到行程开关 SQ2，从 S2 转换到 S3，平台右行即 Q4.1 动作；当满足转换条件 T3 即碰到行程开关 SQ3，从 S3 跳转到 S2，平台左行即 Q4.0，如此返回。当按下停止按钮SB3（停止按钮外部接线用常闭触点），电动机停止，即在平台左行按下SB3按钮T5满足，电动机停止左行；在平台右行按下SB3按钮T4满足，电动机停止右行，返回到初始位置S1等待开始信号。

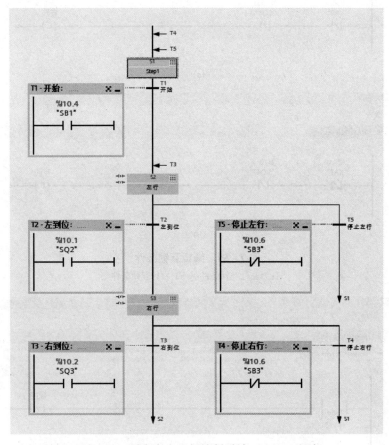

图 7–58 平台左右运行控制系统 GRAPH 程序

3）对互锁条件的编程

双击步 S2，打开左行，按照控制要求左行时不能右行，而且不能超过左限位，故设置 Q4.1 和 I10.0 的常闭触点，如图 7–59（a）所示。当互锁线圈通电时，即 Q4.1 和 I10.0 没信号，互锁条件满足，才执行该步。同样的方法可以设置右行 S3，如图 7–59（b）所示。

4）对监控条件的编程

如果监控条件的逻辑运算满足（监控线圈通电）表示有监控错误事件 V1 发生，顺控器不会转换到下一步，当前不保持为活动步。监控条件满足时立即停止对步无故障的活动时间值 Si.U 的定时。选中监控线圈右边水平线，单击收藏夹中的"CMP>T"按钮，生成一个比较器，在触点下面输入时间的预设值"t#10 s"，设置的监控时间为 10 s，如图 7–60（a）所示。如果步 S2 的执行时间超过 10 s 即左行运行时间超过 10 s，该步被认为出错，监控时出错的步的方框用红色显示。步 S3 右行设置的监控时间为 8 s，如图 7–60（b）所示，如果步 S3 的执行时间超过 8 s，该步被认为出错。

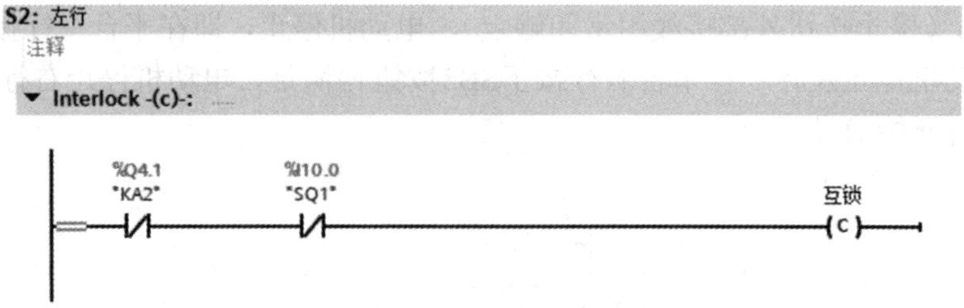

(a)

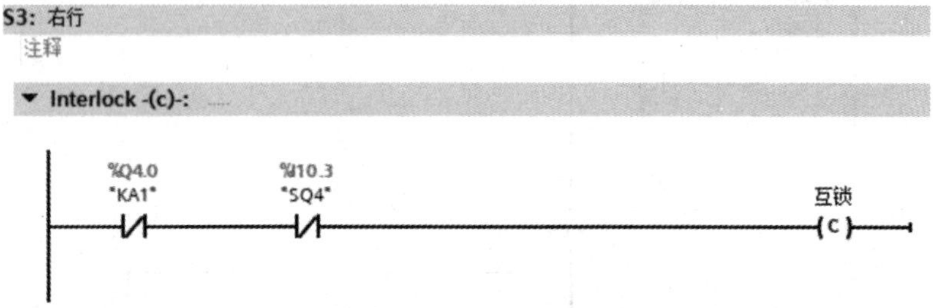

(b)

图 7-59　编辑互锁条件

（a）左行互锁条件；（b）右行互锁条件

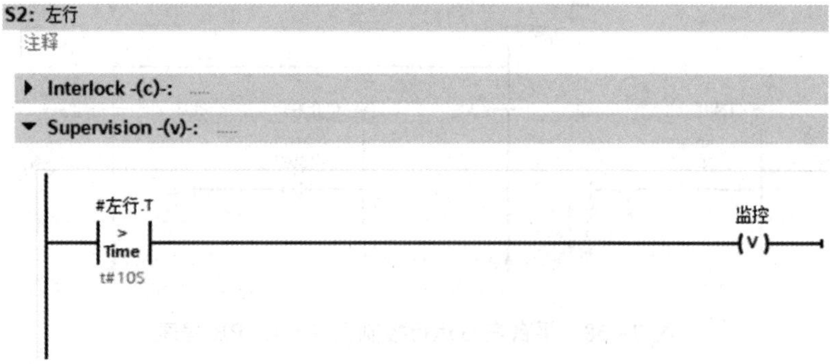

(a)

(b)

图 7-60　编辑监控条件

（a）左行监控条件；（b）右行监控条件

6. 调用 S7-GRAPH 功能块

在 SIMATIC 管理器块目录里双击打开 OB1，在 OB1 中无条件调用 FB1，选择 DB1 为其背景数据块，在 FB1 里写上实参变量，INIT_SQ 端口输入 M10.1，也就是激活顺控器的初始步 S1，在 OFF_SQ 端口上输入 M10.0，也就是关闭顺序器。同时设置错误确认、自动挡、半自动挡、手动挡和跳转等输入，以及输出故障显示，如图 7-61 所示。

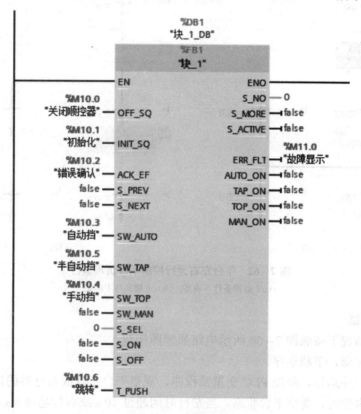

图 7-61　调用 FB1

7. 仿真运行

（1）打开 S7-PLCSIM 并下载程序。

单击▨打开 S7-PLCSIM，由于是在博途软件界面打开的仿真器，打开时自动进行下载，在下载预览页面选择装载，在下载结果页面单击"完成"。单击▨可以切换到 S7-PLCSIM 的项目视图，新建一个仿真项目，打开该项目中的 SIM 表格，在 SIM 表格中添加要监控的变量。单击仿真器中的 RUN，运行该项目。

（2）监控程序运行。

按下启动按钮 SB1 平台左行，当碰到左到位行程开关切换为右行，当碰到右到位行程开关切换为左行，每一步被激活时步的方框为绿色，按下停止按钮立即停止。当从左行时间超出 10 s 表示有问题产生即步 S2 活动的时间超过预设的 10 s，该步监控线圈接通，步的方框变为红色，表示该步出现监控错误，如果 7-62（a）所示。触发当碰到右限位时，即 SQ4，互锁线圈断电，互锁条件不满足，步 S3 方框变为橙色，如图 7-62（b）所示。

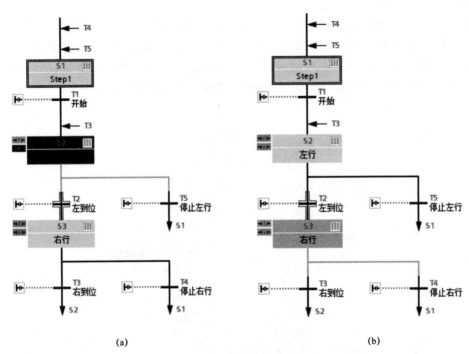

图 7-62 平台左右运行控制系统仿真运行
（a）监控条件不满足；（b）互锁条件不满足

8. 联机调试

（1）断电情况下按照图 7-56 所示电路原理图接线。

（2）接通电源，下载程序。

（3）监控程序运行，监控 PLC 变量及程序，观察平台左行或右行时的运行状态，当碰到左限位或右限位时，观察平台状态，当左行时间超过 10 s 或右行超过 8 s，观察是否满足控制要求。

六、项目扩展

如果要求增加启动的相关控制，即当平台准备启动时，如果按下左行启动按钮电动机左行，如果按下右行启动按钮电动机右行，其他控制要求不变，如何实现？

模块 8

S7–1500 PLC 模拟量的应用

学习目标

熟悉常用传感器和变送器。

熟悉常用的模拟量模块。

掌握常用模拟量模块的使用和接线方法。

掌握 NORM_X 和 SCALE_X 指令的使用方法。

理解 PID 控制原理,掌握 PID 控制编程方法。

任务描述

在工业生产控制过程中,经常需要使用模拟量控制,如一些工业窑炉的温度监控,需要采集炉内的温度值,与设定值比较,输出模拟量信号控制加热元件的功率,实现对炉温的调节。

要求掌握传感器、变送器的使用方法,使用 PLC 对炉温进行 PID 控制。

知识储备

1. 模拟量处理

模拟量的概念与数字量相对应,模拟量表达的是时间和数值上连续的物理量,其表示的信号称为模拟量信号。模拟量在连续变化的过程中任何时间的取值都有对应的物理量,如温度、压力、流量等。

2. 模拟量输入/输出模块

模拟量输入模块实现模拟量转换数字量的功能,输入端子连接传感器,经过模块内部的 A/D 转换器,将输入的模拟量(如温度、压力、流量等)转换成数字量传递给 CPU。

模拟量输出模块实现数字量转换模拟量的功能,其输出端子连接外设驱动(如电动调节阀、变频器等),CPU 接到内部设置的数字量,经过模块内部的 D/A 转换器输出模拟量(电压或电流)控制驱动设备。

3. 模拟量转换数值

模拟量输入信号经过模拟量输入模块的 A/D 转换器,将模拟量信号转换成数字信号,以二进制补码形式表达，2 个字节长度。分辨率为 16 位，最高位为符号位，"0" 表示正值，"1" 表示负值。16 位二进制补码表示数值范围 −32 768～+3 2767。模拟量模块测量范围对应的转换值为 ±27 648，+32 511 是模拟量输入模块故障诊断的上界值，−32 511 是双极性输入故障诊断的下界值，−4 864 是单极性输入故障诊断的下界值。当转换值超出上、下界值（上溢/下溢）时，具有诊断功能的模块可以发出 CPU 诊断中断。

模拟量模块的量程转换范围：0～10 V　　0～20 mA　　4～20 mA　　转换量程 0～27 648

−10～10 V　　−5～5 V　　　　转换量程 −27 648～27 648

4. 模拟量、数字量与物理量对应关系

在采集温度这个物理量时，需要先设置输入的信号类型和范围，使用温度传感器进行测量，温度传感器通过温度变送器输出一个模拟量信号，将该信号接入模量输入模块的通道上，经过模块的转换，该输入通道地址会得到对应的值。当输入通道设置为 0～20 mA 信号时，输入通道地址得到 0～27 648 的对应值，如图 8−1 所示。

在需要输出一个模拟量信号来控制其他器件时，也需要先设置输出的信号类型和范围，对模拟量输出通道对应的地址赋值，该通道会输出对应的模拟量。若设置通道输出 0～10 V 模拟量时，当对应的通道设置为 0～27 648 的任意一个值时，输出通道会输出 0～10 V 的对应信号，如图 8−2 所示。

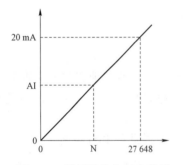

图 8−1　模拟量输入对应关系

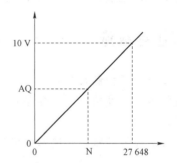

图 8−2　模拟量输出对应关系

5. 标准化指令 NORM_X

标准化指令 NORM_X，通过输入 VALUE 中变量的值映射到线性标尺对其进行标准化。可以使用参数 MIN 和 MAX 定义线性标尺值范围的限值，输出 OUT 中的结果经过计算并存储为浮点数，NORM_X 指令的引脚含义及使用数据类型如表 8−1 所示。

表 8−1　NORM_X 指令的引脚含义及使用数据类型

LAD	参数	说明	数据类型	存储区
NORM_X ??? to ??? EN — ENO MIN　OUT VALUE MAX	MIN	取值范围下限	整数、浮点数	I、Q、M、D、L 或常量
	VALUE	要标准化的值	整数、浮点数	I、Q、M、D、L 或常量
	MAX	取值范围上限	整数、浮点数	I、Q、M、D、L 或常量
	OUT	标准化结果	浮点数	I、Q、M、D、L

标准化指令 NORM_X 的计算公式：OUT＝（VALUE − MIN）/（MAX − MIN）。举例：如果 MIN 值为 0，MAX 值为 27 648，当 VALUE 值设定为 13 824 时，OUT 输出为 0.5。在实际应用中，通常 MIN 值为 0，MAX 值为 27 648，VALUE 值为模拟量输入模块转化的数字量信号，如图 8−3 所示。

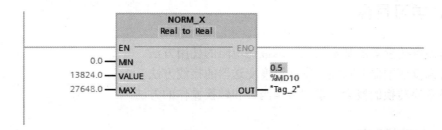

图 8−3　NORM_X 指令应用

6. 缩放指令 SCALE_X

缩放指令 SCALE_X，通过输入 VALUE 的值映射到指定的值范围进行缩放。当执行"缩放"指令时，输入 VALUE 的浮点值会缩放到由参数 MIN 和 MAX 定义的值范围。缩放结果为整数，存储在 OUT 输出中，SCALE_X 指令的引脚含义及使用数据类型如表 8−2 所示。

表 8−2　SCALE_X 指令的引脚含义及使用数据类型

LAD	参数	说明	数据类型	存储区
SCALE_X ??? to ??? EN — ENO MIN　OUT VALUE MAX	MIN	取值范围下限	整数、浮点数	I、Q、M、D、L 或常量
	VALUE	要缩放的值	浮点数	I、Q、M、D、L 或常量
	MAX	取值范围上限	整数、浮点数	I、Q、M、D、L 或常量
	OUT	缩放结果	整数、浮点数	I、Q、M、D、L

缩放指令 SCALE_X 的计算公式：OUT＝［VALUE ＊（MAX − MIN）］＋MIN。举例：如果 MIN 值为 0，MAX 值为 100，当 VALUE 值设定为 0.5 时，OUT 输出为 50。在实际应用中，MIN 值设定为实际物理量的最小值，MAX 值设定为实际物理量的最大值，VALUE 值设定为 NORM_X 指令标准化的结果，如图 8−4 所示。

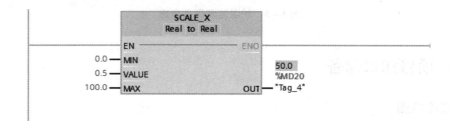

图 8−4　SCALE_X 指令应用

项目 8.1　炉温读取——A/D 模块应用

一、学习目标

了解温度传感器的基本知识，掌握热电阻的使用方法。

了解温度变送器的功能，掌握温度变送器的接线方法。

了解数模转换的概念，掌握数学函数和转换操作的方法。

二、控制要求

某工厂有一台时效炉，在达到预定温度 185 ℃时，工艺要求炉内保持恒温状态 6 h，所以需要实时对炉温进行监测，防止炉内温度过高或过低。要求使用分度号 PT100 的温度传感器，输出 4～20 mA、量程 0～300 ℃的温度变送器，以及西门子 S7–1500 PLC 对炉温数值进行读取。

三、硬件电路设计

炉温监测硬件电路如图 8–5 所示。

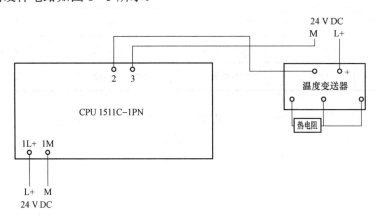

图 8–5　炉温监测硬件电路

四、项目知识储备

1. 温度检测

温度检测的方法有很多种，常见的是利用膨胀测温法，如温度计。但我们无法从温度计中直接将温度值转换为数字量，因此需要使用温度传感器，如热电阻或热电偶等测温元件，根据其物理特性将温度的变化转换称为电压或电流信号，再经过模拟量输入模块的模数转换，将模拟量信号转换成数字量信号保存在存储器中，经 CPU 运算后得到当前温度值。

2. 温度传感器

1）热电阻

热电阻是中低温测量最常用的一种温度检测元件，它是基于金属导体的电阻值随温度增加而增加这一特性来进行温度测量的，具有测量精度高、性能稳定等特点，可以测量 −200～600 ℃ 范围温度，不同产品测温范围不同。

热电阻有铂热电阻、铜热电阻、铟热电阻等。铂的物理、化学性能非常稳定，是目前制造热电阻的最好材料之一。PT100 是铂热电阻，它是最常用的测温元件，它具有多种探头和类型，如图 8−6 所示。PT100 的 PT 表示电阻材质为铂，100 表示在 0 ℃ 时阻值为 100 Ω，在不同温度状态下，阻值也会发生变化。表 8−3 所示为铂热电阻（PT100）分度表。

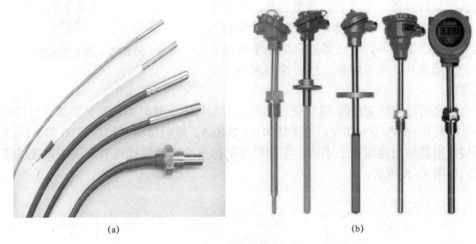

(a)   (b)

图 8−6 热电阻实物图

（a）普通封装型；（b）铠装和防爆

表 8−3 铂热电阻（PT100）分度表

温度/℃	0	10	20	30	40	50	60	70	80	90
	电阻值/Ω									
−200	18.49	—	—	—	—	—	—	—	—	—
−100	60.25	56.19	52.11	48.00	43.37	39.71	35.53	31.32	27.08	22.80
−0	100.00	96.09	92.16	88.22	84.27	80.31	76.32	72.33	68.33	64.30
0	100.00	103.90	107.79	111.67	115.34	119.40	123.24	127.07	130.89	134.70
100	136.50	142.29	146.06	149.82	153.58	157.31	161.04	164.76	168.46	172.16
200	175.84	179.51	183.17	186.32	190.45	194.07	197.69	201.29	204.88	208.45
300	212.02	215.57	219.12	222.65	226.17	229.67	233.17	236.65	240.13	243.59
400	247.04	250.48	253.90	257.32	260.72	264.11	267.49	270.86	274.22	277.56
500	280.90	284.22	287.53	290.83	294.11	297.39	300.65	303.9	307.15	310.38
600	313.59	316.80	319.99	323.18	326.35	329.51	332.66	335.79	338.92	342.03
700	345.13	348.22	351.30	354.37	357.42	360.47	363.50	366.52	369.53	372.52
800	375.51	378.48	381.45	384.4	387.34	390.26	—	—	—	—

2）热电偶

热电偶可将被测温度转换为毫伏级热电动势信号，属于自发电型传感器，它是两种不同材料的导体或半导体 A 和 B 焊接起来，构成一个闭合回路。当导体 A 和 B 的两个接触点 1 和 2 之间存在温差时，两者之间便产生电动势，因而在回路中形成一个大小的电流，这种现象称为热电效应。其结构简单，性能稳定，测量范围宽，可以测量 −270~1 800 ℃ 范围温度。主要类型有 B 型、N 型、E 型、R 型、S 型、J 型、T 型、K 型，如图 8-7 所示。

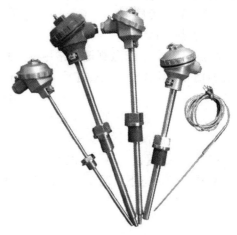

图 8-7　热电偶实物图

3. 变送器

变送器是把传感器的输出信号转变为可被控制器识别的信号转换器，主要有温度变送器、压力变送器、流量变送器等。变送器有两线制和四线制之分，两线制变送器居多，变送器的选型通常根据安装条件、环境条件、仪表性能、经济性和应用介质等方面考虑。

配合热电阻使用的 PT100 温度变送器有电流型和电压型两类，其主要参数包括输出类型，如电压型 0~5 V、0~10 V，电流型如 4~20 mA；量程范围，如 0~100 ℃、2~200 ℃ 等。不同类型的输出接线方法不同，不同厂家的温度变送器接线也有所区别，接线需参考说明书，如图 8-8 所示。

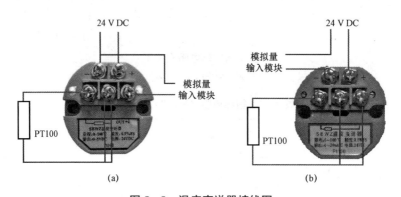

图 8-8　温度变送器接线图
（a）电压型输出；（b）电流型输出

4. 采集模拟量输入

采集现场的模拟量信号，需要使用到 PLC 的硬件，可以使用紧凑型 CPU，其集成了模拟量输入/输出模块采集模拟量输入，如使用 CPU 1511C-1PN；也可以使用标准型 CPU，安装模拟量输入模块采集模拟量输入，如使用 CPU 1511-1PN 和 AI 8xU/I/RTD/TC ST。

1）紧凑型 CPU 1511C-1PN

紧凑型 CPU 1511C-1PN 集成了模拟量输入/输出模块，有 5 个模拟量输入通道，测量类型包括电压、电流、电阻、热电阻，可组态诊断和按通道设置超限时的硬件中断。

（1）通道可测量类型。

通道 0～3，可分别设置不同的电压测量方式。

通道 0～3，可分别设置不同的电流测量方式。

通道 4 可设置为电阻测量方式或热电阻测量方式。

（2）测量类型的范围。

电压：1～5 V、0～10 V、±5 V、±10 V。

电流：4 线制变送器 0～20 mA、4～20 mA、±20 mA。

电阻：150 Ω、300 Ω、600 Ω。

热电阻：PT100（标准型和气候型）、Ni100（标准型和气候型）。

（3）接线方式。

Un+/Un– 电压输入通道 n（仅电压），如图 8－9 所示。

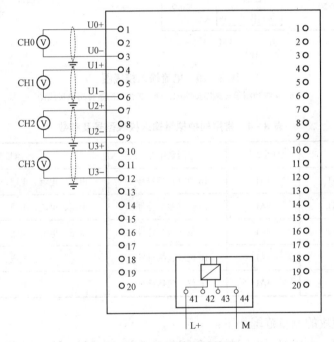

图 8－9 电压输入接线图

Mn+/Mn– 测量输入通道［仅电阻型变送器或热敏电阻（RTD）］。

In+/In– 电流输入通道 n（仅电流），如图 8－10 所示。

Icn+/Icn– RTD 的电流输出通道 n。

2）模拟量输入模块

模拟量输入模块有 4 或 8 个模拟量输入通道，测量类型包括电压、电流、电阻、热敏电阻、热电偶，可组态诊断和按通道设置超限时的硬件中断。常用的模拟量输入模块型号及参数如表 8－4 所示。

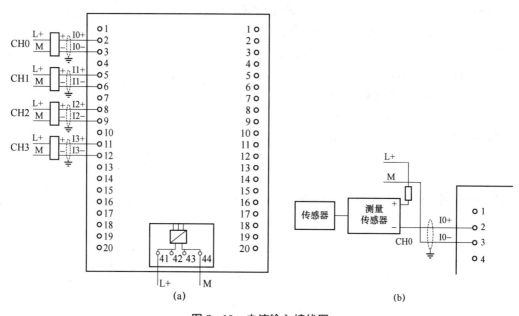

图 8-10 电流输入接线图

（a）4 线制测量传感器接线图；（b）2 线制测量传感器接线图

表 8-4 常用的模拟量输入模块型号及参数

型号	通道数量	测量精度	测量类型
AI 4xU/I/RTD/TC ST	4AI	16 位（包括符号）	电压、电流、电阻、热敏电阻、热电偶
AI 8xU/I/RTD/TC ST	8AI	16 位（包括符号）	电压、电流、电阻、热敏电阻、热电偶
AI 8xU/R/RTD/TC HF	9AI	16 位（包括符号）	电压、电流、电阻、热敏电阻、热电偶
AI 8xU/I HF	8AI	16 位（包括符号）	电压、电流
AI 8xU/I HS	8AI	16 位（包括符号）	电压、电流

模拟量输入模块的测量范围如下：

电压：$1\sim 5$ V、± 10 V、± 5 V、± 2.5 V、± 1 V、± 500 mV、± 250 mV、± 80 mV、± 50 mV。

电流：4 线制变送器 $0\sim 20$ mA、$4\sim 20$ mA、± 20 mA。

　　　2 线制变送器 $4\sim 20$ mA。

电阻：4 线制和 3 线制 150 Ω、300 Ω、600 Ω、6 kΩ。

　　　2 线制 PTC。

热敏电阻：4 线制和 3 线制 PT100、PT200、PT500、PT1000（标准型和气候型），Ni100、Ni1000（标准型和气候型），LG-Ni1000（标准型和气候型）。

热电偶：B 型、N 型、E 型、R 型、S 型、J 型、T 型、K 型（不同类型的热电偶材料和测量范围不同）。

五、项目实施

1. 硬件接线

根据硬件电路设计图对硬件进行接线。

2. 硬件组态

（1）创建项目，插入 CPU 1511C-1PN 控制器，如图 8-11 所示。

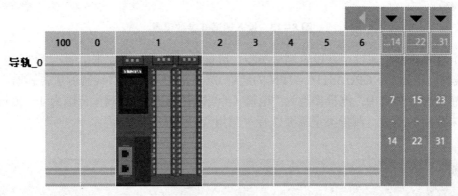

图 8-11　创建项目

（2）在常规选项中，选择"输出模板"中的"输入"，可以统一设置所有输入模块通道参数。在选用各通道的"参数设置"时，如果选择"来自模板"，就可以直接使用模板设置参数，不需要再进行参数设置。诊断中的"断路"可以启用对执行器的线路断路诊断，在模块无电流或电流过小时启用诊断；"上溢"启用对输出值超出上限诊断；"下溢"启用输出值低于下限诊断，如图 8-12 所示。

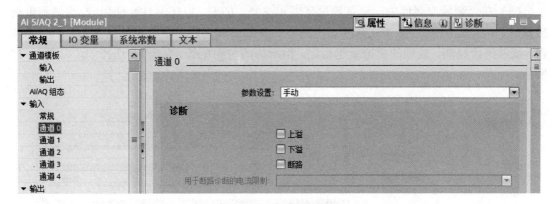

图 8-12　通道模板设置

（3）当所选用的通道参数设置与模板不同，需要在常规选项中选择输入、通道 0，将"参数设置"更改为"手动"，如图 8-13 所示。

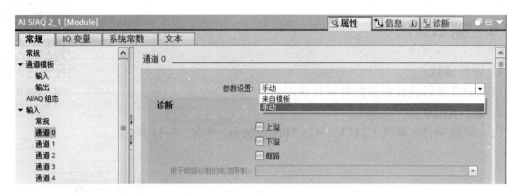

图 8-13　输入通道 0 参数设置

（4）在"测量"属性中，设置测量类型。鼠标单击测量类型文本框的"▼"，选择"电流（4 线制变送器）"。CPU 1511C-1PN 的通道 0～3 上也可连接 2 线制测量传感器，2 线制测量传感器参数分配中，测量类型为"电流（4 线制传感器）"且测量范围为 4～20 mA，对于任何未使用的通道，测量类型需要选择"禁用"，如图 8-14 所示。

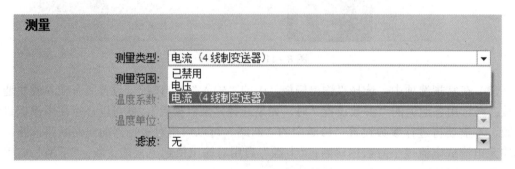

图 8-14　测量类型设置

（5）在"测量"属性中，设置测量范围和滤波。CPU 1511C-1PN 使用 2 线制测量传感器时，测量范围需选择 4～20 mA。"滤波"参数设置包括四个等级，分为无、弱、中和强，滤波等级越高，处理的模拟量越稳定，但所需的时间更长。"滤波"选择弱，如图 8-15 所示。

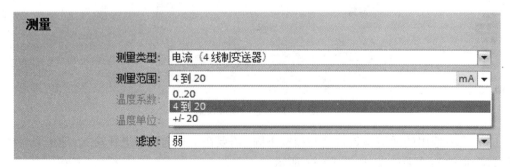

图 8-15　测量范围和滤波设置

（6）保存项目并编译。

3. 编写程序

（1）打开 MAIN［OB1］，基本指令中找到转换操作，选 NORM_X 标准化指令，拖入到程序段中，MIN 设置为 0，MAX 设置为 27 648，VALUE 设置为地址 IW0，OUT 设置为 MD10。

（2）基本指令中找到转换操作，选 SCALE_X 缩放指令，拖入到程序段中，MIN 设置为 0.0，MAX 设置为 300.0，VALUE 设置为地址 MD10，OUT 设置为 MD20，如图 8-16 所示。

（3）编写后进行编译。

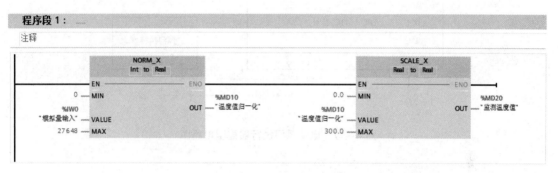

图 8-16　温度值监视程序

4. 运行调试

给硬件设备下载组态和程序，完成后运行程序，检查 MD20 显示温度数值与当前室温是否一致，如显示一致，表明温度采集正常，如显示不一致，查找原因并修改。

六、项目扩展

使用输出 0～10 V、量程 0～300 ℃的温度变送器，测量温度值保存在 MD20 中。

项目 8.2　电动风门执行器控制——D/A 模块应用

一、学习目标

了解电动风门执行器的基本知识，掌握电动风门执行器的使用方法。
了解数模转换的概念，掌握数学函数和转换操作的方法。

二、控制要求

某电厂锅炉，在煤粉燃烧的过程中要配合不同的进风量，需要调节送风机风门挡板的开合角度控制进风量。要求使用模拟量 4～20 mA 的电动风门执行器和西门子 S7-1500 PLC 对风门开度进行控制。

三、硬件电路设计

硬件电路如图 8-17 所示。

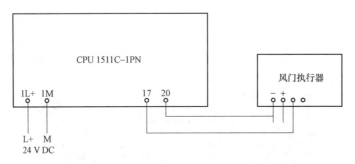

图 8-17 电动风门执行器控制电路图

四、项目知识储备

1. 电动风门执行器

电动风门执行器常用于风门挡板开度的控制，按输入电压类型分为交流型和直流型，按控制方式分为开关控制和模拟量控制，开关控制可以控制风门旋转，开度需要人工判断，而模拟量控制可以根据输入的模拟量信号设定对应开度，如图 8-18 所示。

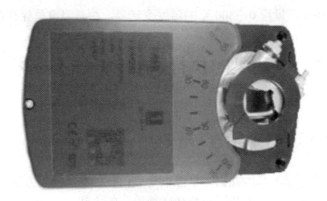

图 8-18 电动风门执行器实物图

电动风门执行器的模拟量输入信号可以是 0～10 V，也可以是 4～20 mA，其对应开度为 0°～90°，通过配置不同的拨码开关，可以调整旋转方向，对于支持不同电压和电流输入范围的电动风门执行器，拨码开关还可以转换其范围，如图 8-19 所示。

◆ 调整输入信号			◆ 调整执行器旋转方向		
24K/M系列: 输入信号Y1(端子5): 0(2)…10 V DC 输入阻抗R_i: ≥100 kΩ 输入信号:Y2(端子4): 0(4)…20 mA 输入阻抗R_i: 500		2…10 V 4…20 mA 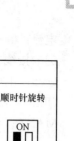	拨码开关1在ON位置,随信号增大,执行器顺时针旋转		顺时针旋转
220K/M系列: 输入信号Y(端子5): 0(2)…10 V DC/0(4)…20 mA 输入阻抗R_i: 1 MΩ/500 Ω 调节拨码开关2到ON位置,可将控制信号改为2…10 V或4…20 mA 出厂默认拨码开关2在OFF位置		2…10 V 4…20 mA 	拨码开关1在OFF位置,随信号增大,执行器逆时针旋转 出厂默认拨码开关1在ON位置		逆时针旋转

图 8-19   拨码开关功能

本项目选用的是电压型 0～10 V 输入信号,不需要调整输入信号,根据风门安装位置选择适当的旋转方向,接线方法 1 号端子接 0 V,2 号端子接 24 V DC,PLC 模拟量输出模块的输出接 3 号端子和 0 号端子,如图 8-20 所示。

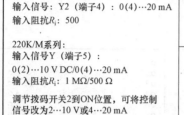
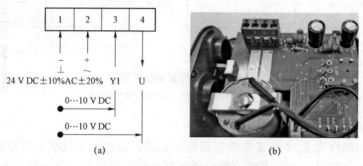

(a)   (b)

图 8-20   风门执行器端子接线

(a)线路图;(b)实物图

2. PLC 的模拟量输出

PLC 输出模拟量信号,需要使用到 PLC 的硬件,可以使用紧凑型 CPU,其集成了模拟量输入/输出模块采集模拟量输入,如使用 CPU 1511C-1PN;也可以使用标准型 CPU,安装模拟量输入模块采集模拟量输入,如使用 CPU 1511-1PN 和 AQ 4xU/I ST。

1)紧凑型 CPU 1511C-1PN

紧凑型 CPU 1511C-1PN 集成了模拟量输入/输出模块,有 2 个模拟量输出通道,输出类型包括电压和电流,可组态诊断和按通道设置超限时的硬件中断,如图 8-21 所示。

(1)通道可测量类型。

通道 0～1,可分别设置电压输出和电流输出。

(2)输出类型的范围。

电压:0～10 V、1～5 V、±10 V。

电流：0～20 mA、4～20 mA、±20 mA。

（3）接线方式。

QVn：电压输出通道。

QIn：电流输出通道。

MANA：模拟量电路的参考电位。

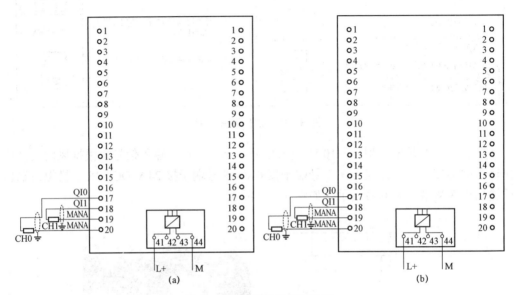

图 8-21　模拟量输出接线图

（a）电压输出接线图；（b）电流输出接线图

2）模拟量输出模块

模拟量输出模块有 2、4 或 8 个模拟量输出通道，输出类型包括电压和电流，可组态诊断和按通道设置超限时的硬件中断。常用的模拟量输出模块型号及参数如表 8-5 所示。

表 8-5　常用的模拟量输出模块型号及参数

型号	通道数量	测量精度	输出类型
AQ 2×U/I ST	2AQ	16 位（包括符号）	电压、电流
AQ 4×U/I ST	4AQ	16 位（包括符号）	电压、电流
AQ 4×U/I HF	4AQ	16 位（包括符号）	电压、电流
AQ 8×U/I HS	8AQ	16 位（包括符号）	电压、电流

模拟量输出模块的输出范围如下：

电压：0～10 V、1～5 V、±10 V。

电流：0～20 mA、4～20 mA、±20 mA。

五、项目实施

1. 硬件接线

根据硬件电路设计图对硬件进行接线。

2. 硬件组态

（1）创建项目，插入 CPU 1511C-1PN，如图 8-22 所示。

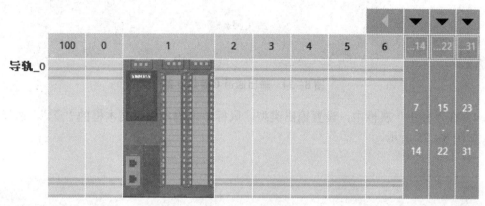

图 8-22　创建项目

（2）在常规选项中，选择"输出模板"中的"输出"，可以统一设置所有输出模块通道参数。在选用各通道的"参数设置"时，如果选择"来自模板"，就可以直接使用模板所设置参数，不需要再进行参数设置。诊断中的"短路"可以启用对执行器的线路短路诊断；"上溢"启用对输出值超出上限诊断；"下溢"启用输出值低于下限诊断，如图 8-23 所示。

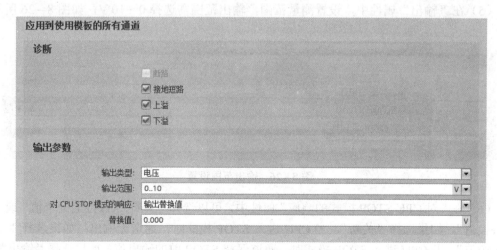

图 8-23　输出通道模板参数设置

（3）当所选用的通道参数设置与模板不同，需要在常规选项中选择设置对应的输出通道，如启用了通道 0，将"参数设置"更改为"手动"，如图 8-24 所示。

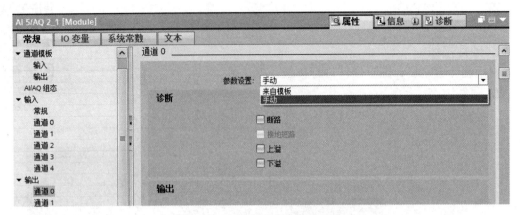

图 8-24　输出通道 0 参数设置

（4）在"输出"属性中，设置输出类型。鼠标单击输出类型文本框的"▼"，选择"电压"，如图 8-25 所示。

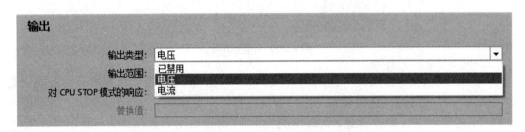

图 8-25　输出类型设置

（5）在"输出"属性中，设置测量范围，输出范围需选择 0~10 V，如图 8-26 所示。

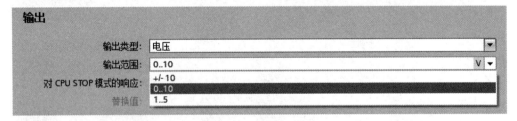

图 8-26　输出范围设置

（6）在"对 CPU STOP 模式的响应"属性中，可以选择"关断""保持上一个值"或"输出替换值"。如果选择"关断"，当 CPU 进入 STOP 模式时，通道无输出；如果选择"保持上一个值"，当 CPU 进入 STOP 模式时，通道保持 STOP 前的输出值；如果选择"输出替换值"，则"替换值"有效，当 CPU 进入 STOP 模式时，通道输出"替换值"所设置的参数值，如图 8-27 所示。

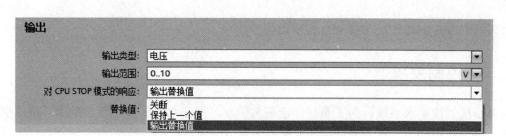

图 8-27　CPU 进入 STOP 模式响应设置

3. 编写程序

（1）打开 MAIN [OB1]，基本指令中找到转换操作，选 NORM_X 标准化指令，拖入到程序段中，MIN 设置为 0.0，MAX 设置为 90.0，VALUE 设置为地址 MD10，OUT 设置为 MD20。

（2）基本指令中找到转换操作，选 SCALE_X 缩放指令，拖入到程序段中，MIN 设置为 0，MAX 设置为 27 648，VALUE 设置为地址 MD20，OUT 设置为 QW0，如图 8-28 所示。

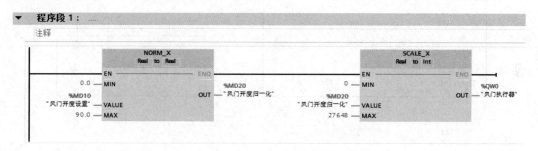

图 8-28　风门执行器控制程序编写

（3）编写后进行编译。

4. 运行调试

给硬件设备下载组态和程序，完成后运行程序，检查 MD20 显示温度数值与当前室温是否一致，如显示一致，表明温度采集正常，如显示不一致，查找原因并修改。

六、项目扩展

风门执行器 4 号端子是电压型反馈信号，使用 PLC 对控制风门开度进行监测。

项目 8.3　恒压供水——闭环模拟量 PID 控制

一、学习目标

了解模拟量闭环控制系统的基本知识。

理解 PID 控制原理，掌握 PID 控制编程方法。

二、控制要求

某小区二次供水系统，为了每户都能正常供水，保证水流的稳定性，采用了恒压供水设计。要求使用 PLC，压力变送器和变频器实现恒压供水控制。

三、硬件电路设计

恒压供水硬件电路如图 8–29 所示。

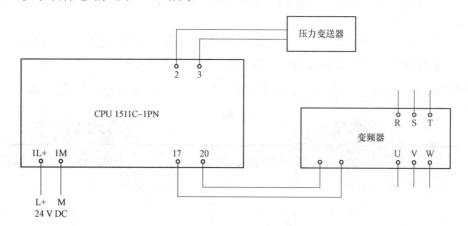

图 8–29　恒压供水硬件电路

四、项目知识储备

1. 模拟量闭环控制系统

在模拟量闭环控制系统中，如图 8–30 所示，被控量 c(t) 是连续变化的模拟量，它首先被测量元件传感器和变送器转换为标准量程的电流信号或电压信号 pv(t)，经过模拟量输入模块中的 A/D 转换器将它们转换为数字量 pv(n)。sp(n) 是给定值，pv(n) 为 A/D 转换后的反馈量，误差 ev(n) =sp(n) – pv(n)。D/A 转换器将 PID 控制器输出的数字量 mv(n) 转换为模拟量 mv(t)，再去控制执行机构，形成一个闭环的控制系统。

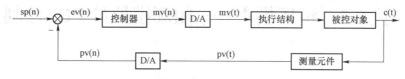

图 8–30　模拟量闭环控制系统方框图

例如在恒压供水闭环控制系统中，用压力变送器检测管道内压力值，压力变送器将压力转换为标准量程的电流或电压，然后送给模拟量输入模块，经 A/D 转换后得到与压力成比例的数字量，CPU 将它与压力设定值比较，并按某种控制规律对误差值进行运算，将运算结果送给模拟量输出模块，经 D/A 转换后变为电流或电压信号，用来控制变频器的频率，通过变频器控制水泵的流量，实现对压力的闭环控制。

2. PID 控制器

PID 是比例、微分、积分的缩写。P 的作用是输出值的比例作用与控制偏差成比例增加；I 的作用是输出值的积分作用一直增加，直到控制偏差达到平衡状态。D 的作用是微分作用随控制偏差的变化率而增加。过程值会尽快校正到设定值。如果控制偏差的变化率下降，则微分作用将再次减弱。

如果 PID 控制器可以控制一个过程系统中的执行器动作，从而影响过程系统的某个过程值，这个系统被称为受控系统。恰当设置 PID 控制器参数，可使受控系统尽快达到设定值并保持恒定。模拟量 PID 控制器的输出表达式为

$$y = K_{P}\left[(b \cdot w - x) + \frac{1}{T_{I} \cdot s}(w - x) + \frac{T_{D} \cdot s}{a \cdot T_{D} \cdot s + 1}(c \cdot w - x)\right]$$

式中，K_P 是比例增益；T_I 是积分作用时间；T_D 是微分作用时间，当需要较好的动态品质和较高的稳态精度时，可以选用 PI 控制方式；如果控制对象的惯性滞后较大时，可以选用 PID 控制方式。

3. 工艺 PID 控制

工艺中 PID 控制包括 PID_Compact、PID_3Step 和 PID_Temp，其中 PID_Compact 是集成了调节功能的通用 PID 控制器；PID_3Step 集成了阀门调节功能的通用 PID 控制器；PID_Temp 是温度 PID 控制器。PID 控制器引脚定义如表 8-6 所示。

表 8-6   PID 控制器引脚定义

指令	参数	数据类型	默认值	说明
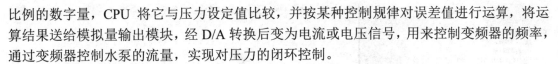	Setpoint	Real	0.0	PID 控制器在自动模式下的设定值
	Input	Real	0.0	用户程序的变量用作过程值的源
	Input_PER	Int	0	模拟量输入用作过程值的源
	Output	Real	0.0	Real 形式的输出值
	Output_PER	Int	0	模拟量输出值
	Output_PWM	Bool	FALSE	脉宽调制输出值

五、项目实施

（1）创建项目，插入 CPU 1511C-1PN 控制器，添加循环中断组织块[OB30]，如图 8-31 所示。

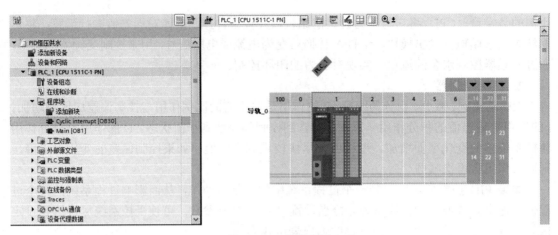

图 8–31　创建项目

（2）在 Main ［OB1］中编写标准化和缩放程序，标准化结果存储在 MD10 中，缩放结果存储在 MD20 中，如图 8–32 所示。

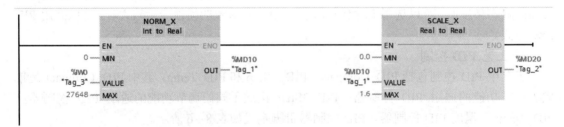

图 8–32　输入标准化和缩放程序

（3）在循环中断组织块［OB30］中调用 PID_Compact，鼠标单击"工艺"打开扩展，选择"PID 控制"中的 PID_Compact，拖曳到程序段中，自动生成背景数据块 DB1，设置 Setpoint 引脚输入值 0.5，Input 存储器地址 MD20，Output 存储器地址 MD30，如图 8–33 所示。

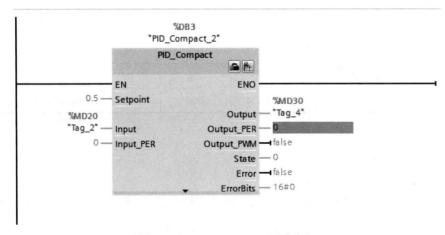

图 8–33　PID_Compact 引脚定义

（4）使用 PID 控制器的输出，控制变频器，在 Main [OB1] 中编写标准化和缩放程序，将标准化结果存储在 MD40 中，缩放结果输出给 QWO，如图 8-34 所示。

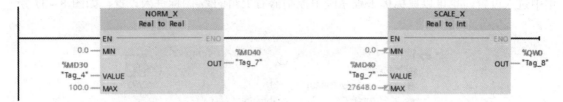

图 8-34　输出标准化和缩放程序

（5）对 PID 进行组态，可以从"项目树"的工艺对象 PID_Compact_1 [DB1] 组态选项中进入设置，也可以鼠标单击程序段中控制器右上角的 ☎ 图标进入设置，如图 8-35 所示。

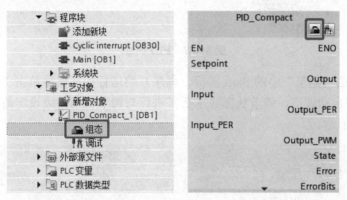

图 8-35　PID 组态

（6）基本设置：控制器类型为压力，单位为 Pa，CPU 重启后激活 Mode 为自动；Input/Output 参数：选择 Input 和 Output，如图 8-36 所示。

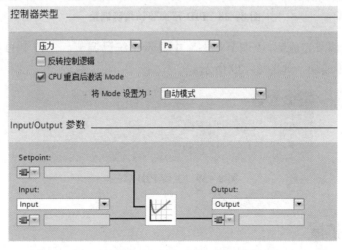

图 8-36　PID 组态设置

（7）设置过程值限制和过程值监视，将程序下载至 PLC 中。

（8）对 PID 进行调试，可以从"项目树"的工艺对象 PID_Compact_1［DB1］调试选项中进入设置，也可以鼠标单击程序段中控制器右上角的 图标进入设置，如图 8-37 所示。

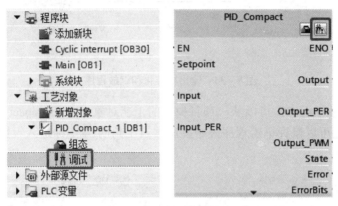

图 8-37　PID 调试

（9）鼠标单击"测量"中的 Start 图标，程序开始运行后，鼠标单击"调节模式"中的 Start 图标，进行自动调节，调节状态显示正在进行与调节，当接近设定值时，开始精确调整，如图 8-38 所示。

图 8-38　PID 预调节和精确调整

（10）当精确调节完成后，"调节状态"中显示系统已调节，上传 PID 参数，显示绿色对号时，参数上传成功，如图 8-39 所示。

图 8-39　上传 PID 参数

六、项目扩展

手动调节 PID 参数，使系统达到稳态。

模块 9

S7-1500 PLC 网络通信应用

项目 9.1　S7-1500 PLC 与 ET200M 的 PROFIBUS-DP 通信

一、学习目标

1. 知识目标

掌握 PROFIBUS-DP 现场总线的系统组成及应用。

2. 技能目标

能利用 TIA Portal 软件完成 S7-1500 PLC 与 ET200M 之间的 PROFIBUS-DP 现场总线的建立。

二、控制要求

CPU 1516F-3PN/DP 作为 PROFIBUS-DP 主站，分布式 I/O 系统 ET200M 作为 PROFIBUS-DP 从站。通过 PROFIBUS-DP 现场总线建立通信，并编写程序实现由主站发出一个启停信号，控制从站一个中间继电器的通断。

三、硬件电路设计

（1）PROFIBUS-DP 网络连接如图 9-1 所示。

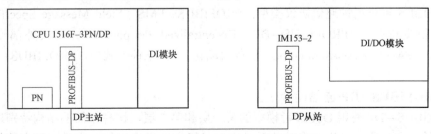

图 9-1　PROFIBUS-DP 网络连接

（2）硬件电路接线如图 9-2 所示。

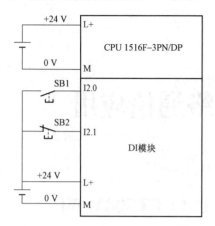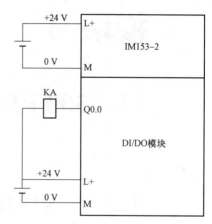

图 9-2　硬件电路接线图

（3）输入输出端口分配如表 9-1 所示。

表 9-1　输入输出端口分配

输入端口			输出端口		
输入点	输入器件	功能	输出点	输出器件	功能
I2.0	SB1	启动按钮	Q0.0	KA	中间继电器
I2.1	SB2	停止按钮			

四、项目知识储备

1. PROFIBUS 通信概述

PROFIBUS 是目前国际上通用的现场总线标准之一，PROFIBUS 总线在 1987 年由 SIEMENS 公司等 13 家企业和 5 家研究机构联合开发，1999 年 PROFIBUS 成为国际标准 IEC 61158 的组成部分，2001 年批准成为中国的行业标准 JB/T 10308.3—2001。

PROFIBUS 现场总线满足了生产过程现场级数据可存取性的重要要求，一方面它覆盖了传感器/执行器领域的通信要求，另一方面又具有单元级领域所有网络级通信功能。特别在分布式 I/O 领域，由于有大量的、种类齐全的、可连接的现场总线可供选用，因此 PROFIBUS 已成为国际公认的标准。

PROFIBUS 提供三种通信协议类型：PROFIBUS-FMS（Field Message Specification，现场总线报文规范）、PROFIBUS-DP（Decentralized Periphery，分布式外部设备）和 PROFIBUS-PA（Process Automation，过程自动化），在三种方式中，PROFIBUS-DP 应用最为广泛。

2. PROFIBUS-DP 通信简介

PROFIBUS-DP 使用 OSI 参考模型的第一层和第二层，这种精简的结构特别适合数据的高速传输，主要用于制造业自动化系统中单元级和现场级通信，它是一种高速低成本通

信，特别适用于 PLC 与分布式 I/O（例如 ET200）设备之间的快速循环数据交换。

1）PROFIBUS–DP 电缆

PROFIBUS–DP 电缆是专用的屏蔽双绞线，如图 9–3 所示。外层是紫色绝缘层，编织网防护层主要防止低频干扰，金属箔片层为防止高频干扰，最里面是 2 根信号线，红色为信号正，接总线连接器的第 8 管脚，绿色为信号负，接总线连接器的第 3 管脚。PROFIBUS–DP 电缆的屏蔽层"双端接地"。

2）PROFIBUS 总线终端器

PROFIBUS 总线符合 EIA RS485 标准，PROFIBUS RS485 的传输以半双工、异步、无间隙同步为基础。传输介质可以是光缆或者屏蔽双绞线，电气传输每个 RS485 网段最多 32 个站点，在总线的两端为终端电阻。

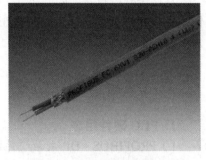

图 9–3　PROFIBUS–DP 电缆

为了保证网络通信质量，总线连接器或中继器上都设计了终端匹配电阻。组建通信网络时，在网络拓扑分支的末端节点需要接入匹配电阻，即开关设置为"ON"，如图 9–4 所示。

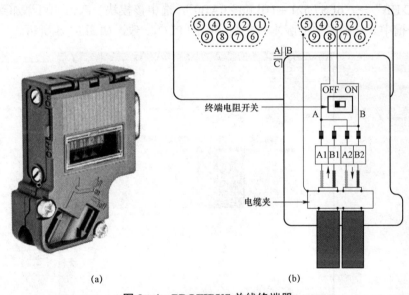

(a)　　　　　　　　　　　　　(b)

图 9–4　PROFIBUS 总线终端器

(a) 实物图；(b) 线路图

3. PROFIBUS 设备分类

每个 DP 系统均由不同类型的设备组成，这些设备分为三类：

1）1 类 DP 主站（DPM1）

这类 DP 主站循环地与 DP 从站交换数据。典型的设备有 PLC、计算机（PC）等。DPM1 有主动的总线存取权，它可以在固定的时间与现场设备之间进行数据的读取和写入。这种连续不断地重复循环是自动化功能的基础。

2）2 类 DP 主站（DPM2）

这类设备是工程设计、组态或操作设备，如上位机。这些设备在 DP 系统初始化时用来生成系统配置。它们在系统投运期间执行，主要用于系统维护和诊断，组态所连接的设备、评估测量值和参数，以及请求设备状态等。DPM2 不必始终连接在总线网络中。DPM2 也有主动的总线存取权。

3）从站

从站是外围设备，如分布式 I/O 设备、驱动器、HMI、阀门、变送器、分析装置等。它们读取过程信息或执行主站的输出命令，也有一些设备只处理输入或输出信息。从通信的角度看，从站是被动设备，只是直接响应请求。

五、项目实施

扫码观看项目演示
完成过程

1. PLC 硬件组态

1）PROFIBUS–DP 主站硬件配置

打开 TIA Portal 软件，新建项目，并命名为"S7–1500_ET200M_DP"，单击左下角"项目视图"。在 TIA Portal 项目视图的项目树中，双击"添加新设备"，先添加 CPU 模块"CPU 1516F–3PN/DP"；配置 CPU 后，再打开"硬件目录"→"DI"→"DI 32×24VDC HF"→"6ES7 521–1BL00–0AB0"，选中该模块，双击即可添加到 CPU 模块右侧的 2 号槽中。选择模块的版本号应与实际的 PLC 一致，如图 9–5 所示。

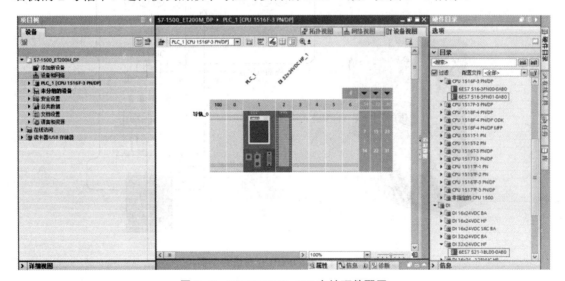

图 9–5　PROFIBUS–DP 主站硬件配置

2）配置 PROFIBUS–DP 主站参数

在"设备视图"下，选中 PLC_1 [CPU 1516F–3PN/DP]，单击 CPU 模块 PROFIBUS–DP 接口，单击"属性"选项卡，再单击"PROFIBUS 地址"选项，单击"添加新子网"，添加子网后的名称为"PROFIBUS_1"，PROFIBUS 地址为 2，如图 9–6 所示。单击"操作模式"选项，显示此 CPU 为主站，如图 9–7 所示。

3）插入 PROFIBUS–DP 从站 IM153–2 接口模块

从"设备视图"切换到"网络视图"选项卡，打开"硬件目录"→"分布式 IO"→"ET200M"→"接口模块"→"PROFIBUS"→"IM153–2"→"6ES7 153–2BA02–0XB0"

模块拖曳到网络视图的空白处，在网络视图下出现名称为 Slave_1 的设备，如图 9-8 所示。

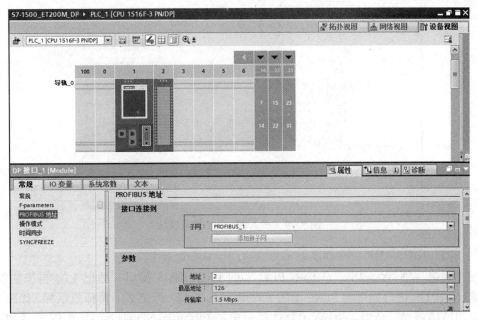

图 9-6　配置 PROFIBUS-DP 主站参数（一）

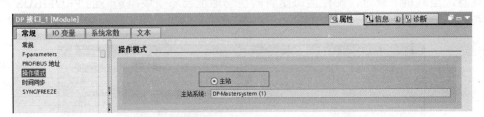

图 9-7　配置 PROFIBUS-DP 主站参数（二）

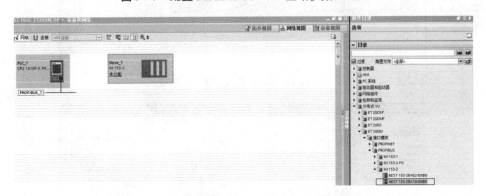

图 9-8　插入 IM153-2 PROFIBUS 接口模块

4）插入 Slave_1 的信号模块

在"设备视图"下，选中 Slave_1 [IM153-2]，打开"硬件目录"→"DI"→"DI 16 × 24VDC"→"6ES7 321-7BH01-0AB0"，选中该模块，双击即可添加到 IM153-2 接口模块右侧的 4 号槽中；再打开"硬件目录"→"DO"→"DO 8×24VDC/0.5A"→"6ES7

322-8BF00-0AB0"，选中该模块，双击即可添加到 5 号槽，如图 9-9 所示。

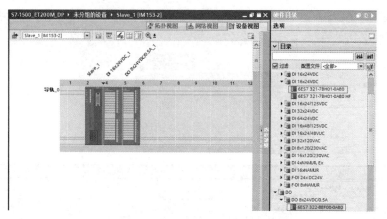

图 9-9　插入 Slave_1 信号模块

5）PROFIBUS-DP 主站和从站的连接

在"网络视图"选项卡，先选中 PLC_1 的 PROFIBUS 接口（标记 1），再按住鼠标左键从 PROFIBUS 接口拖曳到 Slave_1 的 PROFIBUS 接口（标记 2），再释放鼠标。如图 9-10 所示，即连接成功。此时，Slave_1 默认显示出的 PROFIBUS 地址为 3，如图 9-11 所示。需要注意，当联机下载时，硬件接口模块的拨码地址要与模块组态时的 PROFIBUS 地址保持一致。

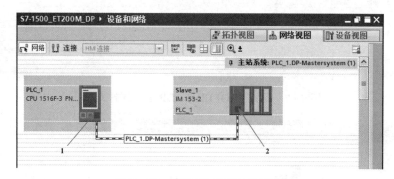

图 9-10　建立 PROFIBUS 连接

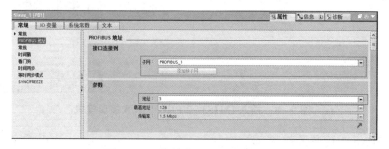

图 9-11　从站的 PROFIBUS 地址

6）编写控制程序

PROFIBUS-DP 主站 PLC_1 的输入信号模块地址为 IB0～IB3，PROFIBUS-DP 从站

Slave_1 的输出信号模块地址为 QB0。主站 PLC_1 的 OB1 中编写程序，从站设备中不需要编写程序，如图 9-12 所示。完成以上步骤后，对项目进行编译。

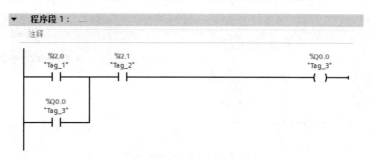

图 9-12　PROFIBUS-DP 主站程序

2. 联机运行

（1）断电情况下，按照图 9-2 所示硬件接线图接线。

（2）下载到设备。

本项目使用以太网联机下载。选中项目树的"PLC_1 [CPU 1516F-3PN/DP]"，单击菜单栏中图标""进行下载，在对话框中单击搜索兼容的设备后，单击对应的目标设备再下载，如图 9-13 所示。下载完成后，在下载结果中选择"启动模块"，再单击"完成"使 PLC 进入运行模式，最后单击"完成"，至此完成 PLC 联机下载。

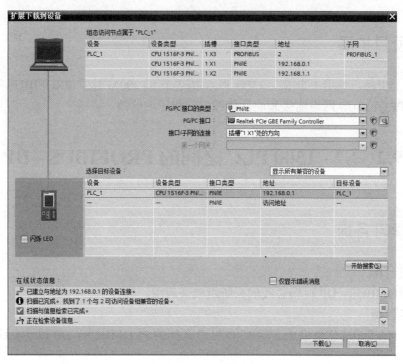

图 9-13　下载到设备

（3）监控运行状态。

单击菜单栏中图标"　转至在线"，在"网络视图"选项卡下，可以监控通信状态，如

图 9-14 所示。打开 PLC_1 的 OB1，可以监控程序运行状态，如图 9-15 所示。按下按钮 SB1，可以看到连接在远程 I/O 设备上的指示灯被点亮。

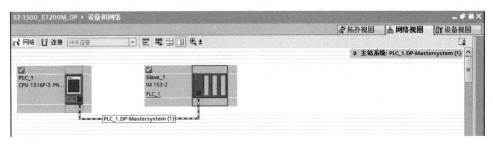

图 9-14　监控通信状态

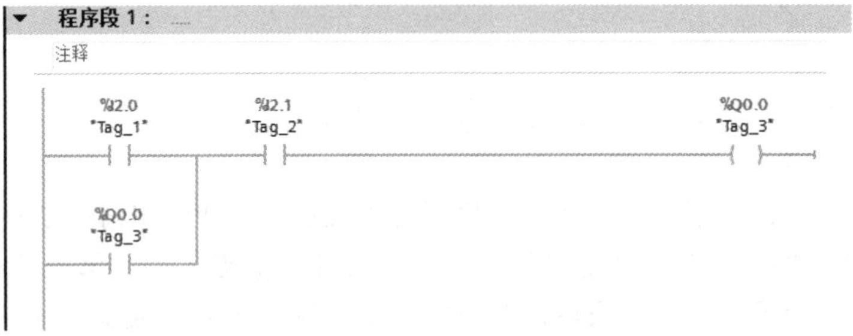

图 9-15　监控程序

六、项目扩展

参考以上步骤，使用 1 个 S7-1500 PLC 和 2 个 ET200M 建立 PROFIBUS-DP 通信及程序控制，PROFIBUS 网络连接和硬件接线进行相应的修改。

项目 9.2　S7-1500 PLC 之间的 PROFIBUS-DP 通信

一、学习目标

1. 知识目标
掌握 PROFIBUS-DP 现场总线的系统组成及应用。
2. 技能目标
能利用 TIA Portal 软件完成 S7-1500 PLC 之间的 PROFIBUS-DP 现场总线的建立。

二、控制要求

CPU 1516F-3PN/DP 自带 DP 通信接口，但是它只能作为 PROFIBUS-DP 主站。当没

有自带 DP 通信接口的 CPU1500 作为 PROFIBUS−DP 从站时,可以通过通信模块扩展其通信接口,例如使用 CM1542−5。

　　两台设备分别由 CPU 1516F−3PN/DP 和 CPU 1511C−1PN 控制,要求能够实时从设备 1 上的 CPU 1516F−3PN/DP 的 MB10 发出一个字节到设备 2 的 CPU 1511C−1PN 的 MB10,从设备 2 的 CPU 1511C−1PN 的 MB20 发出一个字节到设备 1 上的 CPU 1516F−3PN/DP 的 MB20。

三、模块网络连接

PROFIBUS−DP 网络连接如图 9−16 所示。

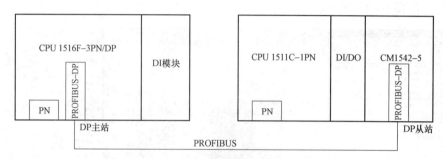

图 9−16　PROFIBUS−DP 网络连接

四、项目知识储备

　　通信模块 CM1542−5 适合在 S7−1500 自动化系统中运行。CM1542−5 允许将 S7−1500 站连接到 PROFIBUS 现场总线系统,CM1542−5 支持的通信服务主要包括符合标准的 PROFIBUS−DP 主站(1 类)、PROFIBUS−DP 从站和 S7 通信等。模块实物图如图 9−17 所示。

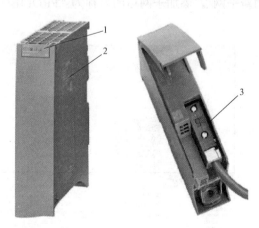

图 9−17　CM1542−5 实物图

1—LED;2—型号牌;3—PROFIBUS 接口:1 个 9 针 D 型母连接器(RS−485)

五、项目实施

1. PLC 硬件组态从站

1）PROFIBUS-DP 从站硬件配置

打开 TIA Portal 软件，新建一个项目，并命名为"S7-1500_S7-1500_DP"，单击左下角"项目视图"。在 TIA Portal 项目视图的项目树中，双击"添加新设备"，先添加 CPU 模块"CPU 1511C-1PN"，订货号为"6ES7 511-1CK01-0AB0"；配置 CPU 后，再打开"硬件目录"→"通信模块"→"PROFIBUS"→"6GK7 542-5DX00-0XE0"，选中该模块，双击即可添加到 CPU 模块右侧的 2 号槽中。选择模块的版本号应与实际的 PLC 一致，如图 9-18 所示。

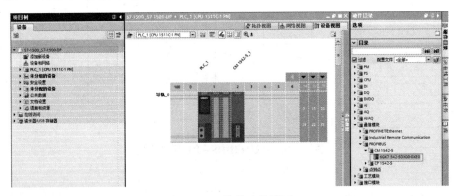

图 9-18　从站硬件配置

2）配置 PROFIBUS-DP 从站参数

在"设备视图"下，选中 PLC_1［CPU 1511-1PN］，单击 CM1542-5 模块的紫色 PROFIBUS-DP 接口，单击"属性"选项卡，再单击"PROFIBUS 接口"下的"PROFIBUS 地址"选项，单击"添加新子网"，添加子网后的名称为"PROFIBUS_1"，PROFIBUS 地址为 3，如图 9-19 所示。

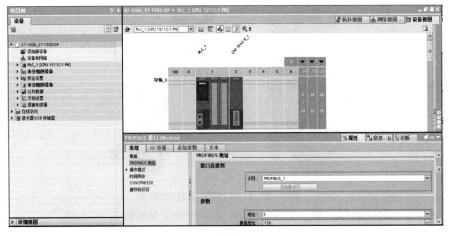

图 9-19　配置 PROFIBUS-DP 从站参数

3）设置 PROFIBUS-DP 从站操作模式

在"属性"选项卡，再单击"PROFIBUS 接口"下的"操作模式"，单击"操作模式"选项，选择"DP 从站"，如图 9-20 所示。

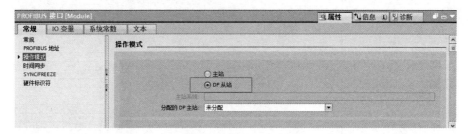

图 9-20　设置从站操作模式

4）配置 PROFIBUS-DP 从站通信数据接口

打开"操作模式"，单击"智能从站通信"，单击"新增"按钮两次，自动生产"传输区_1"和"传输区_2"，如图 9-21 所示。图 9-21 中的箭头"→"表示数据的传输方向，双击箭头可以改变数据传输方向，"I124"表示从站接收一个字节的数据到"IB124"中，"Q126"表示从站从"QB126"中发送一个字节的数据到主站，编译并保存。

	传输区	类型	主站地址	↔ 从站地址	长度	单位	一致性
1	传输区_1	MS		→ I124	1	字节	单元
2	传输区_2	MS		← Q126	1	字节	单元
3	<新增>						

图 9-21　配置从站通信数据接口

2. PLC 硬件组态主站

1）PROFIBUS-DP 主站硬件配置

打开 TIA Portal 软件，新建一个项目，并命名为"S7-1500_S7-1500_DP-Master"，单击左下角"项目视图"。在 TIA Portal 项目视图的项目树中，双击"添加新设备"，先添加 CPU 模块"CPU 1516F-3PN/DP"；配置 CPU 后，再打开"硬件目录"→"DI"→"DI 32×24VDC HF"→"6ES7 521-1BL00-0AB0"，选中该模块，双击即可添加到 CPU 模块右侧的 2 号槽中。选择模块的版本号应与实际的 PLC 一致，如图 9-22 所示。

2）配置 PROFIBUS-DP 主站参数

在"网络视图"选项卡下，打开"硬件目录"→"其他现场设备"→"PROFIBUS-DP"→"I/O"→"SIEMENS AG"→"CM1542-5"→"6GK7 542-5DX00-0XE0"，选中该模块，拖曳到空白处，如图 9-23 所示。

3）配置 PROFIBUS-DP 主站数据通信接口

在"网络视图"选项卡下，双击 CM1542-5 模块，进入"设备视图"，展开"设备数据"（标号 1）。在"设备概览"下插入数据通信区，本项目需要插入一个字节输入和一个字节输出。打开"硬件目录"，选择"1 Byte Input"，双击即可插入，同样操作插入"1 Byte Output"。

主站数据通信区配置完成，可以看到通信地址，这是与前述配置从站的"智能从站通信"数据传输区相对应，如图 9-24 所示。

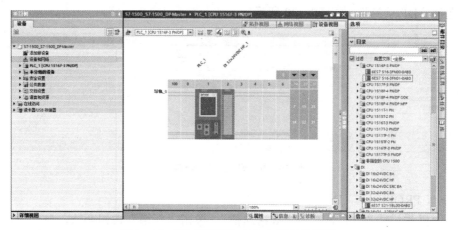

图 9-22　PROFIBUS-DP 主站硬件配置

图 9-23　组态通信接口

图 9-24　配置主站数据通信区

4）PROFIBUS-DP 网络连接

单击 CM1542-5 模块的紫色 PROFIBUS 接口，设置 PROFIBUS 地址为 3，如图 9-25

所示。在"网络视图"选项卡下，将主站和从站的 PROFIBUS 接口连接起来，如图 9-26 所示。

图 9-25　设置 CM1542-5 模块 PROFIBUS 地址

图 9-26　PROFIBUS-DP 网络连接

在进行硬件组态时，主站和从站的波特率要相等，主站和从站的地址不能相同。本项目的主站地址是 2，从站地址是 3。通常情况，先组态从站，再组态主站。

5）编写控制程序

从前述的配置步骤，能够看出主站 2 和从站 3 的数据交换的对应关系，如表 9-2 所示。S7-1500 PLC 之间的 PROFIBUS-DP 通信的程序编写有多种方法，本项目中为最简单的一种方法。主站程序如图 9-27 所示，从站程序如图 9-28 所示。

表 9-2　主站和从站发送接收数据区对应关系

序号	主站 S7-1500 PLC	对应关系	从站 S7-1500 PLC
1	QB0	→	IB124
2	IB4	←	QB126

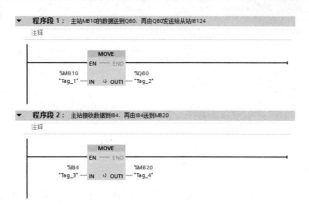

图 9-27　主站程序

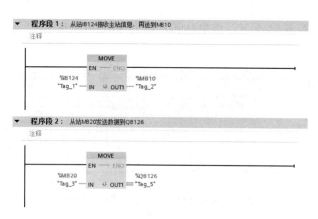

图 9-28　从站程序

3. 联机运行

（1）网络连接。

断电情况下，按照图 9-16 PROFIBUS-DP 网络连接图进行连接。

（2）下载到设备。

本项目使用以太网联机下载。打开主站项目，选中项目树 " PLC_1［CPU 1516F-3PN/DP］"，单击菜单栏中图标 " ⬇ " 进行下载，在对话框中单击搜索出兼容的设备后，单击对应的目标设备再下载，如图 9-29 所示。再下载从站项目，下载完成后，在下载结果中选择 "启动模块"，再单击 "完成" 使 PLC 进入运行模式，然后单击 "完成"，至此完成 PLC 联机下载。

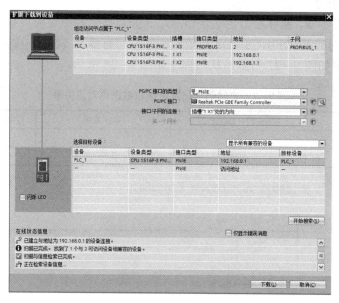

图 9-29　下载到设备

（3）监控运行状态。

单击菜单栏中图标 " 🔲 转至在线 "，在 "网络视图" 选项卡下，可以监控通信状态，如图 9-30 所示。

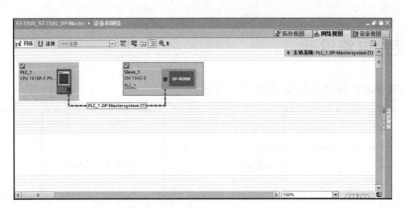

图 9–30　监控主站通信状态

六、项目扩展

参考前两节内容，使用 S7–1500 PLC 作为主站，1 个 ET200M 和 1 个 S7–1500 PLC 分别作为从站，建立 PROFIBUS–DP 通信及程序控制，PROFIBUS 网络连接和硬件接线进行相应的修改。

项目 9.3　S7–1500 的开放式（OUC）以太网通信–TSEND_C/TRCV_C 指令

一、学习目标

1. 知识目标

掌握 PROFINET 现场总线的系统组成及应用。

2. 技能目标

能利用 TIA Portal 软件完成 PROFINET 现场总线的建立。

熟悉 PROFINET 现场总线系统的通信步骤。

二、控制要求

S7–1500 PLC 之间的 OUC 通信，有多种连接方式，如 TCP/IP、ISO–on–TCP 和 UDP 等。本项目应用 ISO–on–TCP 完成。

（1）应用仿真软件 S7–PLCSIM Advanced 实现：

S7–1500 PLC_1Client 和 S7–1500 PLC_2Server，要求能够实时从 PLC_1 的 MB10 发出一个字节到 PLC_2 的 MB10。

（2）联机下载实现：PLC_1Client 控制 PLC_2Server 所连接的指示灯。

三、硬件电路设计

（1）PROFINET 网络连接如图 9-31 所示。

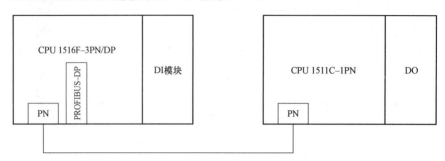

图 9-31　PROFINET 网络连接

（2）硬件接线图如图 9-32 所示。

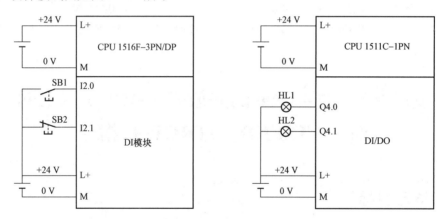

图 9-32　硬件接线图

（3）输入输出端口分配如表 9-3 所示。

表 9-3　输入输出端口分配

输入端口			输出端口		
输入点	输入器件	功能	输出点	输出器件	功能
I2.0	SB1	启动按钮	Q4.0	HL1	指示灯 1
I2.1	SB2	停止按钮	Q4.1	HL2	指示灯 2

四、项目知识储备

1. 工业以太网通信简介

基于 TCP/IP 的 Internet 基本已成为计算机网络的代名词，而以太网又是应用最广泛的局域网，TCP/IP 和以太网相结合成为发展最成熟的网络解决方案。工业以太网，通俗地讲就是应用于工业系统的以太网，其在技术上与商用以太网兼容，但材料的选用、产品设备的强度和适用性应能满足工业现场的需求。

工业以太网技术的优点：以太网技术应用广泛，支持所有的编程语言；软硬件资源丰富；易于与 Internet 连接，实现办公自动化网络与工业控制网络的无缝连接；通信速度快；可持续发展的空间大等。

2. PROFINET 简介

PROFINET 是基于工业以太网的开放的现场总线，可以将分布式 I/O 设备直接连接到工业以太网，实现从公司管理层到现场层的直接的、透明的访问。通过代理服务器（例如 IE/PB 链接器），PROFINET 可以集成现有的 PROFIBUS 设备，保护对现有系统的投资，实现现场总线系统的无缝集成。

PROFINET 使用以太网和 TCP/IP/UDP 协议作为通信基础，对快速性没有严格要求的数据使用 TCP/IP 协议，响应时间在 100 ms 数量级，可以满足工厂控制级的应用。

PROFINET 实时（Real-Time，RT）通信功能适用于对信号传输时间有严格要求的场合，例如用于现场传感器和执行设备的数据传输。通过 PROFINET，分布式现场设备可以直接连接到工业以太网，与 PLC 等设备通信。其响应时间比 PROFIBUS-DP 等现场总线相同或更短，典型的更新循环时间为 1～10 ms，完全能满足现场级的要求。

PROFINET 的同步实时（Isochronous Real Time，IRT）功能用于高性能同步运动控制。IRT 提供了等时执行周期，以确保信息始终以相等时间间隔进行传输。IRT 响应时间为 0.25～1 ms，波动小于 1 μs。IRT 的等时数据传输需要特殊交换机，如 SCALANCE X-200IRT。

3. S7-1500 PLC 的以太网通信接口及物理连接

S7-1500 CPU 集成的第一个以太网接口（X1）可以作 PROFINET IO 控制器和 I/O 设备，支持 S7 通信、开放式用户通信（OUC）、Web 服务器和介质冗余，X1 接口作 I/O 控制器支持 RT、IRT 和优先化启动。有的 CPU 只集成 X1 接口，此外通信模块 CM1542-1 和通信处理器 CP1543-1（不支持 PROFINET IO 控制器）也有以太网接口。S7-1500 CPU 集成以太网接口（X2、X3）支持 S7 通信、开放式用户（OUC）通信和 Web 服务器，还支持 MODBUS TCP 协议。

西门子的工业以太网可以采用双绞线、光纤和无线方式进行通信。TP Cord 电缆是 8 芯的屏蔽双绞线，直通连接电缆两端的 RJ-45 连接器采用相同的线序，用于 PC、PLC 等设备与交换机（或集线器）之间的连接。交叉连接电缆两端的 RJ-45 连接器采用不同的线序，用于直接连接两台设备（如 PC 和 PLC）的以太网接口。

工业以太网快速连接双绞线 IE FC TP（Industry Ethernet Fast Connection Twist Pair）是一种 4 芯电缆，它配合西门子 FC TP RJ45 接头使用，如图 9-33 所示。使用专用的剥线工具，一次就可以剥去电缆外包层和编织的屏蔽层，连接长度可达 100 m。

4. 基于以太网的开放式用户通信（OUC）

OUC 通信适用于 S7-1500/300/400 PLC 之间的通信、S7-PLC 与 S5-PLC 之间的通信、PLC 与个人计算机或第三方设备之间的通信，OUC 通信包括以下连

图 9-33　TP RJ45 接头与快速连接电缆

接：ISO Transport（ISO 传输协议）、ISO-on-TCP、UDP、TCP/IP。

基于 CPU 集成的 PN 接口的开放式用户通信（Open User Communication）是一种程序控制的通信方式，这种通信只受用户程序的控制，可以用程序建立和断开事件驱动的通信连接，在运行期间也可以修改连接。可以调用指令 TCON 来建立连接，用指令 TDISCON 来断开连接；指令 TSEND 和 TRCV 用于通过 TCP 和 IOS-on-TCP 协议发送和接收数据；还可以使用指令 TSEND_C 和 TRCV_C，通过 TCP 和 IOS-on-TCP 协议建立连接并发送和接收数据，不需要调用 TCON 和 TDISCON 指令。

5. TSEND_C 和 TRCV_C 指令说明

本项目使用 TSEND_C/TRCV_C 指令，通过 PROFINET 连接，创建 OUC-on-TCP 通信。调用 TSEND_C 和 TRCV_C 指令可以与伙伴站建立 TCP 或 ISO-on-TCP 通信连接、发送数据，并且可以终止该连接。设置并建立连接后，CPU 会自动保持和监视该连接。TSEND_C/TRCV_C 指令的输入/输出参数如表 9-4 所示。

表 9-4　TSEND_C/TRCV_C 指令的输入/输出参数

LAD	输入/输出	说明
TSEND_C EN ENO REQ DONE CONT LEN BUSY ERROR CONNECT DATA STATUS ADDR COM_RST	EN	使能
	REQ	在上升沿时，启动相应作业以建立 ID 所指定的连接
	CONT	控制通信连接： 0：数据发送完成后断开通信连接； 1：建立并保持通信连接
	LEN	通过作业发送的最大字节数
	CONNECT	指向连接描述的指针
	DATA	指向发送区的指针
	BUSY	0：发送作业尚未开始或已完成； 1：发送作业尚未完成，无法启动新的发送作业
	DONE	上一请求已完成且没有出错后，DONE 位将保持为 TRUE 一个扫描周期时间
	STATUS	故障代码
	ERROR	是否出错：0 表示无错误，1 表示有错误
TRCV_C EN ENO EN_R DONE CONT LEN BUSY ADHOC ERROR CONNECT STATUS DATA ADDR RCVD_LEN COM_RST	EN	使能
	EN_R	启用接收
	CONT	控制通信连接： 0：数据发送完成后断开通信连接； 1：建立并保持通信连接
	LEN	通过作业发送的最大字节数
	CONNECT	指向连接描述的指针
	DATA	指向接收区的指针
	BUSY	0：发送作业尚未开始或已完成； 1：发送作业尚未完成，无法启动新的发送作业
	DONE	上一请求已完成且没有出错后，DONE 位将保持为 TRUE 一个扫描周期时间
	STATUS	故障代码
	RCVD_LEN	实际接收到的数据量（字节）
	ERROR	是否出错：0 表示无错误，1 表示有错误

扫码观看项目演示
完成过程

五、项目实施

1. PLC 硬件组态

1）客户端硬件配置

打开 TIA Portal 软件，新建一个项目，并命名为"S7-1500_ISO-on-TCP"，单击左下角"项目视图"。在 TIA Portal 项目视图的项目树中，双击"添加新设备"，先添加 CPU 模块"CPU 1516F-3PN/DP"；配置 CPU 后，再打开"硬件目录"→"DI"→"DI 32×24VDC HF"→"6ES7 521-1BL00-0AB0"，选中该模块，双击即可添加到 CPU 模块右侧的 2 号槽中，选择模块的版本号应与实际的 PLC 一致。把 PLC_1 重命名为 PLC_1Client，如图 9-34 所示。

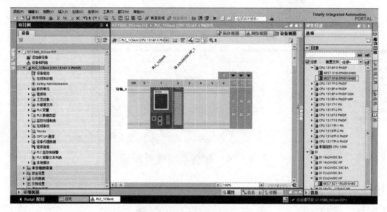

图 9-34　客户端硬件配置

2）客户端 IP 地址设置

在"设备视图"下，选中 PLC_1Client [CPU 1516F-3PN/DP]，单击 CPU 模块绿色的 PN 接口，单击"属性"选项卡，再单击"以太网地址"选项，设置 IP 地址，如图 9-35 所示。

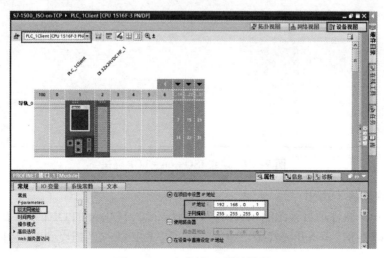

图 9-35　客户端 IP 地址设置

261

3）服务器端硬件配置

在 TIA Portal 项目视图的项目树中，双击"添加新设备"，先添加 CPU 模块"CPU 1511C-1PN"，订货号为"6ES7 511-1CK01-0AB0"，再单击 PN 口"以太网地址"下，设置 IP 地址为 192.168.0.2，如图 9-36 所示。

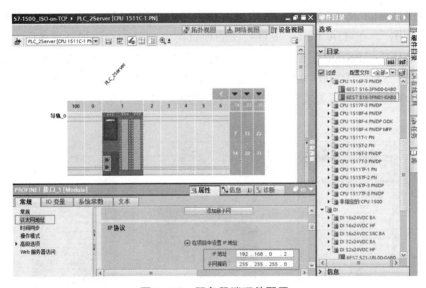

图 9-36　服务器端硬件配置

4）建立 ISO-on-TCP 连接

在"网络视图"选项卡下，单击"连接"，再选择"ISO-on-TCP 连接"，用鼠标把 PLC_1Client 的 PN 口选中并按住不放，拖曳到 PLC_2Server 的 PN 口，再释放鼠标。连接后，展开"设备数据"可看到"连接"选项卡下的连接信息，如图 9-37 所示。

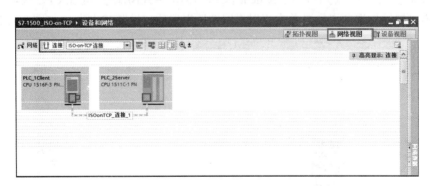

图 9-37　建立 ISO-on-TCP 连接

5）调用函数块 TSEND_C

在 TIA Portal 软件项目视图的项目树中，打开 PLC_1Client 的 OB1 块，在右侧"指令"选项卡下选择"通信"→"开放式用户通信"，再将"TSEND_C"拖曳到 OB1 中，如图 9-38 所示。

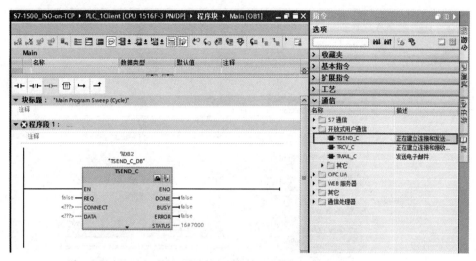

图 9-38　调用函数块 TSEND_C

6）配置客户端连接参数

在 OB1 中选中 TSEND_C 函数块，在其"属性"选项卡下，单击"组态"，先配置"连接参数"。在右侧配置框内"伙伴"处，选择对应的服务器 PLC，选择连接类型为"ISO-on-TCP"，组态模式选择"使用组态的连接"，在连接数据中，选择"ISOonTCP_连接_1"，如图 9-39 所示。还可以单击 TSEND_C 函数块上方的"开始组态"，配置连接参数。

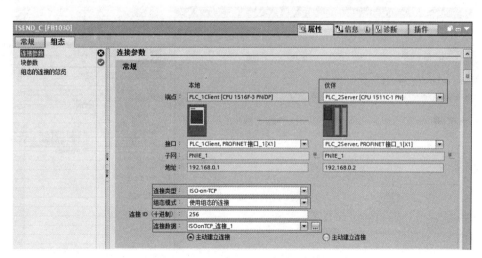

图 9-39　配置客户端连接参数

7）配置客户端块参数

在本项目中，勾选 CPU 的"启用时钟存储器字节"MB0。要求客户端 CPU 每一秒激活一次发送操作"REQ 端"，每次将客户端 MB10 的数据发送到服务器端的 MB10 中。"CONNECT"端为配置连接参数时新建的"连接数据"自动生成的，起始地址为 M10.0，长度为 1 个字节，如图 9-40 所示。

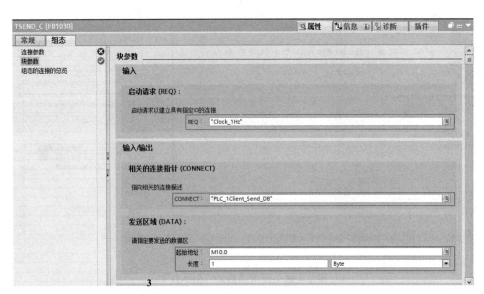

图 9-40　配置客户端 TSEND_C 块参数

8）调用函数块 TRCV_C

在 TIA Portal 软件项目视图的项目树中，打开 PLC_2Server 的 OB1 块，在右侧"指令"选项卡下选择"通信"→"开放式用户通信"，再将"TRCV_C"拖曳到 OB1 中，如图 9-41 所示。

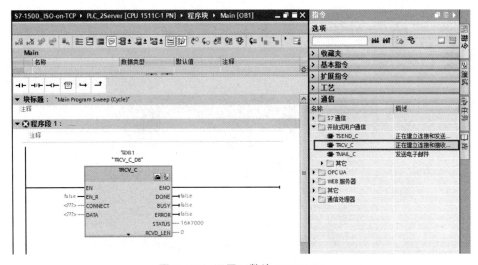

图 9-41　调用函数块 TRCV_C

9）配置服务器端连接参数

在 OB1 中选中 TRCV_C 函数块，在其"属性"选项卡下，单击"组态"，先配置"连接参数"。在右侧配置框内"伙伴"处，选择对应的客户端 PLC，选择连接类型为"ISO-on-TCP"，组态模式选择"使用组态的连接"，在连接数据中，选择"ISOonTCP_连接_1"，如图 9-42 所示。还可以单击 TRCV_C 函数块上方的"开始组态"，配置连接参数。

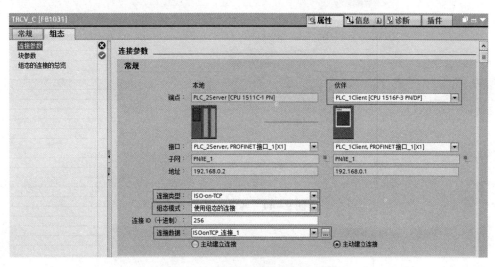

图 9-42　配置服务器端连接参数

10）配置服务器端块参数

在本项目中，勾选 CPU 的"启用时钟存储器字节"MB0。要求服务器端 CPU 每一秒激活一次接收操作"EN_R"，每次将客户端 MB10 的数据发送到服务器端的 MB10 中。"CONNECT"端为配置连接参数时新建的"连接数据"自动生成的，起始地址为 M10.0，长度为 1 个字节，如图 9-43 所示。

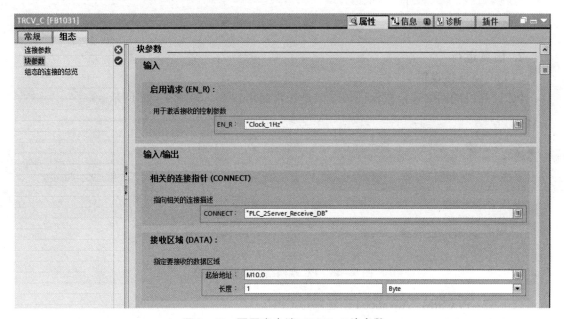

图 9-43　配置客户端 TRCV_C 块参数

11）编写程序

客户端程序如图 9-44 所示，服务器端程序如图 9-45 所示。

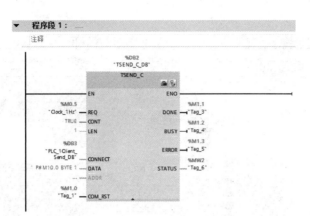

图 9-44　客户端程序

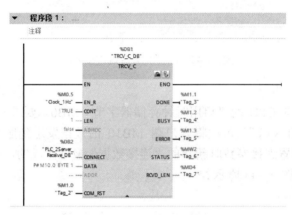

图 9-45　服务器端程序

2. 仿真运行

（1）网络连接设置。

PC 计算机的网络连接要保证该端口是正常启用状态，如图 9-46 所示。

图 9-46　PC 端网络连接启用状态

（2）S7-PLCSIM Advanced 创建虚拟 CPU。

双击桌面图标，打开仿真软件 S7-PLCSIM Advanced。"Online Access"选择"PLCSIM Virtual Eth.Adapter"（标号 1），按照前述步骤中设置的客户端和服务器端的 IP 地址，分别创建两个虚拟 1500 CPU（标号 2），创建成功会看到两个 CPU 为 STOP 状态（标号 3），如图 9-47 所示。

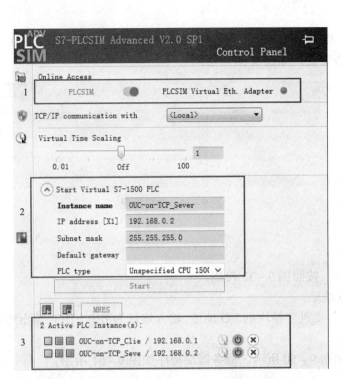

图 9–47　S7–PLCSIM　Advanced 创建虚拟 PLC

（3）下载。

　　分别选中项目树中的客户端和服务器端 PLC，单击菜单栏图标 進行下载。图 9–48 所示为服务器端下载状态。下载完成启动两个 CPU。

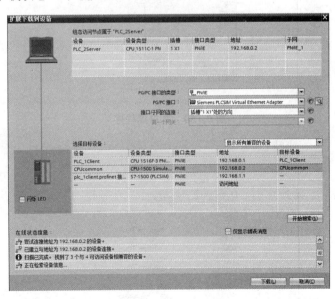

图 9–48　仿真下载

（4）监控数据。

　　在 PLC_1Client 和 PLC_2Server 项目下，打开"监控与强制表"，分别建立监控表。在

PLC_1Client 监控表_1 中"修改值"栏，修改 MB10 的数据，可以看到 PLC_2Server 监控表_1 的监视值与其同步变化，如图 9-49 所示。

图 9-49　监控数据

3. 联机调试

（1）硬件接线。

在断电情况下，按照图 9-32 接线。

（2）确定 I/O 地址。

编写程序前，需要确定模块的 I/O 地址。输入地址为 IB0～IB3，输出地址为 QB4～QB5。

（3）编写程序。

客户端程序如图 9-50 所示，服务器端程序如图 9-51 所示。

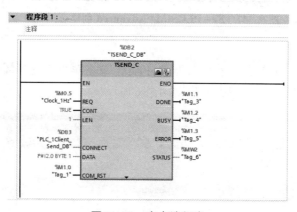

图 9-50　客户端程序

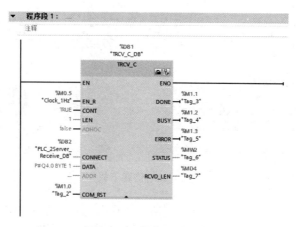

图 9-51　服务器端程序

（4）下载到设备。

选中项目树的"PLC_1 [CPU 1516F-3PN/DP]"，单击菜单栏中图标"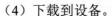"进行下载，在对话框中搜索出兼容的设备后，单击对应 IP 地址的目标设备再下载。下载完成后，在下载结果中选择"启动模块"，再单击"完成"使 PLC 进入运行模式，然后单击"完成"，至此完成 PLC 的联机下载。

六、项目扩展

参考以上步骤：

（1）通过 PROFINET 建立 S7-1500 PLC 与 S7-1200 PLC 之间的 OUC（TCP）通信：实现 S7-1500 CPU Client 的 MB10 发送一个字节的数据到 S7-1200 CPU Server 的 MB10。

（2）通过 PROFINET 建立多个（3 个以上）S7-1500 PLC 之间的 OUC（TCP）通信。

项目 9.4　S7-1500 PLC 之间的 S7 通信-GET/PUT 指令

一、学习目标

1. 知识目标

了解 S7 通信 GET/PUT 指令的使用。

2. 技能目标

能利用所学指令编程实现 S7-1500 的 S7 的通信。

熟悉 TIA Portal 软件操作和 S7 通信编程调试。

二、控制要求

（1）应用仿真软件 S7-PLCSIM Advanced 实现：

① 从 S7-1500 CPU Client 的 MB2 发送一个字节的数据到 S7-1500 CPU Server 的 MB2 中。

② 从 S7-1500 CPU Server 的 MB3 读取一个字节的数据到 S7-1500 CPU Client 的 MB3 中。

（2）联机下载实现：PLC_1Client 控制 PLC_2Server 所连接的指示灯。

三、硬件电路设计

（1）PROFINET 网络连接图如图 9-52 所示。

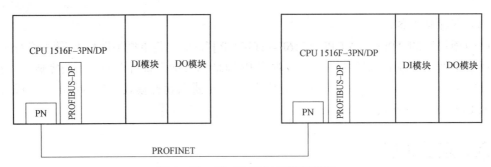

图 9-52　PROFINET 网络连接图

（2）硬件电路接线如图 9-53 所示。

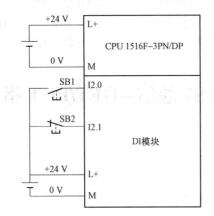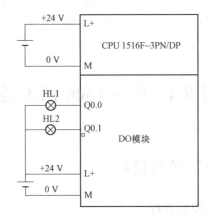

图 9-53　硬件电路接线

（3）输入输出端口分配如表 9-5 所示。

表 9-5　输入输出端口分配

输入端口			输出端口		
输入点	输入器件	功能	输出点	输出器件	功能
I2.0	SB1	启动按钮	Q0.0	HL1	指示灯 1
I2.1	SB2	停止按钮	Q0.1	HL2	指示灯 2

四、项目知识储备

1. S7 协议

S7 协议是 SIEMENS S7 系列产品之间通信使用的标准协议，主要用于 S7 CPU 之间的主-主通信、CPU 与西门子人机界面和编程设备之间的通信。S7 通信协议是面向连接的协议，在进行数据交换之前，必须与通信伙伴建立连接。面向连接的协议具有较高的安全性。S7 通信可以用于 MPI 网络、PROFIBUS 网络或 PROFINET 网络，这些网络的 S7 通信的组态和编程方法基本相同。

S7 通信按组态方式可分为单边通信和双边通信。单边通信中的客户机是向服务器请求服务的设备，客户机是主动的，它调用 PUT/GET 指令来读、写服务器的存储区，通信服务经客户机要求而启动。服务器是通信中的被动方，用户不用编写服务器的 S7 通信程序，S7 通信是由服务器的操作系统完成的。单向通信只需要客户机组态连接、下载信息和编写通信程序。S7 PLC 的 CPU 集成的以太网接口都支持 S7 单边通信。双边通信的双方都需要下载连接组态，一方调用指令 BSEND 或 USEND 来发送数据，另一方调用指令 BRCV 或 URCV 来接收数据。

2. 指令说明

本项目使用 PUT/GET 指令，通过 PROFINET 连接，创建 S7 CPU 通信。PUT/GET 指令的输入/输出参数如表 9-6 所示。

表 9-6　PUT/GET 指令的输入/输出参数

LAD	输入/输出	说明
PUT Remote - Variant EN　ENO DONE REQ　ERROR ID　STATUS ADDR_1 ADDR_2 ADDR_3 ADDR_4 SD_1 SD_2 SD_3 SD_4	EN	使能
	REQ	上升沿启动发送操作
	ID	S7 连接号
	ADDR_1	指向接收方的地址的指针。该指针可指向任何存储区。需要 8 字节结构
	SD_1~SD_4	指向本地 CPU 中待发送数据的存储区
	DONE	0：请求尚未启动或仍在运行； 1：已成功完成任务
	STATUS	故障代码
	ERROR	是否出错：0 表示无错误，1 表示有错误
GET Remote - Variant EN　ENO NDR REQ　ERROR ID　STATUS ADDR_1 ADDR_2 ADDR_3 ADDR_4 RD_1 RD_2 RD_3 RD_4	EN	使能
	REQ	通过由低到高的（上升沿）信号启动操作
	ID	S7 连接号
	ADDR_1	指向远程 CPU 中待读取数据的存储区
	RD_1~RD_4	指向本地 CPU 中待读取数据的存储区
	STATUS	故障代码
	NDR	新数据就绪： 0：请求尚未启动或仍在运行； 1：已成功完成任务
	ERROR	是否出错：0 表示无错误，1 表示有错误

五、项目实施

1. TIA Portal 软件创建项目

1）客户端硬件配置

打开 TIA Portal 软件，新建一个项目，并命名为"S7-1500_S7COM"，单击左下角"项目视图"。在 TIA Portal 项目视图的项目树中，双击"添加新设备"，先添加 CPU 模块"CPU 1516F-3PN/DP"；配置 CPU 后，再打开"硬件目录"→"DI"→"DI 32×24VDC HF"→"6ES7 521-1BL00-0AB0"，选中该模块，双击即可添加到 CPU 模块右侧的 2 号槽中；

扫码观看项目演示
完成过程

打开"硬件目录"→"DQ"→"DQ 32×24VDC/0.5A ST"→"6ES7 522-1BL00-0AB0",选中该模块,双击即可添加到 CPU 模块右侧的 3 号槽中。选择模块的版本号应与实际的 PLC 一致。把 PLC_1 重命名为 PLC_1Client,如图 9-54 所示。

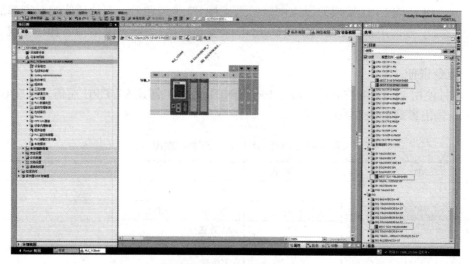

图 9-54　客户端硬件配置

2）客户端 IP 地址设置

在"设备视图"下,选中 PLC_1Client［CPU 1516F-3PN/DP］,单击 CPU 模块绿色的 PN 接口,单击"属性"选项卡,再单击"以太网地址"选项,设置 IP 地址,如图 9-55 所示。

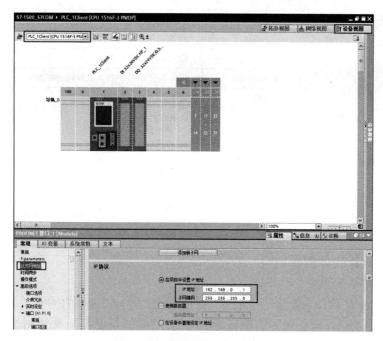

图 9-55　客户端 IP 地址设置

3）服务器端硬件配置

本项目中，服务器的硬件配置与客户端完全相同，命名为"PLC_2Server"，如图 9-56 所示。

图 9-56 重命名服务器端

4）服务器端 IP 地址设置

设置 IP 地址为 192.168.0.2，如图 9-57 所示。

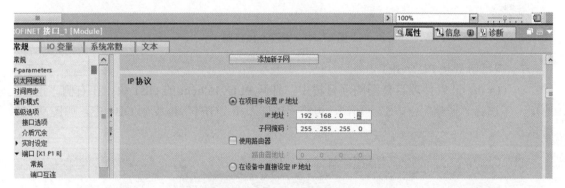

图 9-57 设置客户端 IP 地址

5）建立 S7 连接

在"网络视图"下，单击"连接"，再选择"S7 连接"，用鼠标把 PLC_1Client 的 PN 口选中并按住不放，拖曳到 PLC_2Server 的 PN 口再释放鼠标。连接后，展开"设备数据"可看到"连接"选项卡下的连接信息，如图 9-58 所示。

图 9-58 建立 S7 连接

6）更改连接机制

调用 PUT/GET 函数块之前，需要在 CPU 的"属性"中选择"防护与安全"→"连接机制"，勾选"允许来自远程对象的 PUT/GET 通信访问"，服务器和客户端的 CPU 都需要设置，如图 9-59 所示。

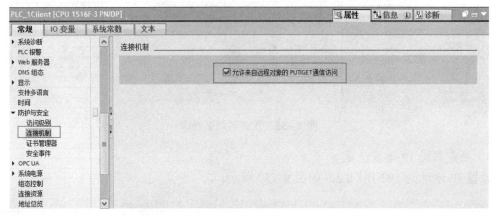

图 9-59　更改连接机制

7）调用函数块 PUT/GET

在 TIA Portal 软件项目视图的项目树中，打开 PLC_1Client 的 OB1 块，在右侧"指令"选项卡下选择"通信"→"S7 通信"，再将"PUT"和"GET"拖曳到 OB1 中，如图 9-60 所示。

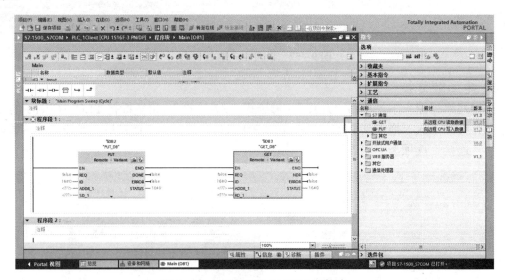

图 9-60　调用 PUT 和 GET 函数块

8）配置客户端连接参数

在 OB1 中选中 PUT 函数块，在其"属性"选项卡下，单击"组态"，先配置"连接参数"。在右侧配置框内"伙伴"处，选择对应的服务器 PLC，其他信息即可自动生成，如图 9-61 所示。还可以单击 PUT 函数块上方的"开始组态"，配置连接参数。

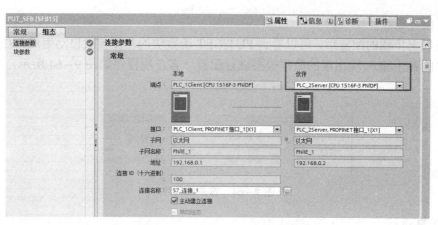

图 9-61　配置客户端连接参数

9）配置客户端块参数

在本项目中，勾选 CPU 的"启用时钟存储器字节"MB0。要求客户端 CPU 每一秒激活一次发送操作，每次将客户端 MB2 的数据发送到服务器端的 MB2 中；每一秒激活一次接收操作，每次读取服务器端 MB3 的数据存储到客户端的 MB3 中，如图 9-62、图 9-63所示。

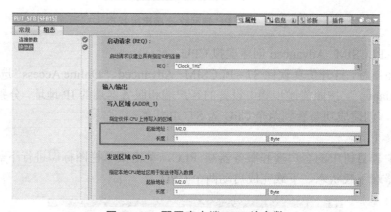

图 9-62　配置客户端 PUT 块参数

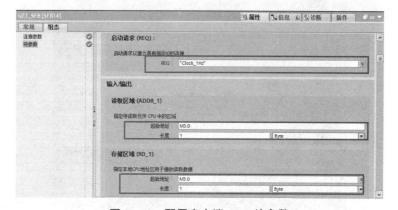

图 9-63　配置客户端 GET 块参数

10）编写程序

经过以上步骤的配置后，可以看到 PUT/GET 函数块的左侧参数自动生成，右侧参数按照函数块的各个输入/输出端的数据类型进行配置。客户端程序如图 9-64 所示。

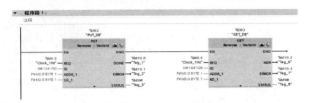

图 9-64 客户端程序

2. 仿真运行

（1）网络连接设置。

PC 计算机的网络连接要保证该端口是正常启用状态，如图 9-65 所示。

图 9-65 PC 端网络连接启用状态

（2）S7-PLCSIM Advanced 创建虚拟 CPU。

双击桌面图标，打开仿真软件 S7-PLCSIM Advanced。"Online Access" 选择 "PLCSIM Virtual Eth.Adapter"，按照前述步骤中设置的客户端和服务器端的 IP 地址，分别创建两个虚拟 1500 CPU，创建成功会看到两个 CPU 为 STOP 状态。

（3）仿真下载。

分别选中项目树中的客户端和服务器端 PLC，单击菜单栏图标 进行下载。图 9-66 所示为服务器端下载状态，下载完成启动两个 CPU。

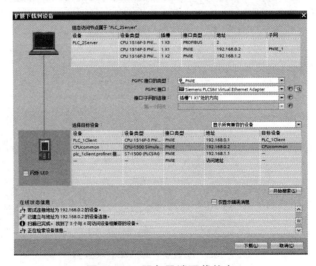

图 9-66 服务器端下载状态

（4）监控数据。

在 PLC_1Client 和 PLC_2Server 项目下，打开"监控与强制表"，分别建立监控表。在 PLC_1Client 监控表_1 中"修改值"栏，修改 MB2 的数据，可以看到 PLC_2Server 监控表_1 的 MB2 监视值与其同步变化；在 PLC_2Server 监控表_1 中"修改值"栏，修改 MB3 的数据，可以看到 PLC_1Clien 监控表_1 的 MB3 监视值与其同步变化，如图 9-67 所示。

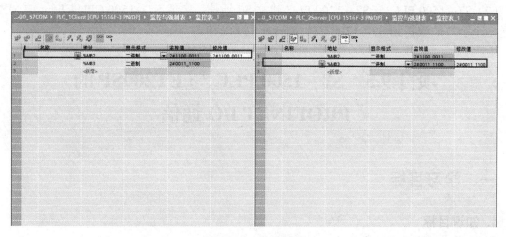

图 9-67　监控数据

3. 联机调试

（1）硬件接线。

在断电情况下，按照图 9-53 接线。

（2）编写程序。

按照控制要求，只需客户端控制服务器端，只需调用 PUT 函数块即可。客户端程序如图 9-68 所示。

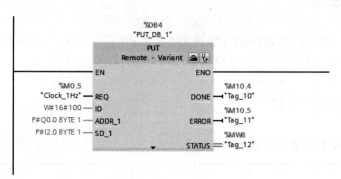

图 9-68　客户端程序

（3）下载到设备。

选中项目树的"PLC_1［CPU 1516F-3PN/DP］"，单击菜单栏中图标"![icon]"进行下载，在对话框中搜索出兼容的设备后，单击对应 IP 地址的目标设备再下载。下载完成后，在下载结果中选择"启动模块"，再单击"完成"使 PLC 进入运行模式，然后单击完成，至此完成 PLC 的联机下载。

六、项目扩展

参考以上步骤：

（1）通过 PROFINET 建立多个（3 个以上）S7–1500 PLC 之间的 S7 通信。

（2）S7–1500 PLC 与 S7–1200 PLC 建立 S7 通信，实现 S7–1500 CPU Client 的 MB10 发送一个字节的数据到 S7–1200 CPU Server 的 MB10。

项目 9.5　S7–1500 PLC 与 ET200SP 的 PROFINET I/O 通信

一、学习目标

1. 知识目标

了解 PROFINET I/O 通信。

理解 PROFINET I/O 控制器（IO Controller）、远程现场设备（IO Device）的含义及应用。

2. 技能目标

能利用所学指令编程实现 S7–1500 PLC 与 ET200SP 的 PROFINET I/O 通信。

熟悉 TIA Portal 软件操作和 PROFINET I/O 通信编程调试。

二、控制要求

S7–1500 PLC 作为 PROFINET I/O 控制器，带 PN 接口的 ET200SP 作为远程 I/O 设备。由 S7–1500 PLC 的启动和停止信号控制 ET200SP 的输出指示灯信号。

三、硬件电路设计

（1）PROFINET 网络连接图如图 9–69 所示。

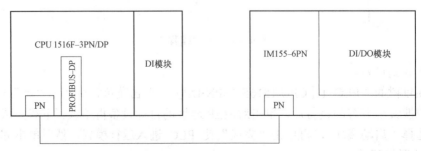

图 9–69　PROFINET 网络连接图

（2）硬件电路接线图如图 9-70 所示。

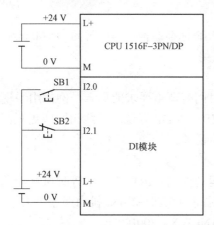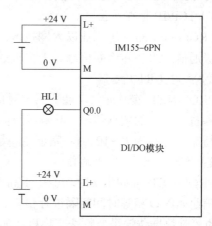

图 9-70　硬件电路接线图

（3）输入输出端口分配如表 9-7 所示。

表 9-7　输入输出端口分配

输入端口			输出端口		
输入点	输入器件	功能	输出点	输出器件	功能
I2.0	SB1	启动按钮	Q0.0	HL1	指示灯 1
I2.1	SB2	停止按钮			

四、项目知识储备

1. PROFINET I/O 简介

PROFINET I/O 适合模块化、分布式控制，是 PROFINET 的应用方式之一。与 ROFIBUS-DP 的主站和从站类似，在现场总线 PROFINET 中，有 PROFINET I/O 控制器（I/O Controller）和 PROFINET I/O 设备（I/O Device）。

S7-1500、S7-1200 的 CPU 和 ET200SP CPU 都可以作 PROFINET I/O 控制器，通过以太网直接连接 PROFINET I/O 设备。PROFINET I/O 控制器最多可以和 512 个 PROFINET I/O 设备进行点到点通信，按照设定的更新时间双方对等发送数据。PROFINET I/O 设备是分布式现场设备，ET200 分布式 I/O、变频器、调节阀和变送器都可以作为 I/O 设备。

2. PROFINET I/O 设备简介

ET 200SP 是西门子推出的新一代分布式 I/O 系统，PROFINET 接口模块 IM155-6PN ST 最多支持 32 个模块；IM155-6 HF 最多支持 64 个模块，信号模块支持热插拔，集成 PROFIenergy 功能，I/O 模块支持电源分组，支持组态控制功能。系统集成了电源模块，无需单独的电源模块。其他 PROFINET I/O 设备可通过 GSD 文件的方式集成在 TIA Portal 软件中，其 GSD 文件以 XML 格式保存。

3. PROFINET I/O 三种执行水平

1）TCP/IP 标准通信

PROFINET 是基于工业以太网技术，采用 TCP/IP 标准通信，响应时间为 100 ms，用于工厂级通信。组态和诊断信息、上位机通信等可采用。

2）实时（RT）通信

PROFINET 实时通信功能适用于对信号传输时间有严格要求的场合，例如用于现场传感器和执行设备的数据传输。其响应时间比 PROFIBUS–DP 等现场总线相同或更短，典型的更新循环时间为 1～10 ms，完全能满足现场级的要求。

3）等时实时（IRT）通信

PROFINET 的同步实时功能用于高性能同步运动控制。IRT 提供了等时执行周期，以确保信息始终以相等时间间隔进行传输。IRT 响应时间为 0.25～1 ms，抖动误差不大于 1 μs。IRT 的等时数据传输需要特殊交换机（如：SCALANCE X–200IRT）。

五、项目实施

1. PLC 硬件组态

1）硬件配置

打开 TIA Portal 软件，新建一个项目，并命名为"S7–1500_ET200SP_PN–IO"，单击左下角"项目视图"。在 TIA Portal 项目视图的项目树中，双击"添加新设备"，先添加 CPU 模块"CPU 1516F–3PN/DP"；配置 CPU 后，再打开"硬件目录"→"DI"→"DI 32×24VDC HF"→"6ES7 521–1BL00–0AB0"，选中该模块，双击即可添加到 CPU 模块右侧的 2 号槽中。选择模块的版本号应与实际的 PLC 一致，如图 9–71 所示。

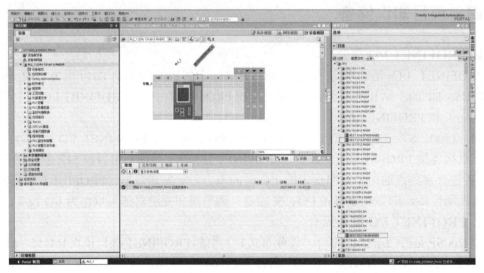

图 9–71 硬件配置

2）CPU 集成 PN 接口 IP 地址配置

在"设备视图"（标号 1 处）下，选中 PLC_1［CPU 1516F–3PN/DP］（标号 2 处），单

击 CPU 模块绿色的 PN 接口（标号 3 处），单击"属性"选项卡，再单击"以太网地址"（标号 4 处）选项，设置 IP 地址（标号 5 处），如图 9–72 所示。

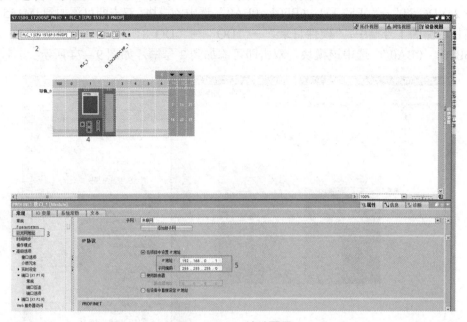

图 9–72　IP 地址配置

3）插入 IM155–6 PN 接口模块

从"设备视图"切换到"网络视图"选项卡，打开"硬件目录"→"分布式 I/O"→"ET200SP"→"接口模块"→"PROFINET"→"IM155–6 PN ST"→"6ES7 155–6AU01–0BN0"模块（拖曳到网络视图的空白处，在网络视图出现名称为 IO device_1 的设备。在"设备视图"选项卡下，单击 PN 接口，在"属性"选项卡的"以太网地址"看到系统自动分配了一个 IP 地址 192.168.0.2，如图 9–73 所示。

图 9–73　插入 IM155–6 PN 接口模块

4）插入 IO Device 信号模块

在"设备视图"下，选中 IO device_1［IM155-6 PN ST］，再打开"硬件目录"→"DI"→"DI 8×24VDC ST"→"6ES7 131-6BF01-0BA0"，选中该模块，双击即可添加到 IM155-6 PN 接口模块右侧的 1 号槽中；"硬件目录"→"DQ"→"DQ 8×24VDC/0.5A ST"→"6ES7 132-6BF01-0BA0"，选中该模块，双击即可添加到 2 号槽，如图 9-74 所示。

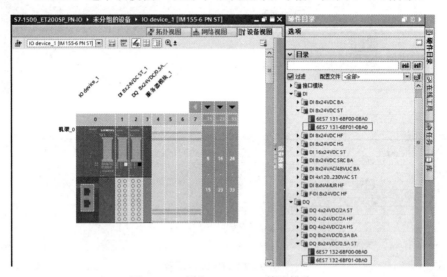

图 9-74　插入 IO Device 信号模块

组态信号模块时，在模块"属性"选项卡下单击"电位组"，勾选与实际硬件模块匹配的电位组设置选项，如图 9-75 所示。

图 9-75　电位组设置

5）I/O 控制器和 I/O 设备的连接

在"网络视图"选项卡，先选中 PLC_1 的 PN 接口，再按住鼠标左键从 PN 接口拖曳到 IO device_1 的 PN 接口，再释放鼠标，如图 9-76 所示，即为连接成功。

图 9-76　建立 PROFINET 连接

6）分配 I/O 设备名称

实际硬件用以太网电缆连接好控制器、I/O 设备和 PC 机的以太网接口，I/O 设备名称必须与组态的设备名称保持一致，否则模块上的故障 LED 灯会亮起。因此，在 TIA Portal 软件组态时，要对 I/O 设备分配名称。

在"网络视图"选项卡下，选中连接好的网络，单击鼠标右键，在弹出的菜单中选择"分配设备名称"，如图 9-77～图 9-79 所示。

图 9-77　分配 I/O 设备名称（1）

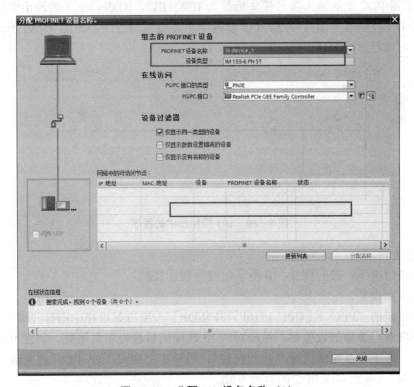

图 9-78　分配 I/O 设备名称（2）

图 9–79　完成分配 I/O 设备名称

7）编写控制程序

I/O 控制器 PLC_1 的输入信号模块地址为 IB0～IB3，IO device_1 的输出信号模块地址为 QB0。在 I/O 控制器中编写程序，I/O 设备中不需要编写程序，如图 9–80 所示。完成以上步骤后，对项目进行编译。

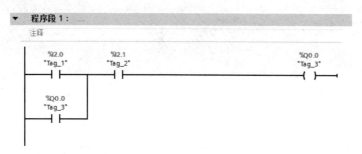

图 9–80　I/O 控制器中的程序

2. 联机运行

（1）断电情况下，按照图 9–70 所示电路原理图接线。

（2）下载到设备。

选中项目树的"PLC_1［CPU 1516F–3PN/DP］"，单击菜单栏中图标"🔲"进行下载，在对话框中搜索出兼容的设备后，单击对应 IP 地址的目标设备再下载，如图 9–81 所示。下载完成后，在下载结果中选择"启动模块"，再单击"完成"使 PLC 进入运行模式，然后单击"完成"，至此完成 PLC 的联机下载。

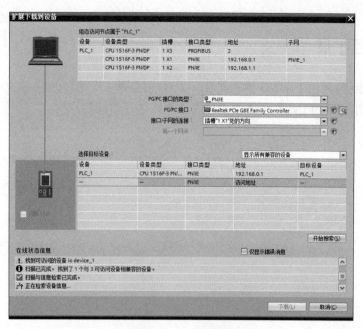

图 9-81 下载到设备

（3）监控运行状态。

单击菜单栏中图标"🖉 转至在线"，在"网络视图"选项卡下可以监控通信状态，如图 9-82 所示。

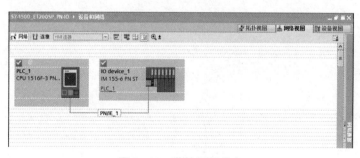

图 9-82 监控运行状态

打开 PLC_1 的 OB1，可以监控程序运行状态，如图 9-83 所示。按下按钮 SB1，可以看到连接在远程 I/O 设备上的指示灯被点亮。

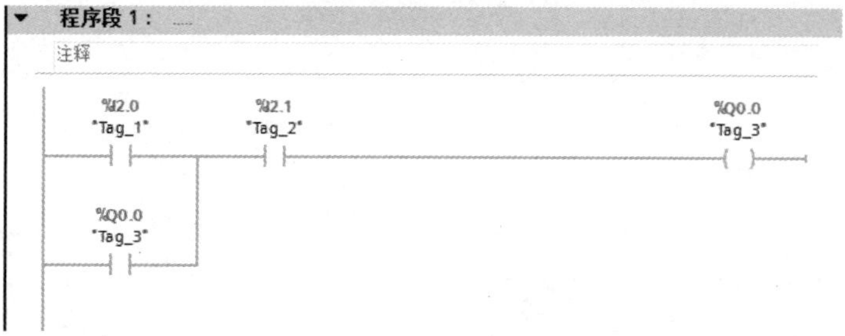

程序段 1 : ....

注释

```
        %I2.0           %I2.1                                    %Q0.0
       "Tag_1"         "Tag_2"                                   "Tag_3"
        ┤ ├            ┤ ├                                      ─( )─

        %Q0.0
       "Tag_3"
        ┤ ├
```

图 9-83 监控程序

六、项目扩展

参考以上步骤，使用 1 个 I/O 控制器 S7–1500 PLC 和 2 个 ET200SP 建立 PROFINET I/O 通信及程序控制，PROFINET 网络连接和硬件接线进行相应的修改。

PLC 应用项目工单实践教程

（S7-1500）

评价与实施手册

主　编　刘治满　高晓霞

副主编　杨延丽　刘　红　何　野

北京理工大学出版社

BEIJING INSTITUTE OF TECHNOLOGY PRESS

目 录

模块 1　S7-1500 PLC 初步使用–活页工单

一、知识测试

1. 填空题

（1）S7-1500 PLC 机架上最多可以安装_____个模块。

（2）S7-1500 模块之间是通过_____相互连接。

（3）负载电源模块需要_____V 供电。

（4）前连接器分为_____mm 和_____mm 两种宽度。

（5）DI 表示_____、DQ 表示_____、AI 表示_____、AQ 表示_____。

（6）模拟量输出模块可以输出_____和_____。

2. 问答题

（1）背板总线有几种供电方式？分别是什么？

（2）系统电源（PS）模块是否为必选件？在什么时候需要增添系统电源（PS）模块？

（3）CPU 有哪几种工作方式？各有什么作用？

（4）信号模块有几种？分别是什么？

二、技能操作

【项目工单 1.1】SIMATIC S7-1500 PLC 硬件系统及安装接线

项目名称	PLC 硬件安装及软件组态、调试				
学生姓名		学生小组号		项目成绩	
实训设备		实训场地		日期	
项目要求	（1）安装一个典型的 SIMATIC S7-1500 控制系统； （2）使用 TIA 博途软件，创建一个启保停程序； （3）上传组态和程序，进行调试				

1. 制订工作计划

项目组根据项目要求讨论制订工作计划，并列出项目所需要的实训器材，完成表 1 和表 2。

表 1　项目组工作计划表

项目组号		工作台位		制订日期		
序号	工作步骤	要点	注意事项	工作时间/min		
				计划	实际	
1						
2						
3						
4						
5						
工作时间合计						
项目组成员签字						

表 2　项目需要的实训器材表

序号	名称	作用	数量
1			
2			
3			
4			
5			

2. 项目实施

（1）项目 I/O 分配。

（2）原理图绘制及硬件接线。

（3）TIA Portal 软件编程调试。

3. 项目检查

验证工作计划及执行结果，并填写表 3 和表 4。

表 3 项目检查表

序号	项目检查点	项目自查
1		
2		
3		
4		
5		

表 4 项目阶段工作记录表

项目组号		记录人	
序号	问题现象描述		原因分析及处理办法
1			
2			
3			
4			
5			

模块 2　S7-1500 PLC 位指令应用 - 活页工单

一、知识测试

1. 判断题

（1）梯形图仅由触点和线圈指令组成。（　　）

（2）布尔指令的数据长度是 1 位，它的取值范围是 Ture/False。（　　）

（3）位存储器可以供 PLC 内部编程，又可以供外部输出使用。（　　）

（4）相同地址的线圈在一个项目梯形图中可重复出现两次或以上。（　　）

（5）单相交流电动机需要 380 V 电压供电。（　　）

（6）在程序中使用边沿检测指令时，不能在两个或两个以上的边沿检测指令中重复使用同一个地址。（　　）

2. 选择题

（1）在 S7-1500 的基本数据类型中，M0.0 的数据类型为（　　）。

A. Bool/位　　　　B. Byte/字节　　　　C. Word/字　　　　D. DWord/双字

（2）下列指令中，属于置位指令的是（　　）。

A. T　　　　　　B. C　　　　　　C. S　　　　　　D. R

（3）下列指令中，属于复位指令的是（　　）。

A. T　　　　　　B. C　　　　　　C. S　　　　　　D. R

（4）下列指令中，属于 RLO 上升沿检测指令的是（　　）。

A. R　　　　　　B. P　　　　　　C. S　　　　　　D. N

3. 填空题

（1）置位指令 S 可实现被寻址信号的＿＿＿，复位指令 R 可实现被寻址信号的＿＿＿。

（2）继电器的线圈断电时，其常开触点＿＿＿，常闭触点＿＿＿。

（3）边沿检测指令使输出保持＿＿＿个扫描周期的高电平。

（4）布尔指令的数据长度是＿＿＿位。

4. 问答题

（1）4 种边沿检测指令各有什么特点？

（2）SR 和 RS 的触发器有什么区别？

二、技能操作

【项目工单 2.1】三相异步电动机的点动与自锁混合控制

项目名称	三相异步电动机的点动与自锁混合控制				
学生姓名		学生小组号		项目成绩	
实训设备		实训场地		日期	
项目要求	（1）按下点动按钮，电动机通电运转；松开点动按钮，电动机断电停止。 （2）按下启动按钮，电动机通电连续运转。 （3）按下停止按钮，电动机断电停止。 （4）发生过载时，电动机断电停止并且报警指示灯长亮				

1. 制订工作计划

项目组根据项目要求讨论制订工作计划，并列出项目所需要的实训器材，完成表1和表2。

表 1　项目组工作计划表

项目组号		工作台位		制订日期		
序号	工作步骤	要点	注意事项	工作时间/min	
				计划	实际
1					
2					
3					
4					
5					
工作时间合计					
项目组成员签字					

表 2　项目需要的实训器材表

序号	名称	作用	数量
1			
2			
3			
4			
5			

2. 项目实施

（1）项目 I/O 分配。

（2）原理图绘制及硬件接线。

（3）TIA Portal 软件编程调试。

3. 项目检查

验证工作计划及执行结果，并填写表 3 和表 4。

表 3　项目检查表

序号	项目检查点	项目自查
1		
2		
3		
4		
5		

表 4　项目阶段工作记录表

项目组号		记录人	
序号	问题现象描述	原因分析及处理办法	
1			
2			
3			
4			
5			

【项目工单 2.2】电动机多地控制

项目名称	电动机多地控制				
学生姓名		学生学号		项目成绩	
实训设备		实训场地		日期	
项目要求	（1）电动机有两个启动、停止按钮，要求两地控制，即在两个不同的地点都可以启动和停止电动机； （2）电动机要求两地控制，在两个不同地点同时按下两个启动按钮才能启动电动机，按任意停止按钮均可以使电动机停止； （3）四个控制按钮，按下任意一个按钮，电动机启动，再次按任意按钮电动机停止				

1. 制订工作计划

项目组根据项目要求讨论制订工作计划，并列出项目所需要的实训器材，完成表 1 和表 2。

表 1　项目组工作计划表

项目组号		工作台位		制订日期		
序号	工作步骤	要点	注意事项	工作时间/min	
				计划	实际
1					
2					
3					
4					
5					
工作时间合计					
项目组成员签字					

表 2　项目需要的实训器材表

序号	名称	作用	数量
1			
2			
3			
4			
5			

2. 项目实施

（1）项目 I/O 分配。

（2）原理图绘制及硬件接线。

（3）TIA Portal 软件编程调试。

3. 项目检查

验证工作计划及执行结果，并填写表 3 和表 4。

表 3　项目检查表

序号	项目检查点	项目自查
1		
2		
3		
4		
5		

表 4　项目阶段工作记录表

项目组号		记录人	
序号	问题现象描述	原因分析及处理办法	
1			
2			
3			
4			
5			

【项目工单 2.3】电动机顺序启动逆序停止

项目名称		电动机顺序启动逆序停止				
学生姓名			学生学号		项目成绩	
实训设备			实训场地		日期	
项目要求		有两台电动机，每台都有各自的启动和停止按钮，要求启动时电动机 1 先启动后电动机 2 才能启动，停止时电动机 2 停止后电动机 1 才能停止				

1. 制订工作计划

项目组根据项目要求讨论制订工作计划，并列出项目所需要的实训器材，完成表 1 和表 2。

表 1　项目组工作计划表

项目组号			工作台位		制订日期		
序号	工作步骤		要点	注意事项	工作时间/min		
					计划	实际	
1							
2							
3							
4							
5							
工作时间合计							
项目组成员签字							

表 2　项目需要的实训器材表

序号	名称	作用	数量
1			
2			
3			
4			
5			

2. 项目实施

（1）项目 I/O 分配。

（2）原理图绘制及硬件接线。

（3）TIA Portal 软件编程调试。

3. 项目检查

验证工作计划及执行结果，并填写表 3 和表 4。

表 3　项目检查表

序号	项目检查点	项目自查
1		
2		
3		
4		
5		

表 4　项目阶段工作记录表

项目组号			记录人	
序号	问题现象描述		原因分析及处理办法	
1				
2				
3				
4				
5				

【项目工单 2.4】多人抢答器

项目名称		多人抢答器			
学生姓名			学生学号		项目成绩	
实训设备			实训场地		日期	
项目要求		抢答器有一个复位按钮，四个抢答按钮及四个指示灯，复位按钮按下后，先按下的按钮对应的指示灯亮，其余的按钮按下无效。复位按钮再次按下，开始新一轮的抢答			

1. 制订工作计划

项目组根据项目要求讨论制订工作计划，并列出项目所需要的实训器材，完成表 1 和表 2。

表 1　项目组工作计划表

项目组号		工作台位		制订日期		
序号	工作步骤	要点	注意事项	工作时间/min	
				计划	实际
1					
2					
3					
4					
5					
工作时间合计					
项目组成员签字					

表 2　项目需要的实训器材表

序号	名称	作用	数量
1			
2			
3			
4			
5			

2. 项目实施

（1）项目 I/O 分配。

（2）原理图绘制及硬件接线。

（3）TIA Portal 软件编程调试。

3. 项目检查

验证工作计划及执行结果，并填写表 3 和表 4。

表3　项目检查表

序号	项目检查点	项目自查
1		
2		
3		
4		
5		

表4　项目阶段工作记录表

项目组号			记录人	
序号	问题现象描述		原因分析及处理办法	
1				
2				
3				
4				
5				

模块 3　S7-1500 PLC 定时器/计数器指令应用-活页工单

一、知识测试

1. 填空题

（1）S7-1500 PLC 既可以用 SIMATIC 定时器，也有符合_____标准的定时器。

（2）SIMATIC 定时器中_____是输入 S 端下降沿时启动计时。

（3）IEC 接通延时定时器的 IN 输入电路_____时开始定时，定时时间大于等于预设时间时，输出 Q 变为_____。IN 输入电路断开时，当前时间值 ET_____，输出 Q 变为_____。

（4）在 IEC 加计数器的复位输入 R 为_____，加计数脉冲输入信号 CU 的_____，如果计数器值 CV 小于_____，CV 加 1。CV 大于等于预设计数值 PV 时，输出 Q 为_____。复位输入 R 为 1 状态时，CV 被_____，输出 Q 变为_____。

2. 问答题

（1）SIMATIC 定时器共有几种，分别是什么？

（2）IEC 定时器共有几种，分别是什么？

（3）IEC 定时/计数器和 SIMATIC 定时/计数器在使用上有什么区别？

（4）SIMATIC 计数器什么时候输出为 1 状态？

二、技能操作

【项目工单 3.1】定时冲水控制

项目名称	定时冲水控制			
学生姓名		学生小组号		项目成绩
实训设备		实训场地		日期
项目要求	传感器检测到有使用者后，5 s 开始冲水，冲水 4 s 后停止，检测到使用者离开后冲水 5 s，要求使用 3 种定时设计程序			

1. 制订工作计划

项目组根据项目要求讨论制订工作计划，并列出项目所需要的实训器材，完成表 1 和表 2。

表 1　项目组工作计划表

项目组号		工作台位		制订日期		
序号	工作步骤	要点	注意事项	工作时间/min		
				计划	实际	
1						
2						
3						
4						
5						
工作时间合计						
项目组成员签字						

表 2　项目需要的实训器材表

序号	名称	作用	数量
1			
2			
3			
4			
5			

2. 项目实施

（1）项目 I/O 分配。

（2）原理图绘制及硬件接线。

（3）TIA Portal 软件编程调试。

3. 项目检查

验证工作计划及执行结果，并填写表 3 和表 4。

表 3　项目检查表

序号	项目检查点	项目自查
1		
2		
3		
4		
5		

表 4　项目阶段工作记录表

项目组号		记录人	
序号	问题现象描述	原因分析及处理办法	
1			
2			
3			
4			
5			

【项目工单 3.2】多级传送带控制

项目名称	多级传送带控制				
学生姓名		学生小组号		项目成绩	
实训设备		实训场地		日期	
项目要求	有一个由四节传送带组成的传送系统，分别用四台电动机带动，每台电动机均有过载保护。 　　按启动按钮，首先启动最末一节传送带电动机，每经过 5 s 延时启动前一节电动机，直至全部启动。按停止按钮，首先停止最前一节传送带电动机，每经过 3 s 延时停止后一节电动机，直至全部停止。 　　如有电动机过载，则立即停止该电动机及其前面电动机，其后面电动机按照 3 s 延时顺序停止，直至全部停止				

1. 制订工作计划

项目组根据项目要求讨论制订工作计划，并列出项目所需要的实训器材，完成表 1 和表 2。

表 1　项目组工作计划表

项目组号		工作台位		制订日期		
序号	工作步骤	要点	注意事项	工作时间/min	
				计划	实际
1					
2					
3					
4					
5					
工作时间合计					
项目组成员签字					

表 2　项目需要的实训器材表

序号	名称	作用	数量
1			
2			
3			
4			
5			

2. 项目实施

（1）项目 I/O 分配。

（2）原理图绘制及硬件接线。

（3）TIA Portal 软件编程调试。

3. 项目检查

验证工作计划及执行结果，并填写表3和表4。

表3　项目检查表

序号	项目检查点	项目自查
1		
2		
3		
4		
5		

表4　项目阶段工作记录表

项目组号		记录人	
序号	问题现象描述		原因分析及处理办法
1			
2			
3			
4			
5			

【项目工单 3.3】交通灯控制

项目名称		交通灯控制			
学生姓名		学生小组号		项目成绩	
实训设备		实训场地		日期	
项目要求	实现如图所示时序的交通灯控制				

1. 制订工作计划

项目组根据项目要求讨论制订工作计划，并列出项目所需要的实训器材，完成表 1 和表 2。

表 1　项目组工作计划表

项目组号		工作台位		制订日期		
序号	工作步骤	要点	注意事项	工作时间/min		
				计划	实际	
1						
2						
3						
4						
5						
工作时间合计						
项目组成员签字						

表 2　项目需要的实训器材表

序号	名称	作用	数量
1			
2			
3			
4			
5			

2. 项目实施

（1）项目 I/O 分配。

（2）原理图绘制及硬件接线。

（3）TIA Portal 软件编程调试。

3. 项目检查

验证工作计划及执行结果，并填写表 3 和表 4。

表 3　项目检查表

序号	项目检查点	项目自查
1		
2		
3		
4		
5		

表 4　项目阶段工作记录表

项目组号		记录人	
序号	问题现象描述	原因分析及处理办法	
1			
2			
3			
4			
5			

【项目工单 3.4】自动货运小车控制

项目名称	自动货运小车控制				
学生姓名		学生小组号		项目成绩	
实训设备		实训场地		日期	
项目要求	生产线上有小车运转物料，由电动机驱动，顺序有 1～4 号站，控制过程如下： （1）从 1 号站出发到 2 号站后立即返回 1 号站； （2）返回 1 号站后向 3 号站出发，中间不停，到达 3 号站后返回 2 号站，停止 10 s 后返回 1 号站； （3）返回 1 号站后向 4 号站出发，中间不停，到达后停止 10 s，后返回 1 号站； （4）启动后重复（1）～（3）步 5 次后自动停止； （5）任意时刻按停止按钮，立即返回 1 号站				

1. 制订工作计划

项目组根据项目要求讨论制订工作计划，并列出项目所需要的实训器材，完成表 1 和表 2。

表 1　项目组工作计划表

项目组号		工作台位		制订日期		
序号	工作步骤	要点	注意事项	工作时间/min	
				计划	实际
1					
2					
3					
4					
5					
工作时间合计					
项目组成员签字					

表 2　项目需要的实训器材表

序号	名称	作用	数量
1			
2			
3			
4			
5			

2. 项目实施

（1）项目 I/O 分配。

续表

（2）原理图绘制及硬件接线。

（3）TIA Portal 软件编程调试。

3. 项目检查

验证工作计划及执行结果，并填写表 3 和表 4。

表 3 项目检查表

序号	项目检查点	项目自查
1		
2		
3		
4		
5		

表 4 项目阶段工作记录表

项目组号		记录人	
序号	问题现象描述	原因分析及处理办法	
1			
2			
3			
4			
5			

模块 4 S7−1500 PLC 其他基础指令应用−活页工单

一、知识测试

1. 填空题

（1）比较指令用于比较数据类型_____的两个数，总共有_____比较符号。

（2）四则运算指令中，_____指令和_____指令可以有多个输入操作数。

（3）左移指令和右移指令的移位位数 N 超过目标值中的位数，则所有原始位值将被移出并用 _____。

（4）JMP 指令当指令前面 RLO=_____时跳转，指令中断程序的顺序执行，跳转到相应标签后面的第一条程序段继续执行。目标程序段必须由_____进行标识。

2. 判断题

（1）IN_RANGE 指令参数 VAL 满足 MAX≥VAL≥MIN 时功能框输出的信号状态为"1"。（   ）

（2）自增指令（INC）与自减指令（DEC）的 IN/OUT 操作数可以是浮点数。（   ）

（3）使用 MOVE 可以将一个源数据传送给多个目的地址。（   ）

（4）定义跳转列表指令 JMP_LIST，K 参数值大于可用的输出编号。（   ）

二、技能操作

【项目工单 4.1】占空比可调的脉冲发生器

项目名称		占空比可调的脉冲发生器			
学生姓名			学生小组号		项目成绩	
实训设备			实训场地		日期	
项目要求		用接通延时定时器和比较指令组成占空比可调的脉冲发生器，脉冲周期固定，通过调整比较指令的比较值改变脉冲发生器的占空比，通过指示灯的闪烁显示			

1. 制订工作计划

项目组根据项目要求讨论制订工作计划，并列出项目所需要的实训器材，完成表 1 和表 2。

表 1　项目组工作计划表

项目组号		工作台位		制订日期		
序号	工作步骤	要点	注意事项	工作时间/min	
				计划	实际
1					
2					
3					
4					
5					
工作时间合计					
项目组成员签字					

表 2　项目需要的实训器材表

序号	名称	作用	数量
1			
2			
3			
4			
5			

2. 项目实施

（1）项目 I/O 分配。

（2）原理图绘制及硬件接线。

（3）TIA Portal 软件编程调试。

3．项目检查

验证工作计划及执行结果，并填写表3和表4。

表 3　项目检查表

序号	项目检查点	项目自查
1		
2		
3		
4		
5		

表 4　项目阶段工作记录表

项目组号		记录人	
序号	问题现象描述	原因分析及处理办法	
1			
2			
3			
4			
5			

【项目工单 4.2】多挡位加热炉功率调节控制

项目名称	多挡位加热炉功率调节控制				
学生姓名		学生学号		项目成绩	
实训设备		实训场地		日期	
项目要求	加热器有八个挡位，分别是 0 kW、0.5 kW、1 kW、1.5 kW、2.0 kW、2.5 kW、3.0 kW、3.5 kW，每按一次 SB1 按钮，功率上升一挡；每按一次 SB2 按钮功率减小一挡；按下 SB3 停止加热，使用数学函数指令编程实现控制要求				

1. 制订工作计划

项目组根据项目要求讨论制订工作计划，并列出项目所需要的实训器材，完成表 1 和表 2。

表 1　项目组工作计划表

项目组号		工作台位		制订日期		
序号	工作步骤	要点	注意事项	工作时间/min	
				计划	实际
1					
2					
3					
4					
5					
工作时间合计					
项目组成员签字					

表 2　项目需要的实训器材表

序号	名称	作用	数量
1			
2			
3			
4			
5			

2. 项目实施

（1）项目 I/O 分配。

（2）原理图绘制及硬件接线。

（3）TIA Portal 软件编程调试。

3. 项目检查

验证工作计划及执行结果，并填写表 3 和表 4。

表 3　项目检查表

序号	项目检查点	项目自查
1		
2		
3		
4		
5		

表 4　项目阶段工作记录表

项目组号		记录人	
序号	问题现象描述	原因分析及处理办法	
1			
2			
3			
4			
5			

【项目工单 4.3】多台电动机顺序启动控制

项目名称	多台电动机顺序启动控制				
学生姓名		学生学号		项目成绩	
实训设备		实训场地		日期	
项目要求	设备有八台电动机，为了减少电动机同时启动对电源的影响，按下移动按钮八台电动机间隔 10 s 的顺序启动，在编程中使用移位指令，按下停止按钮所有电动机停止运行				

1. 制订工作计划

项目组根据项目要求讨论制订工作计划，并列出项目所需要的实训器材，完成表 1 和表 2。

表 1 项目组工作计划表

项目组号		工作台位		制订日期		
序号	工作步骤	要点	注意事项	工作时间/min		
				计划	实际	
1						
2						
3						
4						
5						
工作时间合计						
项目组成员签字						

表 2 项目需要的实训器材表

序号	名称	作用	数量
1			
2			
3			
4			
5			

2. 项目实施

（1）项目 I/O 分配。

（2）原理图绘制及硬件接线。

（3）TIA Portal 软件编程调试。

3. 项目检查

验证工作计划及执行结果，并填写表 3 和表 4。

表 3　项目检查表

序号	项目检查点	项目自查
1		
2		
3		
4		
5		

表 4　项目阶段工作记录表

项目组号		记录人	
序号	问题现象描述	原因分析及处理办法	
1			
2			
3			
4			
5			

模块 5　组织块的编程及应用 – 活页工单

一、知识测试

1. 填空题

（1）S7－1500 PLC 在启动时调用_____组织块。

（2）S7－1500 PLC 支持的 OB 组织块的优先级从_____到_____。

（3）指令 ACT_TINT 用于在_____时间中断组织块。

（4）指令_____用于取消激活的时间中断组织块。

（5）在 CPU 运行期间，可使用"ATTACH"附加指令和"DETACH"分离指令对_____事件重新分配。

（6）一个硬件中断事件只允许对应_____硬件中断 OB，而一个硬件中断 OB 可以分配给_____硬件中断事件。

（7）循环中断 OB 以_____启动程序，而与循环程序执行无关。

（8）S7－1500 PLC 最多支持_____个循环中断 OB。

（9）使用延时中断可以获得精度较高的延时，延时中断以_____为单位定时。

2. 问答题

（1）延时中断和定时器都可以实现延时，有什么区别？

（2）循环中断的相位偏移有什么作用？

（3）组织块与函数块的区别是什么？

（4）使用相位偏移量的作用是什么？

（5）如何更改循环中断 OB 的循环时间和相位偏移？

二、技能操作

【项目工单 5.1】多段定时启停电动机

项目名称	多段定时启停电动机				
学生姓名			学生小组号		项目成绩
实训设备			实训场地		日期
项目要求	（1）系统上电后黄色指示灯长亮，应用启动 OB 进行初始化。 （2）按下启动按钮，系统运行，绿色指示灯长亮，应用硬件中断 OB。 （3）在到达预定的时间后，电动机方可运行，应用时间中断 OB。 （4）每过一定的设置时间电动机进行正反转切换，应用延时中断 OB。 （5）按下停止按钮，电动机断电停止，应用硬件中断 OB。 （6）发生过载时，电动机断电停止并且红色报警指示灯长亮，应用硬件中断 OB				

1. 制订工作计划

项目组根据项目要求讨论制订工作计划，并列出项目所需要的实训器材，完成表 1 和表 2。

表 1　项目组工作计划表

项目组号		工作台位		制订日期		
序号	工作步骤	要点	注意事项	工作时间/min	
				计划	实际
1					
2					
3					
4					
5					
工作时间合计					
项目组成员签字					

表 2　项目需要的实训器材表

序号	名称	作用	数量
1			
2			
3			
4			
5			

2. 项目实施

（1）项目 I/O 分配。

（2）原理图绘制及硬件接线。

（3）TIA Portal 软件编程调试。

3. 项目检查

验证工作计划及执行结果，并填写表 3 和表 4。

表 3　项目检查表

序号	项目检查点	项目自查
1		
2		
3		
4		
5		

表 4　项目阶段工作记录表

项目组号		记录人	
序号	问题现象描述	原因分析及处理办法	
1			
2			
3			
4			
5			

模块 6　函数、函数块、数据块及应用－活页工单

一、知识测试

1. 填空题

（1）TIA Portal 软件编程有线性化、模块化和_____三种编程结构。

（2）函数或函数块，编程时使用的是_____，调用的时候需要_____赋值给形参。

（3）函数是用户编写的_____存储区的程序块，调用函数时，必须给所有_____分配_____。

（4）函数块是用户编写的具有自己存储区的程序块，在调用时必须为其分配_____。

（5）将被调用的 FB 背景数据块以_____变量的形式存储在调用 FB 的背景数据块中，这种块的调用称为多重背景。

2. 问答题

（1）如果在 FC 中用到边沿存储位时，应设置什么类型的接口参数，为什么？

（2）函数（FC）和函数块（FB）有什么区别？

（3）在函数块的接口参数中，静态变量和临时变量有何区别？

（4）使用多重背景有什么好处？

（5）如何更改循环中断 OB 的循环时间和相位偏移？

二、技能操作

【项目工单 6.1】 基于 FB 多重背景的 Y-△降压启动控制

项目名称	基于 FB 多重背景的 Y-△降压启动控制				
学生姓名		学生小组号		项目成绩	
实训设备		实训场地		日期	
项目要求	使用多重背景在 FB 中编写程序实现两电动机的 Y-△降压启动控制				

1. 制订工作计划

项目组根据项目要求讨论制订工作计划，并列出项目所需要的实训器材，完成表 1 和表 2。

表1 项目组工作计划表

项目组号		工作台位		制订日期		
序号	工作步骤	要点	注意事项	工作时间/min		
				计划	实际	
1						
2						
3						
4						
5						
工作时间合计						
项目组成员签字						

表2 项目需要的实训器材表

序号	名称	作用	数量
1			
2			
3			
4			
5			

2. 项目实施

（1）项目 I/O 分配。

（2）原理图绘制及硬件接线。

（3）TIA Portal 软件编程调试。

3. 项目检查

验证工作计划及执行结果，并填写表 3 和表 4。

表 3　项目检查表

序号	项目检查点	项目自查
1		
2		
3		
4		
5		

表 4　项目阶段工作记录表

项目组号		记录人	
序号	问题现象描述	原因分析及处理办法	
1			
2			
3			
4			
5			

【项目工单 6.2】基于 FC 多级分频器的 PLC 控制

项目名称	基于 FC 多级分频器的 PLC 控制				
学生姓名		学生小组号		项目成绩	
实训设备		实训场地		日期	
项目要求	在 FC1 中编写二分频器控制程序，然后在 OB1 中通过调用 FC1 实现多级分频器的功能。时序图如下。其中 I10.0 为多级分频器的脉冲输入端；Q4.4～Q4.7 分别为 2、4、8、16 分频输出端，驱动指示灯显示。 I10.0 Q4.4/M0.0 Q4.5/M0.1 Q4.6/M0.2 Q4.7/M0.3				

1. 制订工作计划

项目组根据项目要求讨论制订工作计划，并列出项目所需要的实训器材，完成表 1 和表 2。

表 1 项目组工作计划表

项目组号		工作台位		制订日期		
序号	工作步骤	要点	注意事项	工作时间/min	
				计划	实际
1					
2					
3					
4					
5					
工作时间合计					
项目组成员签字					

表 2 项目需要的实训器材表

序号	名称	作用	数量
1			
2			
3			
4			
5			

2. 项目实施

（1）项目 I/O 分配。

（2）原理图绘制及硬件接线。

（3）TIA Portal 软件编程调试。

3. 项目检查

验证工作计划及执行结果，并填写表 3 和表 4。

表 3　项目检查表

序号	项目检查点	项目自查
1		
2		
3		
4		
5		

表 4　项目阶段工作记录表

项目组号		记录人	
序号	问题现象描述	原因分析及处理办法	
1			
2			
3			
4			
5			

【项目工单 6.3】发动机组控制系统设计

项目名称	发动机组控制系统设计				
学生姓名		学生小组号		项目成绩	
实训设备		实训场地		日期	
项目要求	发动机组由 1 台汽油发动机和 1 台柴油发动机组成，现要求用 PLC 控制发动机组，使各台发动机的转速稳定在设定的速度上，并控制散热风扇的启动和延时关闭。每台发动机均设置一个启动按钮和一个停止按钮。使用 FC 和 FB 多重背景编程实现任务				

1. 制订工作计划

项目组根据项目要求讨论制订工作计划，并列出项目所需要的实训器材，完成表 1 和表 2。

表 1　项目组工作计划表

项目组号		工作台位		制订日期		
序号	工作步骤	要点	注意事项	工作时间/min		
				计划	实际	
1						
2						
3						
4						
5						
工作时间合计						
项目组成员签字						

表 2　项目需要的实训器材表

序号	名称	作用	数量
1			
2			
3			
4			
5			

2. 项目实施

（1）项目 I/O 分配。

（2）原理图绘制及硬件接线。

（3）TIA Portal 软件编程调试。

3. 项目检查

验证工作计划及执行结果，并填写表 3 和表 4。

表 3　项目检查表

序号	项目检查点	项目自查
1		
2		
3		
4		
5		

表 4　项目阶段工作记录表

项目组号		记录人	
序号	问题现象描述	原因分析及处理办法	
1			
2			
3			
4			
5			

模块 7　S7–1500 系列 PLC 顺序控制设计法的应用–活页工单

一、知识测试

1. 判断题

（1）将系统的一个工作周期划分为若干个顺序相连的阶段，这些阶段称为步。（　　）

（2）一个步可以有一个输入或一个输出，也可以有几个输入和输出。（　　）

（3）一个步只可以有一个动作。（　　）

（4）单序列是指流程中存在多条路径，并且只能选择其中一条路径来走。（　　）

（5）转换条件可以是外部输入信号，也可以是 PLC 内部产生的信号，还可以是若干个信号的与或非逻辑组合。（　　）

（6）顺序功能图中不可以含有同时执行的若干个工序，用来完成两种或两种以上的工艺过程的顺序控制任务。（　　）

（7）S7–GRAPH 是一种顺序功能图编程语言，适合用于顺序逻辑控制；遵从 IEC 61131–3 标准中的顺序功能图语言 SFC（Sequential Function Chart）的规定。（　　）

（8）两个步绝对不能直接相连，必须用一个转换将它们分隔开。（　　）

（9）每一步的编号不是唯一的。（　　）

（10）如果不满足互锁条件，则发生错误，可以设置互锁报警和监控报警的属性，但该错误不会影响切换到下一步。（　　）

2. 填空题

（1）顺序功能图的常用的基本结构有_____、_____和_____。

（2）测试 GRAPH 程序共有以下三种操作模式_____、_____和_____。

（3）一个步动作由以下_____、_____、_____、_____四个元素组成。

（4）程序段中最多可以使用_____个互锁条件的操作数指令。

3. 选择题

（1）每一个顺序功能图至少应有一个初始步，一般用（　　）表示。

A. 双矩形框　　　　　　　　　B. 矩形框

C. 箭头　　　　　　　　　　　D. 短横线

（2）系统正处于某一步所在的阶段时，该步处于活动状态，称该步为（　　）。

A. 初始步　　　　　　　　　　B. 动作

C. 条件　　　　　　　　　　　D. 活动步

（3）下列 GRAFCET 中，正确画法是（　　）。

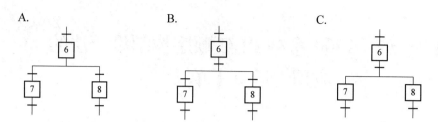

A.　　　　　　　　B.　　　　　　　　C.

（4）采用 S7-GRAPH 编写的顺序控制程序只能在函数块（　　）中编写。

A. OB　　　　　　B. FB　　　　　　C. FC　　　　　　D. DB

（5）在标准动作中只要步为活动步，则动作对应的地址为"1"状态或调用相应的块可以选用的指令是（　　）。

A. N　　　　　　B. R　　　　　　C. D　　　　　　D. L

4. 问答题

（1）什么是顺序控制？

（2）顺序功能图的执行原则。

二、技能操作

【项目工单 7.1】电动机顺序控制

项目名称	电动机顺序控制				
学生姓名		学生学号		项目成绩	
实训设备		实训场地		日期	
项目要求	按下启动按钮，第一台电动机 M1 启动，运行 5 s 后，第二台电动机 M2 启动。M2 运行 5 s 后，第三台电动机 M3 启动，按下停止按钮，三台电动机全部停止				

1. 制订工作计划

项目组根据项目要求讨论制订工作计划，并列出项目所需要的实训器材，完成表 1 和表 2。

表 1 项目组工作计划表

项目组号			工作台位		制订日期		
序号	工作步骤		要点	注意事项		工作时间/min	
						计划	实际
1							
2							
3							
4							
5							
工作时间合计							
项目组成员签字							

表 2 项目需要的实训器材表

序号	名称	作用	数量
1			
2			
3			
4			
5			

2. 项目实施

（1）分析控制过程或绘制流程图。

（2）原理图绘制及硬件接线。

（3）项目 I/O 分配。

（4）软件编程调试。

3. 项目检查

验证工作计划及执行结果，并填写表 3 和表 4。

表 3　项目检查表

序号	项目检查点	项目自查
1		
2		
3		
4		
5		

表 4　项目阶段工作记录表

项目组号		记录人		
序号	问题现象描述		原因分析及处理办法	
1				
2				
3				
4				
5				

【项目工单 7.2】冲孔加工系统顺序控制

项目名称	冲孔加工系统顺序控制			
学生姓名		学生学号		项目成绩
实训设备		实训场地		日期

项目要求	下图为气压式冲孔加工控制系统示意图,右边为输送工件的传送带,左边为加工转盘。 （1）在第 1 工位上设有转盘定位传感器 SE1 和工件检测传感器 SE2。当转盘转到工位位置时 SE1 动作,利用该信号可控制转盘停止;有工件时 SE2 动作,利用该信号可控制第 2 和第 3 工位上的气压式冲孔机和测孔机是否动作,也可以控制第 3 和第 4 工位的隔离挡板是否抽离。 （2）在第 2 工位上设有气压式冲孔机,并安装有下限位开关 SB1 和上限位开关 SB2。当该工位有工件时执行冲孔操作,冲孔完成时 SB1 动作;冲孔机返回到位后 SB2 动作。 （3）在第 3 工位上设有测孔机和由单作用气缸 A 控制的废料箱隔离挡板。测孔机上设有下限位开关 SB3 和上限位开关 SB4,当该工位有工件时,首先进行测孔,若测孔机在设定时间内能测孔到底（SB3 动作）,则为合格品,否则即为不合格品。不合格品在测孔完毕后, 由 A 缸抽离隔离板,让不合格的工件自动掉入废料箱;若为合格品,则送到第 4 工位。 （4）在第 4 工位设有由单作用气缸 B 控制的包装箱隔离挡板,当合格的工件到达该工位时,有气缸 B 抽离隔离挡板,将合格的工件落入包装箱。 （5）工件的补充、冲孔、测试及搬运可同时进行,工件的补充由传送带（电动机 M2驱动）送入。 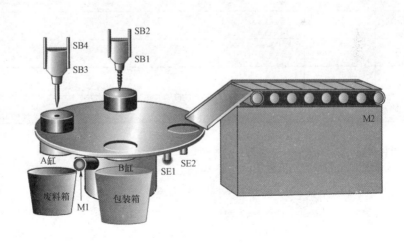

续表

1. 制订工作计划
项目组根据项目要求讨论制订工作计划，并列出项目所需要的实训器材，完成表 1 和表 2。

表 1　项目组工作计划表

项目组号		工作台位		制订日期		
序号	工作步骤	要点	注意事项	工作时间/min		
				计划	实际	
1						
2						
3						
4						
5						
工作时间合计						
项目组成员签字						

表 2　项目需要的实训器材表

序号	名称	作用	数量
1			
2			
3			
4			
5			

2. 项目实施
（1）分析控制过程或绘制流程图。

（2）原理图绘制及硬件接线。

（3）项目 I/O 分配。

（4）软件编程调试。

3. 项目检查

验证工作计划及执行结果，并填写表 3 和表 4。

表 3　项目检查表

序号	项目检查点	项目自查
1		
2		
3		
4		
5		

表 4　项目阶段工作记录表

项目组号		记录人	
序号	问题现象描述	原因分析及处理办法	
1			
2			
3			
4			
5			

模块 8   S7-1500 PLC 模拟量的应用 - 活页工单

一、知识测试

1. 填空题

（1）铂热电阻（PT100）在 0℃时，它的电阻值是＿＿＿＿＿Ω。

（2）热电偶一般是＿＿＿种不同材料的导体或半导体焊接起来的。

（3）温度变送器有＿＿＿＿＿型和＿＿＿＿＿型。

（4）模拟量模块测量范围对应的转换值单极性为＿＿＿＿＿；双极性为＿＿＿＿＿。

（5）某储油罐的液位量程为 0～20 m，当实际液位是 14 m 时，若采用 4～20 mA 的电流信号传输液位信息，则电流值为＿＿＿＿＿；若采用 0～10 V 电压信号，则电压值为＿＿＿＿＿。

2. 问答题

（1）模拟量输入模块可以测量哪些类型？模拟量输出模块可以输出哪些类型？

（2）简述模拟量闭环控制系统的组成？

（3）什么是 PID 控制？

二、技能操作

【项目工单 8.1】炉温 PID 控制

项目名称	炉温 PID 控制				
学生姓名		学生小组号		项目成绩	
实训设备		实训场地		日期	
项目要求	（1）使用温度传感器和温度变送器监测炉内温度值。 （2）使用加热元件和风机对炉内进行加热升温。 （3）使用 PID_Compact 对炉温进行 PID 控制，改变设定温度值时，炉内温度保持在±10%范围内				

1. 制订工作计划

项目组根据项目要求讨论制订工作计划，并列出项目所需要的实训器材，完成表 1 和表 2。

表 1　项目组工作计划表

项目组号			工作台位		制订日期	
序号	工作步骤		要点	注意事项	工作时间/min	
					计划	实际
1						
2						
3						
4						
5						
工作时间合计						
项目组成员签字						

表 2　项目需要的实训器材表

序号	名称	作用	数量
1			
2			
3			
4			
5			

2. 项目实施

（1）项目 I/O 分配。

（2）原理图绘制及硬件接线。

（3）TIA Portal 软件编程调试。

3. 项目检查

验证工作计划及执行结果，并填写表 3 和表 4。

表 3　项目检查表

序号	项目检查点	项目自查
1		
2		
3		
4		
5		

表 4　项目阶段工作记录表

项目组号		记录人	
序号	问题现象描述		原因分析及处理办法
1			
2			
3			
4			
5			

模块 9　S7–1500 PLC 网络通信应用–活页工单

一、知识测试

1. 判断题

（1）PROFIBUS 提供三种通信协议类型有：PROFIBUS–FMS（现场总线报文规范）、PROFIBUS–DP（分布式外部设备）和 PROFIBUS–PA（过程自动化）。（　　　）

（2）PROFIBUS–DP 组态时，硬件接口模块的拨码地址不必与模块组态时的 PROFIBUS 地址保持一致。（　　　）

（3）PROFINET 是基于工业以太网的开放的现场总线，可以将分布式 I/O 设备直接连接到工业以太网，实现从公司管理层到现场层的直接的、透明的访问。（　　　）

（4）S7–1500 PLC 之间的 OUC 通信，有多种连接方式，如 TCP/IP、ISO–on–TCP 和 UDP 等。（　　　）

（5）S7 协议是 SIEMENS S7 系列产品之间通信使用的标准协议，主要用于 S7 CPU 之间的主–从通信、CPU 与西门子人机界面和编程设备之间的通信。（　　　）

（6）PROFINET I/O 控制器最多可以和 256 个 PROFINET I/O 设备进行点到点通信，按照设定的更新时间双方对等发送数据。（　　　）

（7）OPC UA 独立于供应商和平台，支持广泛的安全机制，但不可以与 PROFINET 共享同一工业以太网络。（　　　）

（8）ABB 工业机器人 IRC5 控制器分为标准型和紧凑型（Compact）两种。IRC5 标准型控制柜要求输入三相 400 V 交流电，紧凑型控制器要求输入单相 220 V 交流电。（　　　）

2. 选择题

（1）PROFIBUS–DP 电缆是专用的屏蔽双绞线，最里面 2 根信号线，（　　　）为信号正，（　　　）为信号负。

A. 绿色　　　　　B. 蓝色　　　　　　C. 红色　　　　　　D. 黑色

（2）西门子的工业以太网可以采用的通信连接不包括（　　　）。

A. 双绞线　　　　B. 光纤　　　　　　C. 同轴电缆　　　　D. 无线方式

（3）S7 通信可以用于的网络，不包括（　　　）。

A. MPI　　　　　B. PROFIBUS　　　C. PROFINET　　　D. CCLink

（4）ABB 工业机器人支持的通信方式，不包括（　　　）。

A. MPI　　　　　　　　　　　　　B. PROFIBUS

C. PROFINET　　　　　　　　　　D. EtherNet/IP

（5）通过 TCP 和 IOS–on–TCP 协议建立连接并发送和接收数据的指令是（　　　）。

A. PUT 和 GET　　　　　　　　　B. TSEND 和 TRCV

C. TSEND_C 和 TRCV_C　　　　　D. TCON 和 TDISCON

3. 填空题

（1）PROFINET 使用_____和 TCP/IP/UDP 协议作为通信基础。

（2）PROFIBUS–DP 电缆是专用的屏蔽双绞线，外层是_____色；PROFINET 电缆外层是_____色。

（3）S7 通信按组态方式可分为_____和_____。

（4）PROFINET I/O 设备是分布式现场设备，_____、_____、调节阀和变送器都可以作为 I/O 设备。

（5）其他 PROFINET I/O 设备可通过_____文件的方式集成在 TIA Portal 软件中。

二、技能操作

【项目工单 9.1】PLC 与多个远程 I/O 的 DP 通信

项目名称	PLC 与多个远程 I/O 的 DP 通信				
学生姓名		学生学号		项目成绩	
实训设备		实训场地		日期	
项目要求	（1）使用 1 个 S7–1500 PLC 和 2 个 ET200M 建立 PROFIBUS–DP 通信。 （2）编写控制程序，实现由主站分别发出启停信号，控制从站中间继电器通断				

1. 制订工作计划

项目组根据项目要求讨论制订工作计划，并列出项目所需要的实训器材，完成表 1 和表 2。

表 1　项目组工作计划表

项目组号		工作台位		制订日期	
序号	工作步骤	要点	注意事项	工作时间/min	
				计划	实际
1					
2					
3					
4					
5					
工作时间合计					
项目组成员签字					

表 2 项目需要的实训器材表

序号	名称	作用	数量
1			
2			
3			
4			
5			

2. 项目实施

（1）项目 I/O 分配。

（2）原理图绘制及硬件接线。

（3）TIA Portal 软件编程调试。

3. 项目检查

验证工作计划及执行结果，并填写表 3 和表 4。

表 3 项目检查表

序号	项目检查点	项目自查
1		
2		
3		
4		
5		

表 4 项目阶段工作记录表

项目组号		记录人	
序号	问题现象描述	原因分析及处理办法	
1			
2			
3			
4			
5			

【项目工单 9.2】多 PLC 之间的 DP 通信

项目名称	多 PLC 之间的 DP 通信				
学生姓名		学生学号		项目成绩	
实训设备		实训场地		日期	
项目要求	（1）使用 S7–1500 PLC 作为主站，1 个 S7–1500 和 1 个 S7–1200 PLC 分别作为从站，建立 PROFIBUS–DP 通信及程序控制。 （2）编写控制程序，实现由主站分别发出启停信号，控制从站中间继电器通断				

1. 制订工作计划

项目组根据项目要求讨论制订工作计划，并列出项目所需要的实训器材，完成表 1 和表 2。

表 1   项目组工作计划表

项目组号		工作台位		制订日期		
序号	工作步骤	要点	注意事项	工作时间/min		
				计划	实际	
1						
2						
3						
4						
5						
工作时间合计						
项目组成员签字						

表 2   项目需要的实训器材表

序号	名称	作用	数量
1			
2			
3			
4			
5			

2. 项目实施

（1）项目 I/O 分配。

（2）原理图绘制及硬件接线。

（3）TIA Portal 软件编程调试。

3. 项目检查

验证工作计划及执行结果，并填写表 3 和表 4。

表 3 项目检查表

序号	项目检查点	项目自查
1		
2		
3		
4		
5		

表 4 项目阶段工作记录表

项目组号		记录人	
序号	问题现象描述	原因分析及处理办法	
1			
2			
3			
4			
5			

【项目工单 9.3】多 PLC 的以太网通信

项目名称	多 PLC 的以太网通信				
学生姓名		学生学号		项目成绩	
实训设备		实训场地		日期	
项目要求	（1）建立多个（3 个以上）S7–1500 PLC 之间的 TCP 通信，各站可以相互读写数据。 （2）建立多个（3 个以上）S7–1500 PLC 之间的 S7 通信				

1. 制订工作计划

项目组根据项目要求讨论制订工作计划，并列出项目所需要的实训器材，完成表 1 和表 2。

表 1　项目组工作计划表

项目组号		工作台位		制订日期	
序号	工作步骤	要点	注意事项	工作时间/min	
				计划	实际
1					
2					
3					
4					
5					
工作时间合计					
项目组成员签字					

表 2　项目需要的实训器材表

序号	名称	作用	数量
1			
2			
3			
4			
5			

2. 项目实施

（1）项目 I/O 分配。

（2）原理图绘制及硬件接线。

（3）TIA Portal 软件编程调试。

3. 项目检查

验证工作计划及执行结果，并填写表 3 和表 4。

表 3　项目检查表

序号	项目检查点	项目自查
1		
2		
3		
4		
5		

表 4　项目阶段工作记录表

项目组号		记录人		
序号	问题现象描述		原因分析及处理办法	
1				
2				
3				
4				
5				

【项目工单 9.4】PLC 与多个远程 I/O 的 PROFINET 通信

项目名称		PLC 与多个远程 I/O 的 PROFINET 通信			
学生姓名			学生学号		项目成绩	
实训设备			实训场地		日期	
项目要求	（1）S7-1500 PLC 作为 PROFINET I/O 控制器，2 个带 PN 接口的 ET200SP 作为远程 I/O 设备，建立 PROFINET 通信。 （2）S7-1500 PLC 的启动和停止信号，控制 2 个 ET200SP 的输出指示灯					

1. 制订工作计划

项目组根据项目要求讨论制订工作计划，并列出项目所需要的实训器材，完成表 1 和表 2。

表 1　项目组工作计划表

项目组号		工作台位		制订日期		
序号	工作步骤	要点	注意事项	工作时间/min		
				计划	实际	
1						
2						
3						
4						
5						
工作时间合计						
项目组成员签字						

表 2　项目需要的实训器材表

序号	名称	作用	数量
1			
2			
3			
4			
5			

2. 项目实施

（1）项目 I/O 分配。

（2）原理图绘制及硬件接线。

（3）TIA Portal 软件编程调试。

3. 项目检查

验证工作计划及执行结果，并填写表 3 和表 4。

表 3　项目检查表

序号	项目检查点	项目自查
1		
2		
3		
4		
5		

表 4　项目阶段工作记录表

项目组号			记录人	
序号	问题现象描述		原因分析及处理办法	
1				
2				
3				
4				
5